Karl Müller

Das Buch der Pflanzenwelt.
Botanische Reise um die Welt

Versuch einer kosmischen Botanik. Zweiter Band: Reise um

die Welt

bremen
university
press

Karl Müller

Das Buch der Pflanzenwelt. Botanische Reise um die Welt

Versuch einer kosmischen Botanik. Zweiter Band: Reise um die Welt

ISBN/EAN: 9783955620691

Auflage: 1

Erscheinungsjahr: 2013

Erscheinungsort: Bremen, Deutschland

@ Bremen-university-press in Access Verlag GmbH, Fahrenheitstr. 1, 28359 Bremen. Alle Rechte beim Verlag und bei den jeweiligen Lizenzgebern.

bremen
university
press

Das
Buch der Pflanzenwelt.

Botanische
Reise um die Welt.

Versuch einer kosmischen Botanik.

Den Gebildeten aller Stände und allen Freunden der Natur gewidmet

von

Dr. Karl Müller.

Mitherausgeber der „Natur."

Zweiter Band.
Reise um die Welt.

Mit 6 Ansichten in Tondruck, gezeichnet von L. Hofmann, und 90 in den Text eingedruckten Abbildungen nach Original-Zeichnungen.

Leipzig.
Verlag von Otto Spamer.
1857.

Das

Buch der Pflanzenwelt.

Zweiter Band.

Reise um die Welt.

Inhalt des zweiten Bandes.

Drittes Buch.

Die asiatischen Länder.

Viertes Buch.
Die afrikanischen Länder.

Fünftes Buch.
Die oceanischen Länder.

Sechstes Buch.
Europas Vegetationscharakter.

Zu diesem Bande gehören folgende Tondrucktafeln:

Urwald im Orgelgebirge (s. S. 52). Bildet das Titelbild zu Band 2.
Californische Landschaft. Wird eingebunden zu S. 31.
Flügelartige Bäume. Wird eingebunden zu S. 51.
Thierleben im indischen Urwalde. Wird eingebunden zu S. 125.
Gebirgswald auf Bonin-Sima. Wird eingebunden zu S. 187.
Typus des italienischen Waldes. Wird eingebunden zu S. 203.

Das

Buch der Pflanzenwelt. II.

Palmenebene Llanura del Guines auf Cuba.

Einleitung.

Als im Jahre 1522, am 6. September, Juan Sebastian del Cano mit der Victoria in den Hafen von San Lucar de Barrameda einlief, war die erste Weltumsegelung während drei Jahren vollendet. Zwar kehrte von den fünf Schiffen, welche gemeinschaftlich zu diesem großen Zwecke aus jenem Hafen ausgelaufen waren, nur dieses eine zurück; zwar war der unsterbliche Unternehmer dieser ewig denkwürdigen Fahrt, Fernando de Magelhaens, mit dem größten Theile seiner Mannschaft dem Geschick erlegen: dennoch war das gesteckte hohe Ziel erreicht. Die Menschheit wußte fortan, daß der nach Westen segelnde Odysseus von Osten zurückkehre, daß die Erde nichts als eine meerumgürtete, vom Oceane gegliederte Kugel und somit jedem neuen Unternehmer erlaubt sei, auf diesem Urwege der Natur zu jedem beliebigen Gestade zu gelangen.

Viermal noch sollte derselbe Versuch im 16. Jahrhunderte gemacht werden.

1 *

Doch folgte erst 55 Jahre nach Magelhaens der Engländer Franz Drake
der eingeschlagenen Bahn. Im 17. Jahrhunderte wird das Wagstück nur
viermal wiederholt. Erst das 18. Jahrhundert beginnt kühner zu werden;
es hat 21 Erdumsegelungen aufzuweisen, darunter die überaus denkwürdigen
Fahrten eines Bougainville, Cook und de la Peyrouse. Das 19. Jahrhundert endlich kann sich rühmen, schon bis auf diesen Augenblick 18 solcher
Weltfahrten aufzählen zu können, darunter die von Krusenstern, Kotzebue,
Freycinet, Dumont d'Urville und fünf preußische. Es ist nicht wahrscheinlich, daß der Versuch noch oft wiederholt werden wird; denn kaum, nachdem er
48 Mal gewagt wurde, hat er bereits den Reiz des Neuen und Wunderbaren
verloren. Die romantischen Schilderungen eines Cook von den Südseeinseln,
denen die Völker Europas mit fast kindlichem Entzücken lauschten, weil dort
das vielgesuchte und vielgeträumte Paradies der Erde gefunden schien, haben
neuen, ganz andern Zuständen daselbst, haben weit größeren Wagstücken und
grausigeren Erzählungen der Neuzeit Platz gemacht. Die Nordpolexpeditionen
zur Aufsuchung Franklin's übertreffen ja an Kühnheit und genialer Aus-
führung Alles, wessen sich die Schiffahrt bis dahin rühmen konnte! Und
wenn es auch nicht der Fall gewesen wäre, eine Reise um die Erde in alter
Weise ist ja gleichsam nur ein Naschen von Allem, das den Menschen nicht
mehr befriedigt. Seitdem es nur noch vereinzelte Inseln in den großen Welt-
meeren zu entdecken gibt; seitdem die Umrisse der großen Continente und ihre
Gliederungen bestimmt sind: seit dieser Zeit ruft es den Wanderer mehr in
das Innere der Länder, als an ihre Küsten. Eine Fahrt belohnt nicht mehr,
welche, wie es sonst geschah, wenn die Erde umsegelt werden sollte, von
Europa aus an den Azoren, canarischen und capverdischen Inseln vorüber
über den atlantischen Ocean hinweg nach den Gestaden Brasiliens und um
das Kap Hoorn ging, um die Gipfel der Cordilleren von der chilesisch-
peruvianischen Küste aus zu sehen und zu bewundern, und dann nach flüch-
tiger Betrachtung etwa über den Galapagos-Archipel nach den Gestaden von
Mejiko und Californien den Cours nach den Inseln der Südsee, den Gestaden
Neuhollands, den Inseln des indischen Meeres u. s. w. zu nehmen, an den
Umrissen des indischen Festlandes vorüberzusegeln und dann über Ceylon,
Bourbon, Madagaskar und das Kap der guten Hoffnung wieder die alte

Straße nach den Azoren, d. h. zur Heimat einzuschlagen. Der Mensch ist einer Fahrt ziemlich überdrüssig geworden, die ihn so viel zur See und so wenig auf dem Lande herumführte; wenn sie auch den Blick jedes Einzelnen noch immer erweitert, den Blick der Völker und ihrer Wissenschaft vermag sie mindestens nicht mehr in alter Weise zu fesseln. Darum ging auch die letzte von Schweden aus unternommene Erdumsegelung fast unbeachtet in der Geschichte vorüber. Waren doch seit 1764—1842, 78 Jahre hindurch, nur wenige Jahre ausgefallen, wo die Welt nicht irgend eine solche Weltfahrt gesehen hätte! Es ist ein alter Zug des Menschengeistes, sich mit ganzer Kraft auf einen einzigen Gegenstand zu werfen und, wenn dieser erschöpft ward, sich einem andern zuzuwenden.

Alles dieses muß uns bestimmen, unsere botanische Reise um die Erde nach einem Course einzurichten, der uns mehr als Küstenpunkte und Inseln zeigt, der uns in das Innerste der Länder führt, soweit sie der Forschungsgeist unsers Jahrhunderts erhellte. Mehre Wege stehen uns dahin offen. Entweder versetzen wir uns sofort an den Erdgleicher und dringen von ihm aus nach beiden Polen vor, oder wir begeben uns zu den Polen und wandern allmälig zu dem Gleicher hin. Diese letzte Tour ist ohnstreitig die übersichtlichste und spannendste. Wohlthätig den zunehmenden Reichthum der Erde an schöpferischen Gedanken in wechselvoller Gestaltung empfindend, verliert sich bald der grauenvolle Eindruck, den wir in der unwirthlichen Polarzone empfingen. Die Reise gleicht einem Gedicht, das seine Leser erst mit allgemeinen Zügen vorbereitet, um den Geist für die höheren Schönheiten des Kommenden vorzubereiten, empfänglicher zu machen und die Aufmerksamkeit zu steigern, um das Schönste erst wie bei einem Gastmahle am Ende zu bieten, bis man sich gesättigt, erheitert und befriedigt losreißt von dem Weine der Erquickung. Es gibt noch einen dritten Weg. Er hält die Mitte zwischen der Route der Weltumsegler und jenen beiden. Auch er führt uns zuerst an die Pole, geleitet uns aber — statt durch die kalte, gemäßigte, warme und heiße Zone — durch die fünf Erdtheile. Diese Route ist die plastischeste. Sie schließt sich jenem Blicke an, mit welchem die Völker der Gesittung die Erde zu betrachten gewohnt sind. Auch hat sie die größere Natürlichkeit auf ihrer Seite: denn Niemand wandert rings um die Erdkugel durch alle Par-

allelkreise, sondern durch Länder und Welttheile. Wir schlagen diese ein.
Sie wird uns den Vortheil verleihen, uns frei von jeder wissenschaftlichen
Pedanterie zu halten, uns mit Behagen in diejenigen Länder zu versenken,
die wir eben durchwandern, und dennoch wissenschaftliche Vergleiche nicht auszuschließen. Jener schon im ersten Theile berührten Gliederung der Erde
im Pflanzenreiche sich anschließend, wird sie die physiognomische Betrachtung
mit der geographischen verbinden.

Auf diesem Wege allein auch liegt das Ziel, das wir uns mit unserm
Werke steckten: ein künstlerisch in sich abgerundetes Naturgemälde der Pflanzenwelt. Es folgt wie von selbst aus obiger Anlage und vermeidet, wie wir
wenigstens erstrebten, jene dürren Pfade einer systematisirenden Pflanzen-
geographie, welcher man vorwerfen könnte, daß sie die Erde mit ihren Organismen in die spanischen Stiefeln ihrer Schemata zwinge, an denen nichts
weiter wahr ist, als ihre Unnatürlichkeit. Die bisherige Wissenschaft wenigstens
hat allen Grund, zu beherzigen, was Goethe meinte, als er sagte, daß auch
ein wissenschaftliches Werk zu einem Kunstwerke herangebildet werden müsse.

Ernte der Vanille.

Erstes Buch.

Die Polarländer.

Das Nordcap.

Von jenem Kreise an, welcher bei 66½° n. Br. der gemäßigten Zone ihre Grenze setzt und den Beginn der kalten verkündigt, bei dem die Sonne einmal im Jahre, am 21. Juni, unterzugehen und einmal, am 21. December, aufzugehen vergißt, um von hier aus allmälig einen sechs Monate langen Tag und eine ebenso lange Nacht hervorzurufen, — von diesem Kreise an, den man den Polarkreis genannt hat, befindet sich noch bis zu 90°, d. h. bis zum Pole, ein Stück Land, welches nebst dem Südpol-lande das vollkommene Gegenstück zu allen übrigen Ländern der Erde bildet. Zwar beträgt sein Flächeninhalt nur ¹⁄₂₅ der ganzen Erde; dennoch ist es eine Welt für sich, eine Welt, die dem Wanderer mehr Hindernisse bereitet, als alle übrigen Länder der Erde zusammen; denn sie ist ja die Welt des Eises.

Drei Continente ragen mit ihren nördlichsten Punkten in sie hinein: Europa, Asien und Amerika. Das erste, in einer Ausdehnung von 50 Längengraden, durch das hufeisenartig sich krümmende Lappland und das buchtenreiche Sa mojedien; das zweite, in einer Ausdehnung von über 120 Längengraden, mit

einer ebenso reich gegliederten Ländermasse, die sich vom Ural bis zur Berings-
Straße als das gefürchtete Sibirien ausbreitet; das dritte, in einer Ausdehnung
von 145 Längengraden, mit einer an mächtigen Vorgebirgen zwar weniger
reichhaltigen Küste, aber einer um so großartigeren Inselwelt, die sich an der
Hudsons- und Baffins-Bay nach dem Polarmeere erstreckt und in Grönland
ihren mächtigsten Vertreter besitzt.

Wenn wir so sagen wollen, befinden wir uns in einem Alpenlande, mitten
in der Alpenregion; nur mit dem Unterschiede, daß dieselbe hier bereits in
der Ebene beginnt, während sie in den übrigen Alpenländern erst bei mehren
Tausend Fuß Erhebung über der Meeresfläche antritt. Alle Schrecken, welche
ein Montblanc mit seinen Gletscherfeldern bei 10—14,000 Fuß Höhe
bietet, sind hier, auf das Furchtbarste vermehrt und zusammengehäuft, auf die
Ebenen herabgestiegen. Wir befinden uns mit Einem Worte mitten in einer
Eiswüste. Sie zeigt zugleich
alle Abwechselung, welche auch
die furchtbarste der Wüsten,
die Sahara, bietet. Sie ist
keineswegs ein ebenes, todtes
Schnee- und Gletscherfeld,
wenn man den ganzen Raum
der Nordpolarwelt betrachtet.
In Samojedien und Sibirien,
soweit sie nicht von den majestätischen Gipfeln des Ural
und andern Gebirgen durch-
zogen werden, von den Ufern
des Weißen Meeres bis fast
zur Berings-Straße, ist die
Erdoberfläche ein ungeheures

Die Polar-Himbeere (Rubus arcticus · in natürlicher Größe.

Tiefland, im Winter nackt wie das Meer, wenn es als zusammenhängendes
Schneefeld erscheint. Wie ganz anders jene großartige Polarwelt, welche
diesen Namen recht eigentlich verdient, jene oben genannte Inselwelt um die
Hudsons- und Baffins-Bay! Von furchtbaren Schluchten zerrissen, von
mächtigen Felsblöcken bedeckt, steigt die Melville-Insel zwischen 74—77°
n. Br. fast an ihrem ganzen Saume mit amphitheatralisch sich erhebenden
Klippen aus dem Eismeere empor. Prächtige Piks erheben sich über die
sandige Ebene, die selbst im heißesten Sommer nur wenige Fuß tief aufthaut:
Hügel von mehren Hundert Fuß Erhebung vereinigen sich zu zusammenhängenden Bergketten, und Berge von 2—3000 Fuß Höhe, aus Kalk und Granit
bestehend, thürmen sich darüber hin. Nicht anders die Cornwallis-Insel,
ihre Nachbarin, und Nord-Devon. Hier umsäumen die Trüter Berge von
2000 Fuß Höhe einen Theil des Jones-Sundes, der sich von der Baffins-
Bay abzweigt. Alle aber übertrifft Grönland. Seine Schneegipfel erreichen

die stattliche Höhe von 5000 Fuß. Wer die Alpen kennt und sich z. B. am
Fuße der letzten schneebedeckten Höhen des Montblanc, des Glockner, Or-
teles u. s. w. befand, kann sich allein ein annäherndes Bild dieser furchtbaren
Natur verschaffen. Ein schneebedecktes Hochland, von wilden Schluchten zerrissen, statt lebendiger Gewässer in den Thälern Eisströme, die sich als
Gletscher in allmäligem Fortrücken in die tiefen Fjorde herabwälzen und sich
somit den Fluthen des Eismeeres nähern, ein Land dieser Art, von dem
Flächeninhalte Deutschlands und Frankreichs zusammengenommen, ist Grönland,
das größte und eisigste aller Polarländer. Das kommt daher, daß es an der
großen und furchtbaren Straße der Baffins-Bay liegt, auf welcher alljährlich
ungeheure Massen von Eisbergen aus nördlichen Breiten an Grönland vorüber in den warmen Golfstrom gelangen, um durch ihn in südliche Breiten
geführt zu werden und so die gänzliche Vereisung des Nordpollandes zu ver-
hüten. Daß dies geschehen könne, dazu trägt ein unterirdischer Strom warmen
Wassers wesentlich bei, der bis zum Nordpol fließt, in seinen Umgebungen
zu Tage tritt und nun ein offenes Polarmeer bildet, um welches sofort eine
mildere Luft, eine üppigere Flor und ein reicheres Thierleben erscheint.

Dadurch erklärt sich eine andere Thatsache. Der Lage nach fällt nämlich
ein Theil von Grönland, welcher zwischen 60—75° n. Br. gelegen ist,
mit einigen Ländern Europas zusammen, die unter derselben Breite dennoch
ein weit milderes Klima, eine üppigere Vegetation und Thierwelt, die selbst
noch ausgedehnte Landwirthschaft betreiben und üppige Wälder besitzen. So
mit dem größten Theile von Norwegen, dem nördlichen Schweden und Finn-
land. Das erstere wird aber auch von den warmen Fluthen des Golfstromes
umsäumt, die beiden andern sind gegen das Treibeis des Eismeeres abgesperrt.
Schon diese Thatsachen lassen uns auf große Unterschiede im Klima auch im
Polarlande schließen. In der That sind sie bemerkenswerth genug. Wenn
z. B. die mittlere Jahrestemperatur am Nordkap, dem nördlichsten Punkte
Europas, noch 0° unter 71° n. Br. beträgt, so sinkt sie auf Boothia Felix
unter 70° n. Br. auf — 12,6°, in der Mercy-Bay an der Berings-Insel
unter 74° n. Br., wo Capitain M'Clure, der Entdecker der Nordwestpassage,
überwinterte, auf — 14,3°, auf der Melville-Insel unter 75° n. Br. auf
15,7° und im Smith-Sunde unter 78½° n. Br. sogar nur auf — 11,9°
herab. Diese Zunahme der mittleren Jahrestemperatur unter nördlicheren
Breiten ist nur durch die Einwirkung des offenen Polarmeeres und die gegen
das Treibeis geschützte Lage verständlich.

Dagegen befinden sich alle Polarländer unter denselben oder ähnlichen
Verhältnissen des Lichtes. Wir haben sie bereits oben im Allgemeinen betrachtet. Die Vorstellung einer Monate langen Nacht erweckt unser höchstes
Grauen. Dennoch wird sie durch die Wirklichkeit wesentlich gemildert. Auch
in der düstersten Winternacht ist der Pol nicht ohne Sonne. Sie nähert sich
zwar dem Horizonte nur bis zu 13½° um die Mittagszeit; allein das
reicht schon aus, den polaren Himmel mit einer Art von Abendroth, das

wir Mittagsroth nennen müssen, zu färben und so eine Dämmerung hervorzurufen, welche noch während ein Paar Stunden die feinste Schrift zu lesen
gestattet. Plötzlich und häufig auftauchende Nordlichter üben dieselbe wohlthätige Einwirkung. Endlich gießt der Mond sein Silberlicht in einem Glanze
über das schneebedeckte Polarland aus, daß es, dem hierin nur das blendende
Mondlicht unter den Tropen gleichkommen mag, meilenweit die Umrisse der
Klippen scharf und deutlich erkennen läßt.

Auch in den Jahreszeiten herrscht eine ähnliche Uebereinstimmung. Es
würde irrig sein, die Vorstellung von dem eisigen Winter und heißen Sommer
der nördlichsten Punkte Europas auf das Polarland zu übertragen. Erst der
wärmste Monat, der Juli, der nur um 1° wärmer als unser März, vermag,
was die Mittagssonne über unsern heimischen Gletscherfeldern vollführt. Kleine
Wasserrinnen und Wasserlachen bilden sich, wo das Eis aufthaut, nur mit
dem Unterschiede, daß sie hier des Nachts nicht, wie auf den Gletschern,
aufhören, sich zu bilden. Das Alles aber gewährt uns keine Vorstellung,
wenn wir nicht eine lebendige Schilderung der polaren Jahreszeiten von
Augenzeugen empfangen. „Es gibt hier", berichtet uns Berthold
Seemann, der den Herald zur Aufsuchung Franklin's nach Cap Lisburne,
der zweiten Eisstraße des Nordpols in der Berings-Straße, begleitete, „es
gibt hier nur zwei Jahreszeiten, die ohne vermittelnden Uebergang rasch auf
einander folgen. Um die Mitte Octobers beginnt der Winter. Alles Leben
scheint erloschen. Der Himmel ist wolkenlos, die Atmosphäre ruhig, und die
meisten Thiere, die während der langen Sommertage nach den Moossteppen
gepilgert waren, sind in die wärmeren Regionen hinabgestiegen, um ihre
Nahrung zu suchen, welche ihnen die Polargegend verweigert. Beinahe neun
Monate lang sind die Gewässer mit Eis, ist der Boden mit Schnee bedeckt
und die Temperatur manchmal so niedrig, daß Weingeist und Quecksilber erstarren, wenn sie der freien Luft ausgesetzt werden. Die Luft ist so rein,
daß zwei Menschen auf eine Entfernung von 2 engl. Meilen mit einander
reden können, daß selbst das leiseste Geflüster hörbar ist. Mit dem einbrechenden
Winter werden die Tage kürzer. Im November dauern sie nur wenige
Stunden, und im December läßt sich die Sonne in mehren Breitengraden
nicht mehr über dem Horizonte blicken. Nordlichter von magischem Glanze
erhellen dann zuweilen die Gegend in wunderbarer Weise. Der Winter ist
es, in dem sich die Großartigkeit der arktischen Regionen entwickelt. Todten-
stille fern und nah. Sterne, Mond, öde Schnee- und Eisdecken sind die
einzigen sichtbaren Gegenstände. Hier lauscht der Wanderer vergebens einem
befreundeten Tone. Kein Glockenklang, kein Hundegebell, kein Hahngeschrei
deuten auf die Nähe einer menschenbewohnten Welt. Sein Athem, sein eigener
Herzschlag ist Alles, was sein Ohr vernehmen kann. In solchen Momenten
ist die Einsamkeit der Polargegend drückend, überwältigend. — Endlich kehrt
die Sonne wieder. Es wachsen die Tage und mit ihnen steigt die Temperatur.
Zu Ende Juni bricht das Eis, der Boden streift seine Schneedecke ab. Der

Sommer bricht mit Einem Male herein. In wenigen Tagen ist die Landschaft mit lebhaftem Grün bekleidet. Heerden von Enten und Gänsen kommen
aus dem Süden geflogen. Kibitze, Schnepfen und andere Vögel beleben die
Scene, und das Murmeln kleiner Bäche, wie das Gesumme der Insekten
geben Zeugniß, daß der Sommer da ist. Die Sonne verschwindet jetzt wochen-
lang nicht mehr vom Horizonte. Ihre ununterbrochen auf den Boden fallenden
Strahlen lassen die Temperatur nicht zum Abkühlen kommen, und so wird
trotz des geringen Höhenstandes der Sonnenscheibe ein Wärmegrad hervorgebracht, wie es unter andern Verhältnissen unmöglich wäre." In rascher
Aufeinanderfolge sprießen jetzt die Pflanzen, Blüthen und Früchte hervor.

Die Kanapee.

So ist es auf der großen Strecke vom Norton-Sund bis zur Barrow-Spitze,
d. h. von 64° bis zu etwa 70° n. Br. im westamerikanischen Polarlande.
Dasselbe stellt zugleich ein nur von wenigen Hügeln unterbrochenes Moorland
dar. Wie auf den Alpen, entfalten sich auch hier einige Blumen zu ansehn-
licher Größe und prangen bald in weißen, bald in gelben Farben vorherrschend. Cap Lisburne, sagt unser Gewährsmann, sieht wie ein Garten aus.
Das gelbe Geum glaciale, zur Verwandtschaft der Fünffingerkräuter gehörig, wechselt mit der purpurrothen Claytonia sarmentosa, einer dem
Portulak verwandten Blume. Anemonen, Steinbrecharten und das ultra-

marinblaue Alpenvergißmeinnicht gesellen sich wie auf den Alpengipfeln wohlthuend zu einander, wo man einmal auf solche Oasen, die freilich selten
erscheinen, trifft. Einige zwergige Weiden und Nadelhölzer gewähren nur
spärliche Abwechslung außerhalb der kalten Zone; in ihr selbst fehlen auch
sie. Solches geschieht auf torfigem Boden. Derselbe begünstigt aber auch
die Flora am wenigsten; denn er besitzt die wenigste Fähigkeit, die Wärme
zum Boden zu leiten. Als ob die Pflanzen auf einen gefährlichen Feind
träfen, fahren ihre Wurzeln von dem eisigen Unterboden zurück und kriechen
oberhalb desselben in den wärmeren Schichten hin. Der günstigste Untergrund
ist Sandsteinboden. Er läßt nach Sutherland das Wasser rasch abfließen,
wenn er hart, und schnell durch sich hindurchsickern, wenn er porös und kiesig
ist. Daher kommt es auch, daß die Melville-Insel, Westgrönland und Spitz-
bergen eine weit reichere Flor besitzen, als das unter gleichen Verhältnissen
gelegene Cornwallis. Dieses hat einen thonigen und mergeligen Boden,
welcher das Wasser zurückhält und stehende Meräste erzeugt, während jene
Länder reich an Sandstein sind.

Ein drittes, höchst bemerkenswerthes Vorkommen der Pflanzen beobachtete
Seemann am Kotzebue-Sund, eine Flor auf Eisbergen, und zwar in einer
Ueppigkeit, wie sie nur günstigeren Klimaten eigen zu sein pflegt. „Hier zieht
sich", erzählt uns derselbe, „eine 70 — 90 Fuß hohe Klippenkette hin, die wie
keine andere das Pflanzenwachsthum der Nordpolregion veranschaulicht. Diese
Klippen sind aus drei bestimmten Lagen gebildet. Die unterste besteht aus
Eis von 20 — 50 Fuß Höhe; die mittlere ist eine Thonschicht von 2—20 Fuß
Dicke, mit Ueberbleibseln fossiler Elephanten, Pferde, Damhirsche und
Moschusochsen untermischt. Die Thonlage ist von Torf bedeckt, welcher die
dritte Schicht bildet und die Vegetation, der er seine Existenz verdankt, trägt.
Während der Monate Juli, August und September eines jeden Jahres schmelzen
Massen Eis, wodurch die obersten Lagen ihre Stütze verlieren und in die
Tiefe rollen. Dadurch entsteht ein förmliches Chaos. Eis und Pflanzen,
Knochen, Torf und Thon sind in größter Unordnung durch einander geworfen.
Einen groteskeren Anblick kann man sich kaum denken. Hier liegen Massen,
noch mit Moosen und Flechten, dort mit Weidenbüschen bedeckt; hier ein
Haufen mit Kreuzkräutern (Senecio) und Knöterricharten (Polygonum), dort
die Ueberreste des Mammuth, Büschel von Haaren, und ein brauner eigenthümlicher Staub, der wie Kirchhoferde riecht und augenscheinlich aus zersetzten
thierischen Stoffen besteht. Man strauchelt oft über ungeheure Knochenreste,
und mancher der hier liegenden Elephantenzähne mißt über 12 Fuß in der
Länge und wiegt über 240 Pfund." Dennoch steht diese wunderbare Eisflor
nicht allein. Mit Erstaunen trifft man das Gegenstück auch auf den Gletschern
unserer Alpen, und zwar auf dem sogenannten Meränenschutt oder denjenigen
Schuttmassen, welche im Laufe der Zeit aus den von den Felsen herab-
gestürzten, zum Theil verwitterten Blöcken oder dem dabei gebildeten Schutt
hervorgingen. Zunächst sind es Moose, die sich auf diesem Boden ansiedeln;

bald folgen andere Pflanzen nach, alpine Gräfer, die niedlichsten Gentianen u. a. Und dennoch ruht der Schutt auf einer Gletschermasse, auf ewigem Eis! Es bedarf nur eines kräftigen Dungs, der von den in der Nachbarschaft der Gletscher oft weidenden Schafen, Ziegen und Rindern leicht dahingeschafft wird, und die Flor sproßt in einer Ueppigkeit, daß man erstaunen muß.

Ueberhaupt bewährt sich vollständig, was wir am Eingang sagten: die Nordpolregion ist eine auf die Meeresebene herabgestiegene nivale Alpenregion. Abgesehen von den Aehnlichkeiten im Leben der Gewächse, erzeugt das Polarland entweder unsere einheimischen Alpenpflanzen, oder dieselben sind doch, wenn sie in andern Formen erscheinen, meist nur andere Arten derselben Gattungen, vertretende oder correspondirende Arten. Vergleichen wir nur einmal die Gewächse Nordgrönlands, welche Inglefield und Sutherland auf ihren berühmten Nordpolfahrten auf der Bushman=Insel, dem Wolstenholm= und Walfisch=Sunde unter 76—77° n. Br. sammelten, sowie diejenigen des südöstlichsten Cornwallis bei 74° 37' n. Br. mit denen unserer einheimischen Alpen! Wie hier, überziehen auch dort Steinbrecharten (Saxifraga), Läusekräuter (Pedicularis), Knöteriche (Polygonum), Hungerblümchen (Draba), Fingerkräuter (Potentilla), Mohne (Papaver), Hahnenfußarten (Ranunkeln), Sternkräuter (Stellaria), Hornkräuter (Cerastium), den Potentillen verwandte Dryaden (Dryas), Weiden, Gräser, Simsen, Wollgräser (Eriophorum), Löwenzahn, Löffelkräuter (Cochlearia), Preißelbeeren u. a. den Boden. Hier und da ist eine Art dem Nordpollande eigenthümlich, correspondirt aber immer mit einem unserer alpinen Gewächse. Am auffallendsten Braya glabella, eine niedliche Kreuzblume aus der Verwandtschaft der Schaumkräuter und Hirtentäschel. Die entsprechende Art ist die Braya alpina aus der Umgebung des Glockners in Kärnthen. Diese Vertretung geht so weit, daß auf der Melville=Insel selbst eine Moosgattung, welche gern in der Nähe der Braya alpina am Glockner vorzukommen pflegt, wiedergefunden wird. Es ist die Voitia hyperborea, die Vertreterin der V. nivalis am Glockner. Unter den Gewächsen der eben genannten Polarpunkte, deren Zahl kaum 50 erreicht, bemerkt man nur drei Gattungen, Cassiope (tetragona), eine Art Gränke (Andromeda) unserer Moore, Phippsia (monandra), ein Gras, und Parrya (arctica), eine Kreuzblume, welche unsere Alpen nicht besitzen.

Wenn somit die Polarregion eine concentrirte Alpenregion genannt werden muß, dann wird, wer die Alpen kennt, von jener nichts mehr für die Cultur erwarten. Im westlichen Eskimolande wurde bis zum Jahre 1850 nur die weiße Rübe gebaut, welche der Commandant eines russischen Handelspostens bei Fort St. Michael gesäet hatte. „In Nordgrönland", belehrt uns Rink, „kann nicht eine einzige Culturpflanze in der Weise gebaut werden, daß sie der Bevölkerung zur Nahrung dienen könnte. Die dänischen Beamten haben an den meisten Orten einen kleinen Garten vor dem Hause angelegt und darin versucht, wie weit mehre unserer Gartengewächse getrieben werden könnten, indem sie allen möglichen Fleiß anwendeten, den kurzen Sommer zu

benutzen. Bei Jacobshavn und Godhavn (69° 15′ n. Br.) hat man auf
diese Weise vorzüglich gute weiße Rüben und Radieschen erhalten. Ebenfalls
wachsen der grüne Kohl, Spinat, Salat, Kerbel sehr rasch und üppig; aber
dem Kohl und besonders dem Kerbel fehlt das Arom fast gänzlich. Gelbe
Wurzeln hat man zu einer kaum nennenswerthen Größe bringen können.

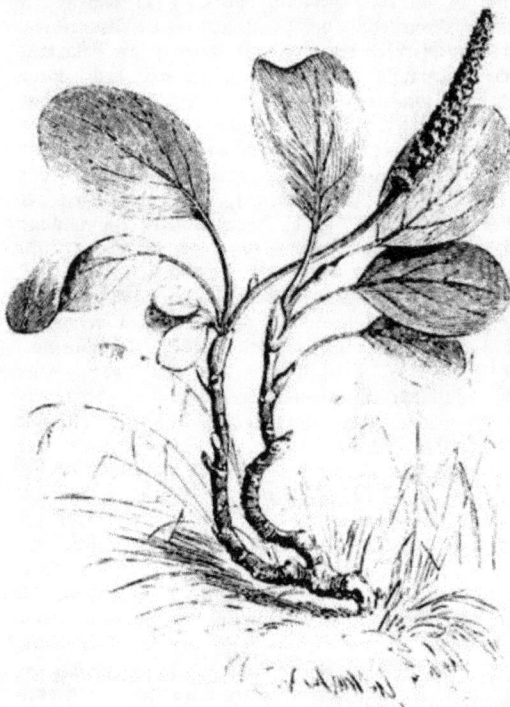

Kartoffeln erreichten
kaum die Größe der-
jenigen, welche ohne
Erde aus alten Knol-
len hervorwachsen. Bei
Omenak, unter 70° 40′
n. Br., kann man auch
Salat, grünen Kohl und
Radieschen mitten im
August haben, aber weiße
Rüben von kaum nen-
nenswerther Größe."
Andere Gewächse ge-
deihen gar nicht. Heidel-
beerartige Gesträuche,
wie Rauschbeere (Em-
petrum), Preißelbeere,
der grönländische Porst
Ledum groenlandi-
cum) und die harzreiche
vierkantige Gränke (Cas-
siope tetragona) dienen
als Feuerungsmaterial,
vereint mit Zwergbirken
und Weiden. Die bei-
den letzteren allein sind
es, welche mitunter et-
was bilden, das man
Gebüsch nennen könnte.
Ein solcher Wald zeich-
net sich dadurch aus,
daß man im Winter

Die Netzweide (Salix reticulata).

über ihn hinweg fahren kann, ohne ihn gewahr zu werden. Alle Typen, welche
in gemäßigteren Zonen stattliche Gewächse sind, sinken hier zu Zwergen herab.
So z. B. die Polar-Himbeere (s. Abbild. S. 8) und Weiden, von denen
unsere alpinen Arten als Seitenstück zu der polaren Flor in ihrer natürlichen
Größe den Maßstab angeben mögen (s. Abbild. S. 14—17). Diese heften
sich gern in den Felsenspalten fest, um von hier aus an dem wärmeren Boden

hinzukriechen. Dennoch sind die Gewächse nicht gesetzlos unter einander gewürfelt; wie überall, blickt selbst am Pole des organischen Lebens noch deutlich das Gesetz der nach Boden und Klima sich richtenden Vertheilung der Gewächse aus ihren Vertretern hervor. Am auffallendsten sogar in den Höhenverhältnissen. Denn obgleich man im Polarlande, wo die Schneegrenze gleich Null ist, überall dieselbe Region und folglich dieselben Bedingungen voraussetzen sollte, suchen sich doch einige unter einen verminderten Luftdruck zu erheben. Während der kälteliebende Hahnenfuß (Ranunculus frigidus) nicht über 100 Fuß emporsteigt, kommen der „lebendiggebärende Knöterich" (Polygonum viviparum) und die nierenblätterige Oxyrie (Oxyria reniformis) nicht unter 3—400 Fuß Höhe vor. Sie gehören zu denjenigen, welche sich in unsern Alpen zu sehr bedeutenden und kalten Höhen erheben. Uebrigens liefern die obengenannten Gewächse nicht das einzige Brennmaterial. Abgesehen von bedeutenden Steinkohlenlagern, welche noch unausgebeutet im Innern der Erde ruhen und Zeugniß dafür ablegen, daß es einst eine Zeit auch im Nordpollande gab, wo dieses noch nicht wie heute vereist war, — bildet dieses Land doch auch jetzt noch, trotz der die Verrottung hemmenden Kälte, seine Kohlen, und zwar in Gestalt von Torf. Er wird theils

Die Krautweide (Salix herbacea).

aus Moosen, theils aus den abgestorbenen Theilen anderer Pflanzen, namentlich der Cassiope und Rauschbeere, erzeugt. Man hat gegenwärtig in Grönland eigene Oefen für ihn eingerichtet und bedient sich nun dieser weitverbreiteten Torflager, statt der leicht ausgerotteten Gesträuche, so weit auch der Polartorf hinter dem der gemäßigten Zonen zurückstehen mag.

Es müßte wunderbar sein, wenn die Natur wohl für den Ofen, aber nicht zugleich für die Küche im Pflanzenreiche des Polarlandes gesorgt hätte. In der That ist dasselbe nicht gänzlich vernachlässigt. Wenn auch keine Landwirthschaft und Gartencultur an diesem äußersten Pole des organischen Lebens mehr gedeiht, treiben doch alljährlich in erstaunlicher Fülle die herrlichen Früchte der Heidelbeersträucher, nämlich der Rauschbeere, Sumpfbeere (Vaccinium uliginosum) und der Preißelbeere, hervor. Die Beeren der ersteren verdienen den Vorzug; sie gehören dem höchsten Norden an, erscheinen reichlich und reifen jederzeit. Auch für die Aufbewahrung dieser Früchte hat die Natur gesorgt. Die Schneedecke ist ihre Scheuer, unter welcher sie sich den Winter hindurch erhalten, um zu jeder Zeit reichlich gesammelt werden zu können. Selbst für Gemüse ist gesorgt. Eine Art Mauerpfeffer oder Tripmadam (Sedum radiola) liefert ihre Wurzeln und Blätter, eine Art des Läusekrautes (Pedicularis hirsuta) und des Weidenröschens (Epilobium) ihre Blumenkelche zu Kohl. Sauerampfer, der in der Umgebung alter Häuserplätze besonders gut gedeiht, dient als Salat und wird zugleich als Heilmittel gegen den Scorbut verwendet. Zu ihm gesellen sich im West-Eskimolande die Wurzeln des Maschu, einer Knöterichart (Polygonum Bistorta), die auch unserer Zone wie die meisten vorigen Gewächse angehört. Die Wurzel der Engelwurz ist dem Grönländer, roh genossen, ein Leckerbissen, und allenfalls könnte auch die isländische Flechte (Moos) nebst einigen andern hyperboreischen Flechten mit ihrer Flechtenstärke als Nahrung dienen. Selbst das Meer schließt sich an und liefert einige Tange, welche in größter Menge an den Küsten gedeihen. Wahrscheinlich sind es der Flügeltang (Alaria esculenta), der Zuckertang (Laminaria saccharina) und die purpurrothe Iridaea edulis.

Die Pyrenäenweide (Salix pyrenaica).

Dennoch sind alle diese Eigenthümlichkeiten des Polarlandes nur freundliche Oasen in dem furchtbaren Landschaftsbilde. Seinen eigentlichen Charakter bilden doch immer mehr oder weniger jene unfruchtbaren und unübersehbaren Moräste, welche man in Sibirien Tundra nennt. Man kann sie zwiefach, in Flechten- und Moostundra theilen. Im ersten Falle zeichnen sie sich durch eine ununterbrochene Decke des sogenannten Renthiermooses, im zweiten durch Widerthonmoose (Polytrichum) aus, die Alles verdrängend den ermüdendsten Anblick gewähren. Die Tundra ist die Sahara des Polarlandes. Sie erreicht ihre höchste Schönheit und Furchtbarkeit in Samojedien. Nackt wie das Meer, ruht die Tundra meilenweit unter den Füßen des Wanderers. Soweit das Auge reicht, nichts als das trostlose Weiß der üppig wuchernden Renthierflechte, wenn nicht Sümpfe mit ebenso traurigem Einerlei von Moosen abwechseln und jede kleine grüne Stelle irgend eines Gebüsches oder einer Wiese sofort als eine liebliche Oase in wüster Oede erscheint. Eine solche eigenthümliche Abwechslung gewähren z. B. in auffallender Weise die Ufer der Petschora von Pustoserst, zwischen 68—67° n. Br., also fast vom Aus- flusse in das Eismeer, d. h. von 68° n. Br. bis über 66° n. Br., hinaus. Hier, wo sich kein menschliches Wesen, ja kaum das Schneehuhn niedergelassen, finden wir die Gegend auf einer Fahrt den Fluß aufwärts so trübe und öde, daß wir den Priestern der Samojeden fast Recht geben möchten, wenn sie behaupten, daß diese Gegend gar „nicht von Gott geschaffen, son- dern erst nach der Sündfluth entstanden sein könne". Auch hier entspricht der Boden seiner eisigen Region vollkommen. Durchschnittlich aus sumpfigen,

Die Heidelbeerweide · Salix myrtilloides.

niedrigen, öden Strecken bestehend, enthält sein Inneres eine so eisige Kälte, daß alle und jede Vegetation ertödtet wird. Nur hier und da taucht ein kümmerliches Gebüsch zwergiger Weiden hervor. Fast möchte man den Aus- spruch eines bekannten Reisenden unterschreiben, daß hier nicht einmal Steine gedeihen wollen. Sowie sich aber die Flußufer aufwärts nach dem Ursprunge der Petschora erhöhen, sowie man den Polarkreis überschritten, gedeihen auch wieder Tannen, Fichten, Birken, Weiden, Erlen, Espen und Sperberbäume in größerer Fülle. Wo jedoch das pflanzliche Leben in dem Eise des Poles furchtbar verrinnt, da tritt die starre und physikalische Natur in ihre Rechte ein. In Sternenpracht und Nordlichtern flammt der Himmel. Soweit das Auge reicht, bemerken wir an jedem Punkte der unermeßlichen Schneedecke eine eigenthümliche Bewegung, ein feines Zittern voll zauberischer Schönheit. Unser ganzes Wesen droht bei seinem aufmerksamen Beschauen dahin zu schmelzen. Haben wir gar, wie im gebirgigen Lappland, hohe Felsengipfel vor uns, so sind diese von einem flackernden Scheine umhüllt. Fast erscheint es dem Auge, als erhebe sich dieser Schein aus den Felsen selbst, wie die Flamme aus dem Krater eines Bulkans. Er verbreitet sich über den ganzen Himmel, flackert einige Zeit und verschwindet, um sich bald darauf wieder zu erheben und zu entschweben. Wenn aber ein sternheller Herbstmorgen erscheint, an welchem die Erde noch mit Schnee bedeckt, der Wald dunkel, das Eis noch blank, die Luft rein und leicht ist, kein Wind, kein Vogel, kein Laut das tiefe Schweigen der Natur unterbricht: dann hat die Tundra ihre höchste Schönheit erreicht. Wir begreifen, wie auch der gleichsam in Eis geborene Mensch ein Vaterland lieben kann, das ihm scheinbar so wenig bietet und von dem er sich doch so wenig trennen kann, daß er eine andere Natur, die ihm kein Eisland ist, weder zu denken, noch zu lieben vermag.

So wenigstens am Nordpollande. Das Südpolland steht weit hinter ihm zurück. Eis und Wasser herrschen über Land, Pflanzenwelt und Thierreich. Was man an Pflanzen bisher innerhalb des südlichen Polarkreises gesehen, ist so unbedeutend, daß es kaum nennenswerth ist. Der Pflanzenforscher Hooker sammelte jenseits des 71. Breitengrades an Palmer's und Louis Philippe's Land die Geister von 18 Kryptogamen, wie er sich ausdrückt, also Moose, Flechten und Algen, sonst die letzten Bürger des Gewächsreichs, in kümmerlichen Ueberresten. Was sich indeß fand, entspricht den Gewächstypen des Nordpollandes vollständig, wie sich nicht anders erwarten ließ. Entweder sind es dieselben Arten, die auch der Nordpol besitzt, oder doch nahe verwandte. Der Grund solcher Pflanzenarmuth ist einleuchtend. Hier, wo das Wasser das Uebergewicht über das Land erhält, wird die Wärme der Sonne, welche für den Südpol am 21. December wiederkehrt, von dem ungeheuren Oceane nur sehr allmälig aufgenommen. Das Meer bleibt kalt, die Erdoberfläche ist zu klein, um viel Wärme zu binden, das Land bleibt eisig und erstickt alle Vegetation. Demnach kann der Südpol nicht kälter als das Nordpolland sein: er wirkt aber eisiger, weil er aus Mangel an zusammenhängenden Ländermassen keinen so warmen Sommer zu schaffen vermag, wie aus umgekehrtem Grunde der Nordpol. Nur das unterirdische Feuer allein waltet, unangefochten von Eiswällen und Schneestürmen, auch am Südpol. Noch unter 77½° s. Br. erhebt der Erebus sein Flammenhaupt bis zu einer Höhe von 12,600 Fuß und speit seine Flammen leuchtend über gewaltige Gletscherfelder hin. Eine so gewaltige Erhebung der Erdoberfläche ist ebenfalls nicht geeignet, das Klima milder zu stimmen. An sich schon ein Alpenklima, muß es durch so bedeutende Höhen alle Schrecken einer furchtbaren Alpenwelt noch weit übertreffen, und in der That ist das Wenige, was wir über das Südpolarland von Cook, Wilkes, J. C. Roß und Andern wissen, wenig geeignet, uns für diesen Theil der Erde noch weiter zu interessiren. Es müßte wunderbar zugehen, wenn wir dereinst einmal auch am Südpol von Pflanzenoasen hören sollten, wie sie der Nordpol besitzt.

Zweites Buch.
Die amerikanischen Länder.

Der Feigencactus (Cactus oder Opuntia Cactus opuntia).

I. Capitel.

Allgemeine Umrisse.

Unter den drei Continenten, welche ihre nördlichsten Punkte bis zum Nordpol verschieben, behauptet die Ländermasse Amerikas den ersten Rang. Nicht etwa, weil sie den größten Flächeninhalt besitzt, denn in dieser Beziehung würde Asien jedem andern Erdtheile vorangehen, sondern weil sie sich am weitesten bis zu den beiden Polen der Erde ausdehnt. Eine wunderbare Gliederung theilt sie in zwei natürliche Hälften, welche wie zwei große stumpf-winkelige Dreiecke sich aus dem antarktischen ins arktische Meer hereinziehen. Daraus folgt, daß die Pflanzengebiete der beiden Endpunkte sich gegenseitig entsprechen müssen und die Flor des südlichen Dreiecks von der Flor des nördlichen ziemlich schroff sich entfernen wird, weil beide nur durch einen schmalen Länderstreifen, die Cordilleren von Guatemala und die Landenge von Darien, aus einander gehalten werden.

2*

Etwas Aehnliches geschieht auch im Innern beider Ländermassen. In derselben Linie, in welcher sich die amerikanischen Vulkane befinden, zieht sich, dicht an den äußersten Saum der Westländer gedrängt, vom Norden bis zum Süden eine ungeheure Gebirgskette durch den ganzen Continent und theilt sie in zwei sehr ungleiche Florenreiche. Sie beginnen an den östlichen und westlichen Abhängen, schroff von einander geschieden, und ziehen sich von da in größerem Zusammenhange, in sanfteren Uebergängen nach den östlichsten Küsten hin. In dem nördlichen Dreieck geschieht dies durch die Kette der Felsengebirge, die sich fast vom nördlichen Polarkreise herab ergießt, um sich endlich mit den nördlichsten Ausläufern der mejikanischen Cordilleren zu vereinigen und ein Netz von Gebirgszügen zu bilden, das seinem größten Theile nach in die Alpenregion hineinragt. In dem südlichen Dreieck wird jene Trennung durch die lange Kette der Anden und Cordilleren vollbracht. Ihr Lauf reicht bis zum Feuerlande und endigt im Kap Hoorn, seinem südlichsten Punkte, ebenso großartig, wie der ganze Gebirgskamm erscheint; denn dieses nackte Vorgebirge erhebt sich noch immer zu einer Höhe von 2940 Fuß aus den Fluthen des antarktischen Meeres. Gegen diese ungeheuren Gebirgszüge treten alle übrigen der Neuen Welt in den Schatten. Weder die Alleghanygebirge der Vereinigten Staaten, noch die brasilianischen Gebirge vermögen eine solche Trennung der Pflanzengebiete hervorzubringen. So schroff dieselbe aber auch immer sein mag, so harmonisch ist doch die innere Gliederung der Floren jener langen Cordillerenkette selbst. Einmal ergießen sie sich vom arktischen bis zum antarktischen Gebiete und müssen darum bei ihrem Vordringen zum Erdgleicher und bei ihrer Entfernung von demselben in den entsprechenden Breiten auch entsprechende Gewächse zeugen. Das andere Mal erhebt sich ihre Schneegrenze in derselben entsprechenden Weise zu ähnlichen Höhen und muß hiermit, während wir dort von Pollängen der Pflanzen hätten sprechen können, auch ähnliche Polhöhen der Floren hervorrufen. So beginnt die Schneelinie im nördlichsten Theile, in Unalaschka, unter $55^3/_4°$ n. Br. bei 3500 Fuß, im südlichsten unter 53—54° s. Br. an der Magelhaens-Straße bei 3480 Fuß. Die zwischen beiden Endpunkten liegenden Höhen folgen demselben Gesetze; so aber, daß, wie schon aus den genannten Zahlen hervorgeht, die Schneelinie nach dem wasserreicheren Südpol zu höher gerückt wird. Während sie in Mejiko unter 19° n. Br. schon bei 13,860 Fuß beginnt, geht sie unter 18° s. Br. in der westlichen Andeskette von Bolivia bis 17,580 Fuß hinauf; eine Erhebung jedoch, welche in verschiedenen Jahren je nach deren Wärme wechseln kann. Die Neue Welt ist mithin der einzige Continent, welcher sowohl in wagrechter wie in senkrechter Richtung in beiden Erdhälften entsprechende Florengebiete in allen Zonen beherbergt.

Er ist auch der einzige unter den großen Erdtheilen, der keine Wüsten besitzt, welche die Florengebiete ebenso schroff von einander scheiden, wie Meere und hohe Gebirgsketten. Die Wüste von Atacama an der Westküste Südamerikas, die von dem Wendekreise des Steinbocks durchschnitten wird, ist nicht groß genug, um eine solche Trennung zu bewirken; die Prairien Nordwestamerikas, die Llanos Venezuelas und die Pampas der Laplatastaaten sind wenigstens zu einer bestimmten Zeit des Jahres vegetationsreich. Eine wunderbare Gleichheit bezeichnet mithin das Wesen beider Glieder der Neuen Welt; eine Gleichmäßigkeit, welche sich selbst auf die Ureinwohner ausdehnt. Während in Asien und Afrika eine Menge von Menschenracen sich ausbreiten, wird der amerikanische Continent, die Eskimos ausgenommen, deren Ursprung sich vielleicht von Asien herschreibt, von einer und derselben, nur in eine Unzahl von Stämmen aufgelösten Menschenrace bewohnt. So einfach wie die ganze Ländermasse in sich gegliedert ist, so einfach erscheint auch die Gliederung ihrer organischen Geschöpfe.

Selbst die Inselfloren, die doch sonst einen so abweichenden Charakter zu zeigen pflegen, entfernen sich typisch nicht von denen des benachbarten Festlandes. Zwar bringen die Galapagos Inseln, die Gruppe von Juan Fernandez, die Malouinen und die Inseln Westindiens ihre eigenthümlichen Gewächse hervor; zwar sind dieselben häufig nur auf sehr winzige Punkte einer einzigen Insel beschränkt; allein solche bizarre Abweichungen sind nicht in ihnen enthalten, wie das z. B. bei den Inseln Asiens, den Sunda-Inseln, der Fall ist. Um die Gleichmäßigkeit noch zu erhöhen, führen gewaltige Meeresströmungen rings um die Küsten des Continentes, wenigstens des südlichen und mittleren, nicht selten die Pflanzen des Festlandes nach ferneren Inseln. Wie weit dies reiche, haben wir bereits an den Galapagos-Inseln (Thl. 1, S. 78) gesehen. Wie ganz anders, wenn man Cuba mit Java vergleicht. Obgleich beide ein Gebiet von 2500 □Meilen umfassen, beide unter ähnlichen Verhältnissen liegen, Java sein nächstes Festland an der langgestreckten Halbinsel Malacca, Cuba das seine an der ähnlich vorgezogenen Landspitze Floridas besitzt: so bringt doch Java eine ungleich fremdartigere Vegetation als Malacca hervor, während Cuba sich bald Florida, bald dem benachbarten Yucatan anschließt und überhaupt die Flor Westindiens fast nur durch größeren Reichthum an Farren und Orchideen von den Floren der Nachbarländer abweicht.

Wir würden aber sehr irren, wollten wir hieraus schließen, daß der amerikanische Continent überhaupt keine fremdartige Vegetation besitze. Im Gegentheil. Man hat die Neue Welt nicht mit Unrecht den Erdtheil der Pflanzenfülle genannt. Keiner gleicht ihm hierin, obschon er von Afrika und Asien durch die majestätischen Typen der Thierwelt weit übertroffen wird. Unter den elf Pflanzenreichen, die diese Welt charakterisiren, sind ihm zehn allein eigenthümlich, wie wir bereits (Thl. 1, S. 278) sahen. Dagegen besitzt Asien, das doch bei 885,000 □Meilen Flächeninhalt Amerika um 220,000 □Meilen übertrifft, nur acht Pflanzenreiche, wovon ihm fünf eigenthümlich angehören. Ein Blick auf die hyetographische oder die Karte der feuchten Niederschläge erklärt diese Pflanzenfülle hinreichend. Mit Ausnahme jenes kleinen Gebietes, welches wir bereits hinreichend als die Wüste von Atacama

kennen, und eines eben ſolchen Striches in Mexiko zwiſchen 20—30° n. Br.,
fallen alle übrigen Länder Amerikas in die Regionen der feuchten Niederſchläge.
Die ruſſiſchen Beſitzungen in Nordamerika, deren Mittelpunkt Sitka, liegen
in der Region beſtändiger Regen und ſind ſo feucht, daß mit Ausnahme der
Kartoffel faſt nichts gedeiht, da nur der Juni und die erſten Tage des Juli
eine kurze regenloſe Zeit beſitzen. Dieſe außerordentliche Feuchtigkeit ruft aber
einen unglaublichen Pflanzenreichthum, die üppigſten Urwälder hervor. Etwas
Aehnliches ereignet ſich an der Südſpitze Amerikas, am Kap Hoorn. Ein
Gürtel ſehr häufiger Niederſchläge und Gewitter durchzieht die Länder unter
10° n. Br. Er liegt in jener breiten Zone, die ſich zwiſchen den beiden
Wendekreiſen befindet und durch periodiſche Regengüſſe auszeichnet, und beginnt
an der Landenge von Darien, um an den Mündungen des Orineco zu enden.
Die von ihm berührten Länder, namentlich die Niederungen des Orineco und
Guyanas, vertreten aus dieſem Grunde die höchſte Pflanzenfülle der Erde.
Zwei andere Gürtel innerhalb je eines Wendekreiſes und 20° n. oder ſ. Br.
bezeichnen die Regionen der Herbſtregen, während ſich ihnen unmittelbar ein
Gürtel anſchließt, welcher die Region des Winterregens bezeichnet und außer-
halb der beiden Wendekreiſe liegt. Dieſe beiden Regengürtel fallen im Allge-
meinen mit den Regionen des Nordoſt- und Südoſtpaſſates zuſammen und
führen, der dem Atlantiſchen Oceane zugelegenen Seite des amerikaniſchen
Feſtlandes, da ſie über dieſes Meer ſtreichen und ſich mit Feuchtigkeit ſchwän-
gern, jene erſtaunliche Menge von Feuchtigkeit zu, welche nicht allein der
Oſtſeite der Neuen Welt ihr üppiges Pflanzenkleid, ſondern auch die rieſigſten
Ströme der ganzen Welt verleiht. Die übrigen Länder beſitzen ihre Winter-
oder Sommerregen.

Unter ſolchen Verhältniſſen hat die Neue Welt eine Menge von Gewächſen
hervorgebracht, welche den übrigen Continenten fehlen und zum Theil eine
bedeutende Einwirkung auf die Völkerwirthſchaft ausübten. Hier iſt ja die
Heimat der Kartoffel, des Tabaks und Mais, der Vanille, des Cacao,
Mate-Thee und Maniok, der Patate, der Cacteen, Saſſaparille, Jalappe,
Chinarinde, Jpecacuanha und Cascarille, des Zuckerrohrn, der Victoria,
des Campeche- und Braſilienholzes, des Mahagonybaums, der Wachspalme,
des Orleanbaums, der Agave u. ſ. w. Sie laden uns ein, näher an den
Pflanzenteppich der Neuen Welt heranzutreten und uns ſeiner Eigenthümlichkeiten zu erfreuen.

Am St. Georg See.

II. Capitel.

Nordamerika.

Wir versetzen uns noch einmal an den nördlichen Polarkreis. Schwerlich würden wir hier, wo das Reich der Steinbrecharten und Moose seinen Sitz aufgeschlagen, den Erdtheil der Pflanzenfülle vermuthen. Wo die Kiefer und Birke ihre Polargrenze erreichen, ist kaum eine andere Vegetation zu erwarten, als sie unsere eigenen Alpenländer bieten. In der That, bis zu der Polargrenze der Eiche, die sich von Neufundland, von 50° n. Br. in einer aufwärts zu 60° n. Br. steigenden Curve bewegt, also bis zum Reiche der Astern und Goldruthen, herrscht das Nadelholz. In zahlreichen Formen breitet es sich über das ungeheure Gebiet der britischen Besitzungen aus. Weißtanne (Pinus alba), Schwarztanne (P. nigra), Balsamtanne (P. balsamea), Weymuths-kiefer (P. Strobus) u. a. erfüllen die östlicheren Gebiete; Tarustiefer (P. taxi-folia), Lambert's Tanne (P. Lambertiana), Douglas' Tanne (P. Douglasii) u. a. bewohnen das westlichere Oregongebiet über der Polargrenze der Obst-bäume und des Getreides.

Nach den canadischen Seen hin treten andere ausgezeichnete Nadelholz-typen hinzu. Die lärchenartige Gestalt des Lebensbaums (Thuja occidentalis), die zerzauste des Hemlock (Abies canadensis), Harztanne (P. resinacea), amerikanische Lärche u. a. gesellen sich zahlreichen Ahornarten, Ulmen, Eichen, Erlen, Eschen, Birken, Vogelkirschen, Stecheichen, Linden, Herlitzen, südlichen Tulpenbäumen, Platanen, Sumachsträuchern u. s. w. zu. Prachtvoll ist diese Vermischung so verschiedener Pflanzenformen, aber ebenso seltsam für den, welcher nur die Wälder des civilisirten Europa bis dahin gewohnt war. Ausschließliches Vorherrschen gewisser Bäume, wie wir sie in unsern künstlichen Wäldern pflegen, ist nicht der Charakter eines Urwaldes, selbst nicht der gemäßigteren Zonen. Nur die Nadelbäume machen hier und da eine Ausnahme, vor allen der Lebensbaum. Er bildet ganze Bestände, die sogenannten Cedernwälder des Canadiers, das Gegenstück zu dem „Hochwalde", der hier ein Gemisch der verschiedensten Baumarten ist. „Diese Cedern", sagt Desor, „nehmen gewöhnlich die Bodenniederungen ein und breiten sich manchmal dermaßen aus, daß trockene Zwischenräume wie Oasen in einer Wüste erscheinen, zwar in einer feuchten, aber nichtsdestoweniger ermüdenden und eintönigen Wüste. Senkt sich der Boden unter ein gewisses Niveau, so verwandelt sich der Cedernwald in einen wirklichen Sumpf, der gewöhnlich mit einem kleinen See in der Mitte umgeben ist. Das Wasser bildet dann nicht mehr einzelne Lachen, sondern ein zusammenhängendes Becken, das sich selbst unter dem Moosteppich fortsetzt, sodaß man bei jedem Schritte fühlt, wie der Boden über dem Wasser schwankt." Hundert bittere Enttäuschungen bereiten diese Sümpfe dem Wanderer. Wo er eine Lichtung zu sehen glaubt, auf welche er, freudig bewegt, bald im Trockenen zu sein, zueilt — ist er gleichsam aus der Scylla in die Charybdis gerathen, ein neuer und tieferer Sumpf erwartet ihn in ermüdendster Weise. Dennoch haben diese Sümpfe, bemerkt unser Gewährsmann weiter, auch ihren Schmuck. „Die Natur hat sie in einer wunderlichen Laune mit ihren schönsten Blumen geziert. Die zahlreichen Arten amerikanischer Orchideen, besonders die niedlichen, unter dem Namen «Venusschuh» bekannten, wachsen hier neben einer andern seltsamen Blume, der Sarracenia purpurea. Krug- oder Hörnchenblume (s. Abbild. S. 25), deren Typus dem nördlichen Amerika ausschließlich eigen ist. Sie hat ihren Namen von ihren dicken Blättern, die an den Rändern zusammenwachsen, sodaß jedes Blatt ein Hörnchen von sehr zierlicher Gestalt, eine Art Füllhorn darstellt. Die apfelgrüne Oberfläche des Hörnchens ist mit scharlachrothen, kunstvoll verästelten Aederchen bedeckt, die als Modell für eine reiche Schmelzarbeit dienen könnten." Doch welches Füllhorn! Die Hörnchen, erfahren wir weiter, sind meist mit köstlich frischem Wasser angefüllt, während das Sumpfwasser lau und ekelhaft ist. Oft sieht sich der Reisende genöthigt, seine Zuflucht zu diesen vegetabilischen Krügen der Flora zu nehmen, um seinen Durst zu löschen. Was die Destillirpflanze (Nepenthes) der Länder des indischen Meeres, ist die Krugblume oder richtiger das Krugblatt in Nordamerika: eine der wunderbarsten vegetabilischen Quellen der Natur. — In dieser Weise zieht sich der Wald dieses Festlandes nach dem Westen, nach rem oberen Becken des Mississippi. Ein anderer Gegensatz erwartet uns jedoch hier: nicht Cedernsumpf und Hochwald, sondern Prairie und Wald. Es läßt sich denken, daß diese scharfen Gegensätze ihren Charakter tief in das Leben des Menschen eingeschlagen haben. In der That bestätigt das Desor. Die ganze Geschichte, die Sitten und unversöhnlichen Feindschaften der Indianer, sagt derselbe, lassen sich auf diese Verschiedenheit des Bodens zurückführen. So sind z. B. die Tschippewäer Waldindianer, die Sioux Prairieindianer. — Das ist das Gebiet, wo das Reich der Astern und Goldruthen seine Stätte aufgeschlagen; das ist das ungeheure Gefilde, wo der Europäer der gemäßigten Zone seine verlassene Heimat wiederzufinden glaubt und das ihm als Hinterwälder einen ebenso entschiedenen Charakter aufprägt, wie ihn die Indianer besitzen. Schon im Alleghanygebirge fällt uns das an unsern ehemaligen Landsleuten auf. Die unheimliche Stille des Urwaldes, sagt uns Franz Lö-

Die Krugblume (Sarracenia purpurea).

her, hat sich auf ihr Gesicht gelagert, der Gleichmuth des Indianers ins Herz. Hastig und kurz abgebrochen ist sein Wesen geworden, seine Augen haben den Blick des Raubvogels angenommen, der jede Minute auf Beute oder Gefahr gefaßt sein muß. Wie das Waldthier unruhig wird, wenn die Civilisation in seine Nähe vorrückt, ebenso der Hinterwäldler: wie jenes, entweicht auch er tiefer in den Wald. Das ist uns der beste Beweis für die Ursprünglichkeit und Größe des nordamerikanischen Waldes. Einer seiner

Bäume, der sich zwischen 40—45° n. Br. niedergelassen, der Jucawtly der Odschibiwäs-Indianer oder der Zuckerahorn (s. Abbild. S. 27), nimmt unser Interesse besonders in Anspruch: denn er liefert dem Nordamerikaner nicht allein einen Theil seines Zuckers, sondern auch seines Weines. Ende Januar oder Februar tritt der Saft in den Baum. Wie bei der Birke, bohrt man ein fingerlanges Loch in den Stamm, steckt ein Röhrchen hinein und läßt den Saft in ein Gefäß träufeln. Der Gährung überlassen, liefert er im heißen März ein kühlendes Getränk von großer Beliebtheit, abgedampft einen braungelben, zähen, honigsüßen Syrup, die Melasse. Freilich würde die Arbeit kaum der Mühe lohnen, da eine Tenne Saft, obschon ein guter Baum täglich einen Eimer gibt, nur ¹⁄₄ — ¹⁄₂ Gallone, etwa ³⁄₄ — 1¹⁄₂ österr. Seidel, Syrup gewährt; allein dafür macht auch die Natur selbst die liebenswürdige Kellneria, die mit geschäftiger Hand den Eimer füllt. Dagegen steigt der Ertrag nach einem kalten und trockenen Winter, und der Saft fließt 5—6 Wochen lang. Man rechnet den jährlichen Ertrag auf 2—4 Pfd. für den Baum. Zugleich ist er einer der stattlichsten Waldbäume, der leicht eine Höhe von 80 Fuß und einen Durchmesser des Stammes bis 4 Fuß erreicht, wenn er an seinen Lieblingsorten, steilen schattigen Flußufern, in hohen Lagen mit kaltem, tiefem und fruchtbarem Boden wohnt. Ein eigenes Geschick schwebt über ihm. Solange er noch der Nachbar eines jungen Ansiedlers, ist er der hochverehrte Freund, der noch überall die ersten Niederlassungen wesentlich unterstützte und beförderte; sowie die Civilisation sich ausbreitet, dringt der Rohrzucker nach und verdrängt den ehemaligen Liebling: ein Stück ächt amerikanischer Geschichte!

Schlagen wir uns von diesen Ländern östlich vom Oregongebiete in den äußersten Westen über demselben, nach den Küsten des russischen Amerika, welche Verschiedenheit erwartet uns hier in der Region ewiger Nebel! Unalaschka und alle am Saume des Stillen Oceans gelegenen Punkte sind uns ein merkwürdiger Beweis von der Bedeutung der Exposition oder Lage eines Ortes. Unter denselben Breitengraden und ewigen Nebeln wie Labrador, sollten jene Punkte auch das eisige Klima dieses östlichen amerikanischen Landes besitzen, zumal auch sie an einer Straße liegen, wo das Eismeer des Nordpols mit einem großen Oceane in Verbindung steht — und doch zeigen sie das Gegentheil. Hohe Gebirge schützen sie gegen die eisigen Winde, welche aus der Beringsstraße und aus dem Innern des polaren Festlandes zu ihnen herüberwehen, während, wie es scheint und von Kamtschatkas Verhältnissen vermuthet werden kann, einige Monate hindurch südliche Winde vom Stillen Oceane das Klima mildern. Sofort erscheint eine üppigere Vegetation als auf den weniger geschützten Aleuten der Nachbarschaft. Unter einer so hohen Breite dürfen wir freilich keinen Baumwuchs erwarten: dafür aber wird uns der Anblick eines prachtvollen Grasteppichs. Er überzieht die steilsten Höhen und gewährt, wie uns v. Kittlitz berichtet, bei wechselnder Beleuchtung dem Lande einen überaus zauberischen Anstrich von Frische und Lebendigkeit, indem

er von den grauen syenitischen Felseneden, welche dazwischen zum Vorschein kommen, und dem röthlichen, mit ewigen Schneefeldern abwechselnden Thonschiefer der höheren Gebirgskuppen höchst anmuthig absticht. Zwergweiden allein und Himbeersträucher bilden den Waldbestand. Dennoch erscheint eine eigentliche Alpenregion erst bei 1000 Fuß, durch das zwergige kamtschatkische Rhododendron charakterisirt. Diesem Verhältniß gemäß entfaltet sich schon ein Paar Grade südlicher die Pflanzendecke in erstaunlicher Pracht. In Sitka beginnt bereits unter 57° n. Br., was wir oben von dem nordamerikanischen Urwalde bei 45° n. Br. zu sagen hatten. Die canadensische Tanne beginnt schon hier, im Verein mit Merten's Tanne (P. Mertensiana), den Waldbestand zu bilden, wozu als Gegensatz der Lebensbaum, freilich in einer eigenen Form (Thuja excelsa), erscheint. Nur der Laubwald fehlt; er wird fast nur von der weißen Erle, einem colossalen Strauche, vertreten, welcher sumpfige Orte liebt und sich gern mit der stattlichen Sumpfkiefer (P. palustris) verbindet. Der stattlichste Baum ist jedoch jener Lebensbaum, der den Namen des erhabenen (excelsa) mit Recht trägt. Meist nur auf beträchtlicher Höhe vorkommend, bildet er trotzdem riesige, kerzengerade Stämme, deren lederartige, feingefurchte Rinde den Eingeborenen zum Decken der Häuser und selbst zu Verhängen dient. Malerisch hängt das schöne dunkelgrüne Nadelwerk von den kronleuchterartig gestellten Aesten herab, welche fichtenartig in abwechselnden Etagen den ganzen Stamm einzunehmen pflegen. Auf trockneren, haideartigen, dem Winde mehr ausgesetzten Stellen drücken, wie man erwarten muß, Heidelbeersträucher dem Lande ihren Charakter auf. Auf sumpfigeren Stellen gesellt sich zu ihnen als Unterholz eine baumartige Verwandte des Epheu, der überaus elegante Panax horridus (s. Abbild. S. 29), dessen breite, schirmförmig gestellte, gelblichgrüne Blätter dem Lande ein üppiges und eigenthümliches Ansehen verleihen; um so mehr, als sich zu ihm noch colossale Farrenkräuter und riesige Doldenpflanzen aus der Gattung des Bärenklau (Heracleum) gesellen. Nach v. Kittlitz charakterisiren diese Doldengewächse die westlicher gelegenen Aleuten noch weit mehr, während sie in dem übrigen Nordamerika keinen Einfluß auf die Physiognomie des Landes üben. Dies ist ein Beweis, daß das Reich der Doldenpflanzen und Kreuzblüthler, welches sich bekanntlich durch das ganze nördliche Europa und das ganze gemäßigte Asien bis nach Kamtschatka hindurchzieht, hier an der Westküste Nordamerikas seinen entsprechenden letzten Ausläufer besitzt. Neben einem so üppigen Pflanzenwuchse auf den Gewässern, eingeschlossen von ebenso üppigem Schilf- und Binsendickicht, noch gelbe Wasserrosen zu finden, ist jedenfalls ein Anblick, den wir in so hohen Breiten kaum erwartet hätten.

Diese Fülle vermindert sich natürlich nicht, je weiter wir nach dem Oregongebiete herabwandern. Nach Geyer's Untersuchungen kehrt auch hier eine ähnliche Pflanzendecke wieder, wie wir sie bisher überall gefunden hatten, wo der Lebensbaum sich einstellte. Fichten und Cedern, abwechselnd mit dem herrlichsten Wiesenteppich, charakterisiren die Landschaft. Am oberen Oregon

Panax horridus, eine Araliacee, den Unterwald auf Sitka bildend. Nach von Kittlitz.

bildet der „Gummibaum" der canadischen Voyageurs den Hauptbestandtheil der Wälder. Es ist abermals eine Fichte (Pinus ponderosa) von colossalen Verhältnissen und überaus großem Harzreichthume. Wo indeß, wie im Quellengebiete des Spokan, in den Green-Mountains, die Riesenceder (Thuja gigantea) mit pfeilgeradem Stamme und prachtvoll pyramidaler Krone die gigantische Höhe von 200 Fuß erreicht, da wird der Wald nicht allein großartiger, sondern auch vermischt mit Rothtannen (Pinus rubra), Weißtannen, Schwarztannen, Balsamtannen, canadensischen Tannen, Douglas-Tannen, Lärchen, Pappeln (Populus candicans und betulifolia), Ahornen u. s. w., während berberizenartige Sträucher (Mahonia aquifolia) und die heidelbeerartige Bärentraube (Arctostaphylos uvae ursi) den Unterwald bilden. Zahlreiche Wachholderarten, Lebensbäume und andere Nadelhölzer ziehen sich in neuen Arten nach den californischen Gestaden herab. Doch nur in dem pflanzenreicheren Obercalifornien, dessen vom Stillen Oceane sanft ansteigende Berggehänge in die mächtige Sierra Nevada auslaufen und durch ihre höhere Lage vor der sengenden Glut der Sonne geschützt werden, erscheinen sie, mit einer mannigfaltigen Kräuterdecke vereint. Hier, auf der einsamen Sierra Nevada ist es, wo die Washingtonia (Thl. 1, S. 244 und 245), welche wir indeß mit ihrem älteren Namen Sequoia gigantea belegen müssen, ihre Riesenstämme auf humusreichem Boden gen Himmel streckt, indeß (nach Karl Meyer) Weiden, Zitterpappeln, Birken und Erlen die Ufer der lachsreichen Flüsse umsäumen, die Rothholzwaltungen in drückender Ueppigkeit eine lautlose Wildniß erzeugen und den Wanderer durch ihre Endlosigkeit aufs Aeußerste ermüden. Wo die Wälder verschwinden, tritt ein Kräuterteppich mit einer Fülle gewürziger Pflanzen, besonders Lippenblumen, auf. Er erinnert, im Verein mit Terpentingewächsen und harzigen Cistrosen, an das Mittelmeergebiet. An sandigen Stellen erscheinen haideartige Formen mit lebhaft gefärbten Röhrenblüthen. Hier und da erhebt eine Rotheiche ihre Krone, welche, mit faustgroßen, rothschattirten Galläpfeln übersäet, dem Wanderer das Trugbild eines einladenden Apfelbaums vorspiegelt. Eine Art Wassermelone, die sich häufig an Abhängen und Erdhaufen herumzieht, mildert das Wilde der Landschaft. Oft ist sie wahrhaft großartig und mannigfaltig, wo die Umrisse der Gebirge sich in schönen Bogen, Ovalen und Wellenlinien über die labyrinthartig sich verschlingenden Thalwindungen erheben, wo saftige Grasfluren die Berggehänge bekleiden, wo die Berge mit einem niederen, blaugrün schimmernden Buschwerk überzogen sind, aus welchem einzelne Pinien und Lorbeereichen, Granit- und Syenitblöcke grau und düster hervorlugen, wo auf den abgerundeten Gipfeln der Granit- und Gneisberge blendendweiße Quarzkronen erscheinen und sich an ihnen ein entzückendes Lichtspiel zeigt, welches an das Alpenglühen erinnert. Von den südlichen Minen, vom Mercedflusse bis zum Sacramento, wird das Auge durch überaus lieblich begrünte Hügel überrascht, welche sich erst im Westen, in der Ebene des San Joaquin, allmälig verlieren und einen der schönsten Landestheile charakterisiren. Sie sind von Quellen

Cascade baignée dans la Paye de Centre.

und Bächen bewässert und darum von einem wogenden Rasen bedeckt. Es
sind die Rolling-Prairien. Auf ihnen mahnen prachtvolle Anemonen und
Maasliebchen den deutschen Wanderer an seine europäische Heimat. Aber
bald reißt ihn das warnende Rauschen einer Klapperschlange oder der Anblick
einer giftigen Tarantelspinne aus seinen elegischen Träumen, um ihn in die
fremde Wirklichkeit zurückzuführen. So die Flora jenes Landes, welches der
nie gesättigte Durst nach Gold durchwühlen läßt. Schon im April entfaltet
sie ihre ganze Pracht, alle ihre Wohlgerüche, wohin das Auge blickt. Auf
fetterem Waldboden sprossen heimische Schlüsselblumen, Dotterblumen, blaue
Gentianen, Nachtkerzen, an Abhängen wilde Rosen und Weißdornblüthen
hervor. Ein seltsamer Gegensatz zu der Aussicht, daß hier einst in den Fluß-
thälern die Früchte der Hesperiden, die Baumwolle, Zuckerrohr, Oliven u. a.
ein zweites großes Vaterland erlangen werden. Aber als ob die Natur
des Goldlandes zu der nur zu einladenden Stimme des goldgesegneten Erden-
schooßes auch eine warnende habe fügen wollen, drängt sich durch diese herrliche Flor der Hydrastrauch, wie ihn Karl Meyer nennt, in unausrott-
barer Menge. Er ist im Stande, schon durch bloße Berührung, selbst durch
seine Ausdünstung die heftigste Hautkrankheit zu erregen. In den inneren
Thälern des wilden Gebirges überraschen uns bereits Dickichte von Agaven.
Zu ihnen gesellt sich auf den felsigen, dürren Hochebenen der ähnliche Typus
des Dasylirion. Er erinnert uns an das texanische Ländergebiet, an den
Beginn der mittelamerikanischen Flor, in welche sich die Halbinsel oder Unter-
californien, der Gegensatz der vorigen Landschaft, eines der traurigsten Länder
der Erde, hineinerstreckt. Von fern schon wendet der Seefahrer, durch die
himmelhohen, wildzerrissenen, rohen, grauen und nackten Kalkwände, über
denen nur Adler und Seevögel horsten, erschreckt, seinen Blick von dieser
Felsenwüste, diesem Arabien Mittelamerikas, hinweg und weidet seinen Geist
lieber an den eben verlassenen Gefilden des Goldlandes. Wir aber wenden
uns von ihm zu dem letzten Pflanzengebiete Nordamerikas.

Es ist das Reich der Magnolien, in vielfacher Beziehung die Corresponenzflor
des chinesischen Camelienreichs. Es umfaßt die südlichen Vereinigten Staaten zwischen
30—36° n. Br., Südcarolina, Georgia, Florida, Alabama, Mississippi, Louisiana,
einen Theil von Arkansas und Texas, während Neu-Mexiko sich bereits mehr zu Mittelamerika hinneigt. Zwar geben die Nadelhölzer auch hier nicht ganz ihre Herrschaft
verloren; allein entschieden südlichere Formen behaupten jetzt den Vorrang: vor
allen die Magnolien. Sie neigen sich in ihrer Tracht zu den Orangen und
beleben die Landschaft durch derbes, saftiges Laub, große duftige Blumen und
einen stattlichen Wuchs. Auf jeden Fall befinden wir uns in einer Vermit-
telungsflor zwischen der heißen und gemäßigten Zone. Das verkündigen uns
bereits drei Palmen aus der Gattung der Zwergpalmen, Chamaerops
palmetto (Thl. 1, S. 269), hystrix und serrulata, die uns ein Klima
anzeigen, wie wir es im Gebiete des Mittelmeeres finden würden, wo Chamaerops humilis ihr Vertreter ist. Die erste ist die eigentliche Kohlpalme,

die, wie viele ihrer Familie, ihren Gipfeltrieb zu herrlichem Gemüse darbietet, obschon sie hierdurch ihr Leben verkürzt. Sie, welche gegen 40 Fuß Höhe erreicht, und das spanische Moos, wie man dort die Tillandsia usneoides (Thl. 1, S. 182) nennt, verrathen die Annäherung an die Tropen. Die Tillandsie vergräbt man in den Vereinigten Staaten in die Erde, um die äußere filzige Bekleidung verfaulen zu lassen. Dadurch bleibt eine Holzfaser zurück, welche dem Pferdehaar ähnelt und sehr elastisch ist. Aber auch die reizenden Formen der Yucca (Thl. 1, S. 177), Dasylirien, Passionsblumen, Lorbeerbäume und Lianen (Bignonien) reißen uns nicht aus dem tropischen Landschaftsbilde. Solches vermögen nur die Eichen, die sich hier in 25—30 Arten

Baumwollenpflanzung.

finden, die Tulpenbäume, Platanen, die amerikanische Kastanie u. a. Jedenfalls aber versetzen sie uns doch in ein so mildes Gebiet, wie man es an der Flor des Mittelmeeres rühmt, und eine Menge wilder Weinreben, welche allein nur in Nordamerika gedeihen, während die unsere stets ausartet, versetzen uns nach den Ländern des Pontus, der Urheimat unserer Rebe. Hier auch ist die Heimat des Sassafras-Lorbeers und Styraxbaums (Liquidambar styraciflua), während Zuckerrohr, Indigo, Reis, Baumwollenpflanzen und zum Theil auch Tabak die Fluren der Cultur überziehen. Selbst die Sklaverei, dies furchtbare Geschenk Afrikas, fehlt hier so wenig wie in den Tropen Amerikas und beweist uns, wie tief eine einfache Pflanze in die Geschicke der Völker einzugreifen vermag, wenn sie, wie die zuletzt genannten, eine so bedeutsame Rolle in der großen Völterwirthschaft zu spielen beginnen. Dennoch schlägt hier ein mächtiger Puls auch unserer europäischen Cultur. Ist es doch dasselbe Gebiet, welches vorzugsweise unsere Spinnmaschinen mit Baumwolle speist und durch die 5 Mill. Ballen jährlicher Ernte sich tief in das weitgreifende industrielle Netz Europas schlang, dasselbe Gebiet, welches, mehr als jedes andere, Europa mit der Neuen Welt verkettet, vorzugsweise den heutigen Industrialismus der Völker hervorrief, auch dem Aermsten ein sauberes Kleid auf den Leib gab, den civilisirten Völkern überhaupt Wohlstand und Sitte brachte, während es die schwarze Menschenrace in Ketten und Banden schlug! Wie ganz anders würde diese Geschichte lauten, wenn jene Pflanze in einem gemäßigteren Klima gediehe! Eine größere Arbeitskraft des Weißen, der im Baumwollenklima dahinstirbt, würde sich dahin gezogen haben, die dieses Klima allein überdauernden Neger würden ihrem fernen Vaterlande nicht entrissen, die Menschheit würde um einen Fluch ärmer sein. So können Bodenverhältnisse und Klima die Freiheit und Sittlichkeit der Völker bedingen!

III. Capitel.
Mittelamerika.

Die gegenwärtige Abrundung der Vereinigten Staaten im Süden dieser großen Föderation fällt so ziemlich mit der natürlichen Gliederung zusammen, die uns ein Mittelamerika in pflanzlicher Beziehung annehmen läßt. Die Natur berechtigt uns hierzu durch eine einzige große und seltsame Pflanzenfamilie, die hier ihren Hauptsitz aufschlug, wenn sie auch ihre äußersten Strahlen noch in das vorige Gebiet und einen großen Theil ihrer Verwandtschaft nach dem südamerikanischen Festland hinüber spielt. Es ist die Familie der cactusartigen Gewächse. In der Verbindung mit den pfefferartigen Pflanzen bildet sie hier das Reich der Cacteen und Piperaceen. Aus diesem Grunde sind sie geeignet, als Mittelpunkt einer Vegetationsschilderung ihres Gebietes zu dienen.

Die Cacteen beginnen in Nordamerika unter 38° n. Br. auf jenen ungeheuren Grasflächen, die sich als die bekannten baumlosen Prairien im Westen des Mississippi über ein Tiefland von 45,000 □M. ausbreiten, von dem texanischen Gebirge durchschnitten werden, sich aber dennoch bis zum Fuße der Felsengebirge und Cordilleren ausbreiten, dort mit der Erdoberfläche sich so erheben, als ob die Rocky Mountains nur ihren Rücken bildeten, und mit diesen unmittelbar in das mejikanische Hochland übergehen. Bei Santa Fé in Neu-Mejiko dachen sich die Felsengebirge ab, hören südlicher völlig auf und die Prairien ziehen sich auf einer Hochebene von 6000 Fuß Erhebung zur Sierra Madre von Chihuahua hinüber, durch welche hindurch die Pflanzen Neu-Mejikos zum Theil nach Californien wandern. In Missouri und südlicher am Arkansas beginnen nach den Untersuchungen des Dr. Wislizenus die Cacteen

mit der gemeinen Opuntie, derselben, die sich auch in den Ländern des
Mittelmeeres heimisch zu machen wußte. Allmälig erscheinen in Tejas die
Gestalten des Echinocereus, einer Cactusform, welche für die Geschlechter
Cereus und Echinocactus ein Mittelglied bildet. Vereinzelt, wie in Mis-
souri, sammeln wir auch das seltsame Geschlecht der warzigen Mammillarien.
Aber erst wenn sich der Reisende dem Berglande von Neu-Mejiko nähert,
das sich gegen 5000 Fuß über den Golf von Mejiko erhebt und bis Santa
Fé eine Erhebung von 7000 Fuß erreicht, erst jetzt hat er die eigentliche
Heimat der Cactuspflanzen betreten. Hier, wo der Piñon Neu-Mejikos, die
merkwürdige Fichte mit eßbarer Frucht (Pinus edulis), die Vertreterin unserer
Zirbelkiefer, die Gipfel umsäumt, wo die kurznadlige Kiefer (P. brachyptera)
mit drei Nadeln in der Scheide ihr herrliches Bauholz webt, wo die schöne
P. flexilis mit ihren zu fünf in ein Bündel vereinten Nadeln und ihren hängenden, fast viereckigen Zapfen an die Weymuthskiefer unserer Anlagen erinnert: hier
ist es, wo uns zum ersten Male ein größerer Reichthum ausgeprägter Cactusformen entgegentritt. Gegen 5 Fuß hoch, obschon er bei Santa Fé gegen
10 Fuß erreicht, begrüßt uns der Baum-Cactus oder der Feconoztel der
Mejikaner (Opuntia arborescens). Er ist uns durch seine todten Stengel
eine höchst überraschende Erscheinung. Sobald nämlich die saftigen Stengel
vertrocknen, hinterlassen sie in den derben Gefäßen ein Netzwerk, welches als
Skelet in rautenförmigen Maschen zurückbleibt und die höckerige Gestalt
der lebenden Pflanze beibehält. Bei weiterem Vordringen nach Neu-Mejiko
ketten sich fort und fort neue Arten an die bisher gesehenen. Keine hat einen
großen Verbreitungskreis; eine Thatsache, welche allein den ungeheuren Reichthum
an Cactusformen in diesem Gebiete erklärt. Rastlos dem Laufe des Rio Grande
folgend, nachdem wir von Sante Fé aus ein Bergland von ziemlich 5000
Fuß Erhebung und endlich die Wüste Jornada del Muerto durchschnitten,
haben wir ziemlich die Grenzen des tejanischen Nachbarstaates Chihuahua
erreicht. Hier wird uns wieder die Ueberraschung, auf einen riesigen Cactus,
den Echinocactus Wislizeni von $1\frac{1}{2}$ — 4 Fuß Höhe und im letzteren
Falle von 7 Fuß Umfang zu stoßen. Auch der bekannte Tuna-Cactus mit
eßbaren Früchten findet hier, in Gesellschaft der amerikanischen Agave, seine
nördlichste Grenze. In Chihuahua selbst treten wir in ein Hochgebirge, dessen
von tiefen Thalschluchten durchsetzte Porphyrmassen sich zwischen 5600 und
7500 Fuß erheben und sich wiederum mit neuen Nadelholzformen von majestätischer Gestalt umsäumen. Dieser Porphyrboden ist es, welcher uns auf einmal
die seltensten Cactusformen in Menge vorführt, Formen des Cactus, Echinocactus, Echinocereus, der Mammillarie und Opuntie. In ihrer Gesellschaft
erscheinen herrliche Gentianen, Rittersporen, Nelken, Geranien, Mannstreu,
die prächtigen Zinnien unserer Gärten, Lupinen, Lobelien u. s. w. Es bleibt
uns kein Zweifel mehr, daß Mejiko seinem ganzen Umfange nach die Lieblings-
heimat der Cacteen sei. In der That gibt es hier einzelne Districte, deren
sich diese Gewächse fast ausschließlich bemächtigt haben. Die außerordentliche

Abwechslung der Gebirgsbildungen, des Bodens und Klimas begünstigt sie ebenso, wie eine reiche Formenbildung aller Pflanzen.

Der Mejikaner selbst theilt sein Land in drei Regionen. Die erste reicht von den Thälern bis zu den herrlichen Eichenwäldern. Sie ist die warme Region, die Tierra caliente, bis zu einer Erhebung von 5000 Fuß und unter einer Temperatur von 32—12° R. Sie ist zugleich die Region für Palmen, Baumwolle, Indigo, Zuckerrohr, Kaffee und die verschiedensten Früchte der Tropenzone. Die zweite Region oder die gemäßigte, Tierra templada, reicht

Ruinen von Palenque mit mejikanischen Alterthümern als Ausdruck mittelamerikanischer Landschaft. Nach Sauer.

von den Eichenwäldern bis zu den Fichtenwaldungen, von 5000 bis 8000 Fuß. Ihre Temperatur, die sich zwischen 24—8° bewegt, begünstigt noch das Gedeihen tropischer Früchte. Die dritte Region endlich, die kalte oder die Tierra fria, reicht von den Fichten bis zum Schnee, also von 8000 bis 14,000 Fuß hinauf und besitzt das Klima Europas, in welchem Getreide, europäisches Obst und Kartoffeln bei einer Sommertemperatur von 12° R. vortrefflich gedeihen, soweit die Temperatur nicht unter 0 sinkt. Levkoien, Glockenblumen, Lupinen, Akelev, Pelargonien und Tabak blühen hier neben Aepfeln, Birnen

3 *

unb Kirschen. Ein Ausflug auf den Vulkan Orizaba, der die Pflanzenregionen
in ausgeprägtester Weise, wie kein anderer Berg der Erde, versinnlicht, wird
dies noch deutlicher machen; um so mehr, als derselbe, der sich in zwei mächtigen Flügeln von 9000 Fuß mittlerer Höhe nach Norden und Süden ausbreitet,
sein Schneehaupt als einen Kegel von 17,000 Fuß Höhe emporhebt. Unser Führer
sei der Däne Liebmann. Glühend und pflanzenlos ist die mejikanische Sand-
küste, die wir von Veracruz aus am mejikanischen Golf überschreiten, um uns
in westlicher Richtung nach dem Pik zu begeben. Ein von Schlinggewächsen
gebildetes Gesträuch nimmt uns zunächst auf den Dünen, eine ausgedehnte
Grasebene bei 200 Fuß Höhe auf, bis uns erst eine Meile weiter ein dichter
Wald umfängt. Er besteht vorzüglich aus Mimosen, Acacien, Citronen- und
Wollbäumen (Bombax). Dem Sand und Morast folgt ein Hügelland von
Sand und Mergel, mit porphyritischen Felsblöcken aus dem Krater des Orizaba
bedeckt. Sofort wird dieses fruchtbare Land von dichten Wäldern, mit präch-
tigen hochstämmigen Palmen vermischt, bekleidet. Eine 15 Leguas weit reichende
allmälige Erhebung zeigt uns jetzt eine ebenso umfangreiche Grassavanne.
Auch sie hat sich mit Pflanzen geschmückt. Niedrige und dornige Mimosen-
stämme und weißblühende baumartige Weiden (Convolvulus arboreus) wechseln
mit gelbblühenden Bignonien, bis in einer Höhe von 3000 Fuß plötzlich die
Eichen in 6—7 Arten ihr Reich beginnen und dies mit rohrartigen Palmen
(Chamaedorea) theilen. Eine mittlere Temperatur von 17° R. und 8—9
Monate während Regen zeigen, was ein solches Klima zu leisten vermag.
Ueber 200 Arten prächtiger Orchideen haben sich in der Eichenregion angesiedelt und bezeugen den pflanzenreichsten Strich in ganz Mejiko. Ueber dieser
gemäßigten Zone, wo der Boden von einem harten eisenhaltigen Thonboden
gebildet wird, welcher den bis zur Spitze reichenden Basalt-Porphyr gegen
11,000 Fuß hoch überlagert und sich in die wogenförmig nach Nord und
Süd laufenden Firsten und ungeheuren Felsspalten senkt, hier, in einer Höhe
von 4—5000 Fuß, erlangen die Eichen mit einigen 20 Arten den höchsten
Grad ihrer Entwickelung, während Kaffee und Baumwolle ihre obere Grenze
erreichen und das Zuckerrohr nebst Pisang noch bis zu 5500 Fuß empersteigt.
Myrten, Lorbeerarten, Terpentinbäume, baumartige Farren, Mimosen, Acacien,
Yucca, Magnolien, baumartige Vereinsblüthler, Roßkastanien, Platanen, besonders aber der Styraxbaum charakterisiren die Waldung. Magnolien, Platanen und Styraxbaum erinnern uns an das nordamerikanische Reich der
Magnolien, das sich hier auf alpinen Gebirgen wiederholt. Erst bei 6000 Fuß
sind wir an den Fuß der Cordilleren gelangt. Fruchtbare Maisfelder dehnen
sich vor uns aus; Aepfel, Birnen, Pfirsiche, Apritosen, Granatäpfel, Citronen
und Apfelsinen verbinden sich mit den saftigen und aromatischen Anonen, um
auf diesen Höhen ihren höchsten Wohlgeschmack zu gewinnen. Eigenthümliche
Wallnußbäume, Herlitzen, Weißdorne, Fliedergebüsche, Brombeeren, wilde
Weinreben gesellen sich zu den tropischen Formen windender Hülsengewächse,
der Yucca gloriosa (Thl. 1, S. 177), rankender Passionsblumen und Kürbis-

gewächse, Lianen, Pfeffersträucher und anderer Typen, von der Natur ebenso
unter einander gemischt, wie sich hier europäische Obstbäume mit tropischen
verbinden. Einige Hundert Fuß höher erscheinen Begonien, die petersilien-
blätterige Georgine, Farren, Bärlappe, Arongewächse aus der Gattung Pothos
und bei 6500 Fuß Lupinen. Diese verkünden das kalte Alpenland. Mit jedem
Hundert Fuß wechseln die Formen,
wenn auch der Hauptcharakter der
Landschaft der alte bleibt. Zwischen
6500 — 7000 Fuß herrschen Erd-
beerbäume, Fuchsien, Orchideen
(Serapias, Neottia) u. a.; bei 6800
Fuß tritt die erste Nadelholzform
(Pinus leiophylla) auf, welcher sich
bis 8800 Fuß die weitberühmte
Jalappe (Ipomoea Purga Wender.),
eine Winterpflanze, anschließt. Die
mexikanische Linde erscheint hier als
Gesträpp, und mit der Zunahme
der Nadelhölzer vermehren sich auch
die Lupinen neben Astern und einigen andern Pflanzenformen der
Alten Welt. Nur bei 7800 Fuß
nehmen die Nadelhölzer ihren eigenthümlichen Charakter an, wie in
den alpinern Regionen Europas
mit Bartflechten und der schon aus
dem Reiche der Magnolien bekannten Tillandsia-Form verziert. Diese
verschwindet jedoch bei 10,000 Fuß
und macht einer Mistel (Viscum
vaginatum) bis zu 13,000 Fuß
Höhe Platz. Bei 8500 Fuß endet
der Maisbau, doch nicht der baumartige Wuchs mancher Gräser. Hir-
senartige Formen schlingen sich hoch
in die Kronen der eichenähnlichen
Lederbeerbäume. Soll uns doch selbst
noch bei 10,000 Fuß ein Bambus-

Die Vanille (S. 40).

wald von 22 Fuß Höhe überraschen! Brombeersträucher, Salbeiarten, Mel-
den, Johanniskraut und schlingende Kürbisgewächse (Sycios) fassen die Maisfelder ein. Bei 9000 Fuß überragt die 200 Fuß hohe und oft 18 Fuß
dicke Oyamel (Abies religiosa), die einzige Tanne Mexikos, alles Andere, um
hier die majestätischsten, harzreichsten Wälder zu bilden. Mit ihr vereint

grüßt uns die zweite mejikanische Erle (Alnus acuminata), die nur bis 9500 Fuß wandert, wiederum mit neuen Eichen, Lorbeerarten, baumartigen Heidelbeer= sträuchern und Erdbeerbäumen zu einer überaus mannigfaltigen Waldung ver= bunden. Je höher wir steigen, um so europäischer wird das Ansehen des großen Alpenkegels, wenn auch selbst noch bei einer Höhe von 13,600 Fuß smaragdgrüne Kolibris über blühenden Alpenpflanzen in einer Region schweben, wo aller Baumwuchs verschwunden ist und nur eine wilde Natur herrscht. Endlich gebietet eine Höhe von 14,600 Fuß allen Blüthenpflanzen Halt; nur Moose und Flechten steigen gegen 200 Fuß darüber hinaus. Der letzte Bürger des Gewächsreichs, der sich in den Löchern der Lava ansiedelte, ist Parmelia elegans, eine Flechte. Ueber ihm thront das schneebedeckte Haupt des Ori= zaba in feierlichem Schweigen, selbst hier noch mit seinen 2000 Fuß majestä= tisch genug. Geheimnißvoll athmet er seine Schwefeldämpfe aus, nebst dem furchtbaren und steilen Schneefelde ein Zeichen zur Rückkehr.

Fast alle diese Regionen sind von Cactuspflanzen bewohnt; denn einige von ihnen erheben sich bis zu einer Höhe von 11,000 Fuß, wo sie vom October bis zum April dann und wann mehre Grade Kälte, von Felsen, Gesträuch und Felsblöcken geschützt, mit Leichtigkeit überstehen. An den schwarzen, grauen oder weißen Felswänden, erzählt uns Karl Ehrenberg, an kahlen oder kaum bemoosten Lavablöcken, Basalt= oder Trachytsäulen prangen ihre lebenswarmen Formen in frischer Grüne mit den schönsten far= bigen Stacheln, bunten Blüthen und Fruchtkränzen, oder sie erscheinen auf den weiten, einförmigen Hochebenen freundlich, wie unsere Lilien und Gentianen. Wenn sie auch daselbst in manchen Arten die Stelle unserer Disteln vertreten, an deren Dornen das Maulthier und Pferd seinen Fuß leicht verletzt, so söhnt doch nicht allein die unvergleichliche Blüthenpracht und Stengelform, sondern auch die kostbare Cochenillecultur im Staate Oajaca durch den Cochenillecactus (s. Abbild. S. 19) mit diesen Cacteen aus und hinterläßt nur freundliche Bilder in unserem Gedächtniß; um so mehr, als sich an ihn die wichtige That knüpft, die Herrschaft des Purpurs und damit ein Stück menschlicher Eitelkeit mehr gebrochen zu haben.

Wenn das aber auch nicht der Fall wäre, so würde es der Handbaum (Cheirostemon platanoides) thun. Er ist eins der stattlichsten und ältesten Denkmale mittelamerikanischer Pflanzenwelt und der einzige Vertreter seines malvenverwandten Geschlechts. Seltsam, daß man drei Jahrhunderte hindurch die beiden Exemplare zu Toluca und Mejiko für die letzten ihres Geschlechts ansehen konnte, während der Baum, wie neuerdings gefunden, in den Fichten= wäldern von Santa Maria Osolotepec und an einigen andern Punkten der mejikanischen Westcordilleren bis nach Guatemala hinunter wächst! Er empfing seinen Namen von seiner malvenartigen, von einem scharlachrothen Kelche umgebenen Blume, deren Staubfäden bei ihrem Blühen handförmig aus ihr hervorragen, auf das Täuschendste einer geöffneten Hand mit fünf Fingern gleichen. Erst bei sehr bedeutender Höhe breitet der Baum seine Zweige zu

Vegetationsbild des mittelamerikanischen Waldes. Nach de Collis.

einer gewaltigen Krone aus, die sich mit siebenlappigen, unten gelbfilzigen
Blättern bedeckt. Diese späte Entdeckung eines so stattlichen Baums in den
mittelamerikanischen Cordilleren spricht mehr als alle Worte für ihren uner-
schöpflichen Pflanzenreichthum. Hier, wo der Campechenbaum in Yucatans
Wäldern thront, die Vanille (s. Abbild. S. 37) in den östlichen Cordilleren duftet,
die Sassaparille ihre Heilkräfte entwickelt, der Mahagonybaum sein kostbares
Holz webt, der Cacao und Mais ihr Vaterland besitzen, hier ist auch das
Paradies jener Orchideen, die fast mehr als alles Uebrige dazu beigetragen
haben, die Forschung Europas hierher zu lenken und die geheimnißvollen Urwälder zu erschließen, deren speciellen Reichthum keine Feder schildert.

Wie könnten wir aber Mittelamerika verlassen, ohne einen Ausflug nach
Westindien gemacht zu haben! Schlägt doch hier nicht minder wie im baum-
wollenreichen Gebiete der Magnolien Nordamerikas ein Puls der Menschheit,
dessen Schläge wir in hundert Beziehungen mitempfinden! Man hat das
westindische Inselmeer nicht mit Unrecht das Mittelmeer der Zukunft genannt.
Nicht allein der großartige Völkerverkehr, der hier das östliche Nordamerika
und Europa mit den Inseln der Südsee und dem inhaltsvollen Ostasien durch
zwei Meeresbecken, den Golf von Mejiko und das Caraibische Meer verbindet, dieses bereits durch die Eisenbahn über die Landenge von Darien im
letztgenannten Becken bewerkstelligt und im ersten Becken vielleicht noch über
die Landenge von Tehuantepec vollführen wird, nicht allein diese eben betre-
tene großartige Völkerstraße sichert diesem Gebiete jenen Namen, sondern auch
die eigene Bedeutung der antillischen Inseln. Kaffee, Zucker und Tabak
bilden ihre Grundlage. Das Zuckerrohr (s. Abbild. S. 41) Westindiens vor
Allem ist der natürliche Concurrent der mitteleuropäischen Landwirthschaft,
deren Schwerpunkt gegenwärtig in der Zuckerrübe liegt. Ein einfaches Exempel
bestätigt unsere Anschauung. Ein Stoff, der wie der Zucker die wenigsten
Arbeitskräfte in Thätigkeit setzt, hat seine natürliche Heimat dort, wo die
wenigsten Arbeitskräfte vorhanden sind. Das ist in den tropischen Ländern,
besonders nach Aufhebung der Sklaverei. Wenn überdies das Zuckerrohr
mehr als noch einmal so viel Zuckerprocente in sich birgt, als die zwölfpro-
centige Rübe, so wird der Zuckercultur auch hierdurch ihre natürliche Heimat
in dem heißen Klima angewiesen. Es kann nicht fehlen, daß dereinst dieses
Verhältniß wirklich eintrete, wenn die Zuckerfabrikation Westindiens erst dieselbe technische Ausbildung erreicht hat, wie die europäische, und die dürftige
Rübe durch keinen Schutzzoll mehr gehalten werden kann. Gegenwärtig ist
die Stellung beider bereits so, daß eine ergiebige Zuckerernte im tropischen
Amerika auch die Preise des Rübenzuckers in Schach hält, und umgekehrt.
So bedingen die Organismen der Erde und ihr Klima auch hier die große
Völkergeschichte. Aehnlich der Kaffee. Seitdem der westindische Archipel das
Arabien des Kaffeebaums geworden, hat der Großhandel Europas seine
Richtung immer mehr nach Westen genommen, während das Mittelmeer von
seiner früheren ausschließlichen Bedeutung als Weltmeer herabsank, um die

ihm gebührende geringere natürliche Stelle im Leben unseres Planeten einzunehmen. Die Tabakscultur theilt Cuba mit den südlichen Staaten der amerikanischen Union. Auch in dieser Beziehung concurriren sie mit Europa;
doch ist der Kampf für die heißeren Länder ein ungleich leichterer, als der
des Zuckers. Niemals wird es den Ländern der gemäßigten Zone gelingen,
einen Tabak zu erzielen, der dem der Havanna oder auch nur von Louisiana

Zuckerernte auf Guadeloupe.

und seinen Nachbarstaaten im Entferntesten gleichkäme. Das bedingt eine
neue Abhängigkeit Europas von der Neuen Welt und umgekehrt; aber sie
ist keine Sklaverei. Denn das ist ja das Geheimniß des großen planetarischen
Lebens, daß sich auch die Länder wie die Menschen in die große Arbeit
theilen, welche uns die Erde zu einem Wohnsitze der Heiterkeit fort und
fort heranzubilden strebt.

Die Gartenpflanze Theobroma Cacao im Zustande der Fruchtreife.

IV. Capitel.

Das heiße Südamerika.

Sechs Pflanzenreiche sind es, welche den großen Continent der südlichen Erdhälfte einnehmen: das Reich der Cacteen und Pfefferpflanzen in Guyana und den ehemals föderirten Staaten Columbiens, das Reich der Palmen und Melastomaceen in Brasilien, das Reich der holzartigen Vereinsblüthler in den Laplatastaaten, das antarktische Reich in Patagonien, das Reich der China bäume an den Abhängen der Cordilleren, endlich das Reich der Escallonien und Calceolarien auf dem alpinen Sattel dieser Gebirge.

Das erste Reich gehört zwar vorzugsweise dem mittelamerikanischen Festlande an, und man sollte deshalb vermuthen, daß es auch auf dem südlichen Continente von denselben Pflanzentypen charakterisirt werde. Dennoch beginnt schon hier eine andere Flor, d. h. die Typen des mittelamerikanischen Gebietes senden ihre Strahlen auch auf das sich plötzlich an der Landenge von Darien außerordentlich erweiternde Südamerika, nur in andern Arten und mit neuen Typen vermischt, herab. Ein Blick auf die Karte beweist übrigens, wie verschieden dieses große Pflanzengebiet durch den Bau seiner Erdoberfläche charakterisirt sein müsse.

Es zerfällt in zwei natürliche Gegensätze, in die Höhenzüge der Cordilleren und das Tiefland. Erstere ergießen sich von West nach Ost, um in dem überaus pflanzenreichen und romantischen Küstengebirge Venezuelas zu enden. Letzteres breitet sich am Fuße der Cordilleren aus. Im äußersten Norden, dicht an das Caraibische Meer gedrängt, von den Cordilleren des Choco, den Schneegebirgen von Merida und Santa Martha inselartig umsäumt, zieht sich das Tiefland des Magdalenenstroms in einer Ausdehnung von 6800 ☐ M. hindurch. Nach dem Inneren des Festlandes zu beginnen am Fuße der columbischen Cordilleren, von diesen und dem Hochlande der Guyana eingeschlossen, die Llanos (Ljanos) des Orinoco in einer Ausdehnung von 16,000 ☐ M., um sich in der Ebene des Amazonenstroms durch die Selvas oder Urwälder zu begrenzen und durch die brasilianische Cordillera Geral von den ungeheuren Pampas der Laplatastaaten abzuscheiden. Was die Pampas hier, die Prairien in Nordwestamerika, das sind die Llanos in ihrem Gebiete: viehreiche Ebenen. In Caracas, zwischen dem Rio Apure und Meta, sind sie, sagt Humboldt, im eigentlichsten Verstande Grasebenen. Nur hier und da mischt sich eine krautartige Mimose (Mimosa intermedia und M. dormiens), wegen ihrer leicht erregten und erzitternden gefiederten Blätter dort sinnig Schlafkräuter genannt, dem Rindvieh und den verwilderten Pferden ein angenehmes Futter, unter die Gräser. Nur selten erhebt sich ein Baum über die ungeheure Ebene: an feuchten Stellen die Mauritia-Palme, in dürren Gegenden der Chazarro bobo (Rhopala complicata), eine Proteacee mit ganzen, zugespitzten und meergrün gefärbten Blättern, oder die Corypha inermis, eine Fächerpalme, mit deren Laube man Hütten deckt. Ganz anders die Paramos oder die zwischen 10—15,000 Fuß hoch liegenden Gebirge. Während die Llanos, in der heißen Region gelegen, bald wie die afrikanischen Wüsten verödet sind, bald in der Regenzeit ausgedehnte Grasfluren bilden, wechseln auf diesen Gebirgen täglich Hagel und Schneegestöber mehre Stunden lang mit Sonnenschein und tränken, wie Humboldt sich ausdrückt, wohlthätig die Bergpflanzen. „Die Bäume sind daselbst niedrig, schirmartig ausgebreitet, aber mit frischem, immergrünem Laube an knorrigen Zweigen geschmückt. Es sind meist großblüthige lorbeer- und myrtenblätterige Alpensträucher", meist baumartige Vertreter unserer Heidelbeergewächse, besonders Escallonien. Die letzteren verbinden oft eine berberitzenartige Tracht mit den Blüthen der steinbrechartigen Pflanzen und erstrecken sich von hier aus den ganzen Sattel der Cordilleren bis nach Chili entlang. Was Alpenrosen für die Alpen des heißen und warmen Erdgürtels im südlichen Amerika. Was dagegen die gentianenartigen Pflanzen für die Alpenrosen, das sind hier prächtige Calceolarien für die Escallonien: ihre treuen Begleiter. Im Uebrigen wiederholen sich auch hier dieselben Verhältnisse, die wir schon am Orizaba kennen lernten. In dem niedrigeren Berglande des Choco und Magdalenenstroms wächst jene palmenartige Pflanze von strauchartigem, stammlosem Wuchse, welche das vegetabilische Elfenbein liefert: die Tagua (Phytelephas microcarpa). Erst an den Abhängen der peruanischen Cordilleren gesellt sich eine stämmige Verwandte zu ihr, die Ph. macrocarpa. Der Kern ihrer

Früchte ist es, der zu einem hornartigen Körper erhärtet. Weit wunderbarer ist der Kuhbaum (Galactodendron utile) Venezuelas. Eine Art Feigenbaum, dessen Milch genießbar ist und somit eine vielgesuchte vegetabilische Quelle in den dortigen Cordilleren bildet, läßt er die Milch auf den Bäumen wachsen, während daneben der Kaffee gedeiht. Einige Schlinggewächse, dort sinnig Wasserreben (Bejuco de agua) genannt, spenden auf bedeutenden Höhen Wasser. Es sind gewöhnlich Reben von $1\frac{1}{2}$—2 Zoll im Durchmesser. „Einmal durchgehauen", wird uns von Moritz erzählt, „bleibt der Schnitt trocken, es fließt kein Saft und der Unkundige glaubt seine Hoffnung getäuscht. Allein einige Fuß oberhalb des ersten Schnittes abermals zerhauen, gibt nun dieses Stück Rebe aus der ersten Schnittfläche all seinen Wasservorrath, — eine aus dem veränderten Luftdruck leicht zu erklärende Erscheinung." Der See von Tacarigua oder Valencia in der Provinz Caracas gehört, wie Humboldt versichert, zu den schönsten und freundlichsten Naturscenen, die ihm bekannt sind. Ein Dickicht von Rohrkolben (Typha) umgibt ihn, weite Zuckerfelder breiten sich um ihn aus, sowohl mit dem gemeinen (Caña criolla), wie mit dem Zuckerrohr der Südsee (Caña de Otaheiti) bepflanzt. Letzteres hat ein weit lichteres, angenehmeres Grün und liefert auf gleichem Flächenraum $\frac{1}{3}$ Zucker mehr als ersteres. „Mit dem lichten Grün des tahitischen Zuckerschilfes", erzählt der Genannte, „contrastirt dort sehr schön der dunkle Schatten der Cacaopflanzungen. Wenige Bäume der Tropenwelt sind so dicklaubig als Theobroma Cacao. Dieses herrliche Gewächs liebt heiße und feuchte Thäler." Man hat bemerkt, daß es nur auf jungfräulichem Boden gut gedeiht und darum allmälig immer mehr in die östlicheren Provinzen von Neu-Barcelona und Cumana weicht. Bekanntlich ist das Geschlecht der Cacaopflanzen der amerikanischen Tropenwelt eigenthümlich und bewohnt dieselbe in fünf Arten, von denen sich die cultivirte durch eilängliche, zugespitzte, ganzrandige, auf beiden Seiten grüne Blätter unterscheidet. So schön aber auch immer diese Landschaften sein mögen, zauberischer an Wechsel und Originalität sind doch die Llanos. „Wenn unter dem senkrechten Strahl der unbewölkten Sonne", schildert Humboldt in einem seiner gelungensten Bilder, „die verkohlte Grasdecke in Staub zerfallen ist, klafft der erhärtete Boden auf, als wäre er von mächtigen Erdstößen erschüttert. Berühren ihn dann entgegengesetzte Luftströme, deren Streit sich in kreisender Bewegung ausgleicht, so gewährt die Ebene einen seltsamen Anblick. Als trichterförmige Wolken, die mit ihren Spitzen an der Erde hingleiten, steigt der Sand dampfartig durch die luftdünne, elektrisch geladene Mitte des Wirbels empor: gleich den rauschenden Wasserhosen, die der erfahrene Schiffer fürchtet. Ein trübes, fast strohfarbiges Halblicht wirft die nun scheinbar niedrigere Himmelsdecke auf die verödete Flur. Der Horizont tritt plötzlich näher. Er verengt die Steppe, wie das Gemüth des Wanderers. Die heiße, staubige Erde, welche im nebelartig verschleierten Dunstkreise schwebt, vermehrt die erstickende Luftwärme. Statt Kühlung führt der Ostwind neue Glut herbei, wenn er über den langerhitzten Boden hinweht. Auch verschwinden allmälig die Lachen, welche die gelbgebleichte Fächerpalme vor der Verdunstung schützte. Wie im eisigen Norden die Thiere durch Kälte erstarren, so schlummert hier unbeweglich das Krokodil und die Boaschlange, tief vergraben in trockenem Letten." „In finstere Staubwolken gehüllt, vom Hunger und brennendem Durste geängstigt, schweifen Pferde und Rinder umher: diese dumpf aufbrüllend, jene mit langgestrecktem Halse gegen den Wind anschnaubend, um durch die Feuchtigkeit des Luftstroms die Nähe einer nicht ganz verdampften Lache zu errathen. Bedächtiger und verschlagener, sucht das Maulthier auf andere Weise seinen Durst zu lindern. Eine kugelförmige und dabei vielrippige Pflanze, der Melonencactus (Cactus melocactus), verschließt unter seiner stachligen Hülle ein wasserreiches Mark. Mit dem Vorderfuße schlägt das Maulthier die Stacheln seitwärts und wagt es dann erst, die Lippen behutsam zu nähern und den kühlen Distelsaft zu trinken." „Tritt endlich nach langer Dürre die wohlthätige Regenzeit ein, so verändert sich plötzlich die Scene in der Steppe. Das tiefe Blau des bis dahin nie bewölkten Himmels wird lichter. Wie ein entlegenes Gebirge erscheint einzelnes Gewölk im Süden, senkrecht aufsteigend am Horizonte. Nebelartig breiten allmälig die vermehrten Dünste sich über den Zenith aus. Den belebenden Regen verkündigt der ferne Donner. Kaum ist die Oberfläche der Erde benetzt, so überzieht sich die duftende Steppe mit Kyllingien (aus der Familie der Cypergräser), mit vielrispigem Paspalum (aus der Verwandtschaft der Hirsengräser) und mannigfaltigen Gräsern. Vom Lichte gereizt, entfalten krautartige Mimosen ihre gesenkt schlummernden Blätter und begrüßen die aufgehende Sonne, wie den Frühgesang der Vögel und die sich öffnenden Blüthen der Wasserpflanze. Pferd- und Rinder weiden nun (soweit es Jaguare und Regenfluthen gestatten) in frohem Genusse des Lebens." Die ganze Schilderung sagt uns, daß hier kein Gebiet für Cultur ist. „Wie in der mongolischen Steppe, begrenzen auch die südamerikanischen Ebenen", sagt Humboldt, „das Gebiet europäischer Halbcultur", die sich in die gebirgigeren Theile geflüchtet. In solchen Steppen pflegt sich nur ein Hirtenleben zu entwickeln. Wunderbarer Weise ist ein solches vor der Entdeckung Amerikas den indianischen Völkerstämmen nie bekannt gewesen. Seltsam genug, da der Bison Nordamerikas, das californische Mouflon und das Lama Perus eingeborene milchgebende Thiere sind! Soll man eine Vermuthung über die Ursache dieser Erscheinung äußern, so dürfte sie im Klima liegen, das in Amerika kein beschauliches Leben gestattet. In Nordamerika wenigstens, wo die trockenen Westwinde unsern Ostwinden gleichen und meistens im Jahre wehen, scheint es durch lange Erfahrungen bewiesen zu sein, daß diese den Menschen reizbarer, fieberhafter, ungeduldiger, unstäter machen. Daher das Volk der That, und wie dieses, so auch der indianische Ureinwohner. Er liebt noch heute lieber die wilde Jagd auf den wilden Bison, als die beschauliche Ruhe des Hirten, und selbst in Südamerika schweift der Gaucho lieber wild und flüchtig über die ungeheuren Pampas mit dem Lasso, statt sich phlegmatisch in die Hütte zu legen. Wie dem aber auch sei, immer sind es materielle Ursachen, die des Menschen Handeln bestimmen, und durften wir wenigstens an einer so beuterstenswerthen Thatsache nicht still vorübergehen.

Im Süden ist das Land der Cultur noch unzugänglicher. An die Steppe grenzt die schaudervolle Wildniß jener Urwälder, welche das Tiefland zwischen dem Orinoco und Amazonenstrome erfüllen. Erdrückt von der ungeheuren Pflanzenfülle dieser Selvas, durchschweifen die Söhne der Wälder allein den nur für sie durchdringlichen Wald. Unbezwungen, wie die Guaraunen, deren Selbständigkeit noch heute von dem lockern, halbflüssigen Moorboden der Steppe und ihren Wohnungen auf den abgehauenen Palmenschaften der Mauritia abhängt, aber auch in roher Barbarei, bewohnen vielerlei Stämme diese Wildniß. „Mit unnatürlicher Begier", sagt Humboldt, „trinken hier einzelne Völkerstämme das ausgesogene Blut ihrer Feinde; andere würgen, scheinbar waffenlos und doch zum Morde vorbereitet, mit vergiftetem Daumnagel. Die schwächeren Horden, wenn sie das sandige Ufer betreten, vertilgen sorgsam mit den Händen die Spur ihrer schüchternen Tritte." So in den Wildnissen Guyanas. Der Mensch ist gleichsam das Abbild seines Urwaldes geworden, wo selbst Pflanze mit Pflanze kämpft, wie wir (Thl. 1, S. 43) an dem Cipo matador des brasilianischen Urwaldes sahen. Denkt man sich einen Wald, wo man kaum 3—4 Schritte vor sich sehen kann, wo jeder Schritt mit dem Waldmesser vorwärts gemacht werden muß, wo Säule an Säule steht, von mannigfaltigen Schlingpflanzen verkettet, wo Morast an Morast grenzt, Fische und Wasserpflanzen auf den Bäumen wohnen können, wo eine natürliche Communication nur durch Ströme gegeben ist, hin und wieder der schneeweiße Sandboden einer fast baumlosen Savane die Wildniß unterbricht, dazu die feierlichste Stille, die nur am Saume der Waldung von einem bewegteren Thierleben unterbrochen wird: dann hat man in wenigen Zügen eine Vorstellung von diesen Urwäldern. Wollbäume (Bombax), riesige Myrtenbäume, Lorbeerbäume, feingefiederte Hülsenbäume aus der Verwandtschaft der Mimosen und Acacien, baumartige Farrenkräuter an Flußufern und feuchten Stellen, hier und da hohes Bambusgebüsch, Bignonien und Feigenbäume, Cecropien oder Armleuchterbäume, ächte Kinder des südamerikanischen Urwaldes, aus der Familie der Nesselgewächse, von stattlichem Wuchse, mit quirlartig gestellten Aesten und fingerlappigem Laube, an lichteren Stellen Palmen, als Verzierungsformen schmarotzende Orchideen, Ananasgewächse, Aroideen und Loranthaceen, schwielig gerippte Melastomaceen und viele andere Typen setzen sie zusammen. Alles aber ist so dicht in einander geschoben, daß an ein Entziffern der einzelnen Typen kaum oder nur schwer gedacht werden kann. Das „kraftvollste Erzeugniß" dieser Zone bildet der Mandelbaum (Bertholletia excelsa), eine riesige Myrtenpflanze (Thl. 1, S. 42), auch als Juvia und Castanha bekannt, nach ihm der Wollbaum in verschiedenen Arten. Nadelhölzer fehlen ganz oder werden nur in den südlichen Wäldern Brasiliens von der brasilianischen Araucarie vertreten.

Rechts der Pisang, vor ihm der Melonen, hinter ihm der Calabassenbaum, im Hintergrunde die Cocospalme, links im Vordergrunde die agavenartige Pourcroya gigantea neben den Formen der Aloe und des Cactus.

Groß ist die Zahl der nützlichen Gewächse dieser Zone. Sie alle übertrifft der Pisang (Musa paradisiaca und M. sapientum) mit den mehlreichen,
gurkenartigen Früchten seiner schweren Traube, die geröstet als Brod dienen.
Ihm zur Seite steht die Cocospalme, nach allgemeiner Annahme ein Kind
der asiatischen Tropenwelt, weithin über die Erde verbreitet und gern am
Meeresufer wohnend. Der dritte im Bunde ist der Melonenbaum (Carica
Papaya). Sein Blatt gleicht dem der bekannten Ricinusstaude, während seine
melonenartige Frucht ein kühlendes, mit Zucker genossen, angenehmes Fleisch
gibt. (S. Abbild. S. 47.) Er und der Pisang fehlen nie um die Hütten der
Neger (s. Abbild. S. 49), und häufig gesellt sich die Baumwollenstaude hinzu;
alle drei redende Beweise von der Genügsamkeit und Culturstufe dieses Volkes.
Der Flaschen- oder Calabassenbaum (Crescentia Cujete) des nahen Urwaldes
liefert in seiner kürbisartigen Fruchthülle Gefäße der mannigfaltigsten Art,
die Jagd und Fischerei bringt das Uebrige. Grundlage einer Landwirthschaft
bildet die tropische Kartoffel, die Batate, eine Windenpflanze, besonders aber
die Mandioca oder Cassava (Jatropha Manihot), eine Wolfsmilchpflanze,
deren knollige Wurzel zwar giftig, aber gerieben, ausgepreßt und getrocknet
ein nahrhaftes Brod liefert, dessen Aussehen an ein Gebäck von Sägespänen
erinnert. Einige Dioscoreen, die man als Yamswurzeln kennt, treiben selbst,
wie die windende Dioscorea tuberosa, ihre kartoffelähnlichen Knollen aus
den Blattachseln hervor. Unter den einheimischen Obstarten zeichnen sich fast
gar keine aus; die schönsten sind Ostindien entlehnt. Das lag selbst den
ersten Entdeckern so klar vor Augen, daß hierdurch allein schon eine wichtige
Umänderung des amerikanischen Pflanzengebietes hervorgebracht wurde. Die
Neue Welt theilt dies Geschick mit Europa; beide haben ihre werthvollsten
Nahrungspflanzen dem asiatischen Erdtheile zu verdanken. Pisang, Cocosnuß(?),
Sagepalme, Mangopflaume (Mangifera indica), das süßeste und lieblichste Obst
mit leichtem Terpentingeschmad, der ihre Abstammung aus der Familie der
Terpentingewächse verräth, der Rosenapfel (Jambosa vulgaris), aus der Familie
der Myrten, eine Art kugelrunder Nuß mit mandelartigem Kerne, Orangen,
Feigen, Melonen u. a., neben vielfachen Gewürzpflanzen und Zuckerrohr, gehören
hierher. Ursprünglich eigenthümlich der Neuen Welt sind außer den genannten
Bataten, Jams, Cassava und Melonenbaum: die Aguacate (Persea gratis-
sima) oder Abacate, Passionsblumen mit eßbaren Früchten, die Goyava
(Psidium pomiferum), der Mandelbaum oder die Juvia (Bertholletia excelsa),
die Pitanga (Eugenia Michelii), die Jabuticaba (E. cauliflora), Anonen
(Anona reticulata, squamosa und muricata), amerikanische Mispeln (Achras
Sapota), der Caju (Anacardium occidentale) und einige unbedeutendere Früchte.
Die Aguacate aus der Lorbeerfamilie ist eine der beliebtesten Obstarten. Sie
gleicht einer großen Pfund- oder Tafelbirne, besitzt eine lederartige Schale,
ein sehr zartes, saftiges Fleisch und einen harten Kern. Die ölreiche Fruchtschale
vertritt die Stelle der Butter, die Früchte können mit Salz gegessen werden,
oder gewähren in ihrem Fruchtfleische, wenn es mit Zucker und Citronensaft

An den Negerhütten Südamerikas. (Banane und Melonenbaum.)

zu einem Breie angerührt wird, eine höchst angenehme, milde Speise. Die beerenartigen Früchte der Passionsblumen vertreten gewissermaßen unsere Stachelbeeren; doch entspricht ihrer herrlichen rothen oder orangenen Färbung und ihrer Größe, welche den Umfang eines Gänseeies erreichen kann, keineswegs ein angenehmes Fruchtfleisch. Es hat einen wässerigen, süßlichen Geschmack. Die Gojava (Guava anderwärts), aus der Familie der Myrten, gleichsam der Granatapfel der Neuen Welt, besitzt das Ansehen einer Orange und spendet unter einer derben Schale ein mit zahlreichen Kernen gespicktes Fleisch von zusammenziehendem Geschmack, das jedoch mit Zucker gute Marmeladen und Geléés gibt, die selbst nach Europa in Blechbüchsen versendet werden. Die Invia liefert die bekannten dreieckigen amerikanischen mandelartigen Nüsse unserer Apfelsinenhändler. Die Pitanga und Jabuticaba stammen ebenfalls aus der Familie der Myrten und bringen kirschenartige Früchte hervor. Die Anonen, auch wohl Pinha oder Pinnen genannt, den nach ihnen benannten Anonaceen entstammend, liefern saftige, angenehm schmeckende Früchte, die man häufig als die Vertreter der Orangen in der Neuen Welt gerühmt findet. Es sind eigentlich mehre Beeren, welche zu einer apfelartigen Frucht zusammenwachsen und oft einige Pfund schwer werden. Dieses Gewicht erlangt wenigstens der Guanavano (Anona muricata) Venezuelas, den man wegen seines säuerlich-aromatischen Geschmackes als kühlendes Mittel liebt. Hier auch ist es, wo man die amerikanischen Mispeln aus der Familie der Sapoteen oder Seifenpflanzen wegen ihres marzipanartigen Fleisches zieht. Man vergleicht sie mit großen grünen Bergamottbirnen. Der Cajut endlich ist die Frucht, welche, aus der Familie der Terpentinpflanzen stammend, die bekannten giftigen „Elephantenläuse" in die Apotheken liefert. Dieselben sitzen als nierenförmige Samen dem fleischigen Fruchtboden auf. Man genießt ihn gekocht als Compot oder in Zucker gesotten. An den reifen Fruchtstielen löscht der Wanderer seinen Durst. Wehe jedoch, wenn er, unkundig dieser seltsamen Frucht, auch den harten ölreichen Samen durchbiß! Der brennendste Schmerz wird Lippen und Zunge peinigen. Uebrigens besitzt die herrliche, saftige Frucht einen Terpentingeschmack, der in den Tropen nur die Verdauung zu befördern scheint. Eine Verwandte dieses Baums und der Mangopflaume ist die Myrebalane (Spondias Mombin und Myrobalanus). Auch sie gehört zu den Terpentinpflanzen und erzeugt eine die Wälder angenehm durchduftende Frucht mit säuerlich-süßem Marke, welches einen harten Kern umgibt. Sie ist mehr in Westindien zu Hause. — Doch wo würden wir hingerathen, wenn wir dieses Thema erschöpfen wollten! Wichtiger sind uns Pflanzen, welche die Schicksale der Menschen mitbestimmen helfen. Wichtiger sind uns z. B. jene Palmen im Gebiete des Amazonenstroms, die durch den Oelgehalt ihrer Früchte wesentlich dazu beitragen können, dieses ungeheure Gebiet der Cultur zu erschließen und in die Geschicke Europas einzugreifen. Denn jede Pflanze, welche uns Oel zu Speisen, Seifen, Firnissen, Lacken u. s. w. spendet, wird hierdurch den europäischen Oelfrüchten ihr Areal entreißen und

dieses dem nöthigeren Getreidebau zuführen, wie bereits Photogen= und
Paraffinfabriken theilweise thun. Wenn irgendwo das Oel auf den Bäumen
wächst, so ist es wenigstens natürlicher, dieses zu gewinnen, als mühsam
Oelpflanzen zu bauen. Eine engere Verbindung Europas mit diesem Theile
der Neuen Welt, ein größerer Umtausch ihrer Producte und Fabrikate, ein
größerer Völkerverkehr muß nothwendig die Folge sein. Grundlage derselben
können nach Spruce fast sämmtliche Palmenfrüchte werden, und hier im
Gebiete des Amazonenstroms befinden wir uns vorzugsweise im Reiche der
Palmen. Große Mengen Oel liefern die glänzend hochrethen Früchte der
Caiavé=Palme (Elais melanococca) und viele Oenocarpus=Arten. Ein
olivenartiges wird von Oenocarpus Batava gewonnen, die in Rio Negro
ganze Wälder bildet. Die Jupati=Palme (Raphia taedigera) ist so ölreich,
daß selbst ihre Blätter als Fackeln benutzt werden. Die Carapa guianensis
gibt das Andiroba=Oel. Selbst die oben genannte Juvia würde sich besser
in dieser Reihe ausnehmen, als daß sie gegenwärtig von Peccari=Affen und
Delicatessenhändlern gesucht wird. Das ist ja das oberste Naturgesetz im
Gebiete der Völkerwirthschaft, daß uns die Naturproducte zu sittlichen Mo=
toren werden sollen, und da einem so wichtigen Stoffe, wie dem Oele, häufig
auch das Wachs, ein nicht minder wichtiger, zur Seite zu gehen pflegt, so
liegt die Bedeutung der Palmen dieses Gebietes auf der Hand. Die halbe
Welt ist ein noch ungehobener Schatz und dieser Theil der Neuen Welt der
unbekannteste. Wenn sie auch an schmackhaften eßbaren Früchten weit hinter
Asien zurücksteht, so birgt sie doch nichtsdestoweniger eine Fülle von Gewächsen,
bestimmt, der Industrie die vorzüglichsten Dienste zu leisten.

Wir würden jedoch eines großen Reizes verlustig gehen, wollten wir nicht
auch in diesem Gebiete wenigstens einen Ausflug machen. Wir wählen hierzu
das noch am besten durchforschte Guiana, die beiden Schomburgk und
Voltz zu unsern Führern, nach deren Mittheilungen wir unser Bild entwerfen.
Wir befinden uns auf dem Essequibo, einem der Hauptflüsse der englischen
Besitzungen. Eine überaus üppige Vegetation umfängt uns zu beiden Seiten
des Stroms. Hügel reihen sich an Hügel, mit Wäldern von riesenhaften
Bäumen bedeckt. Die stolze Mora excelsa tritt uns auch hier (vgl. Thl. 1,
S. 42) in majestätischer Schönheit, 150 — 160 Fuß hoch, riesenhaft mit ihren
dunkelgrün belaubten Zweigen entgegen. Von Zweig zu Zweig span=
nen die verschiedensten Passionsblumen, Bignonien u. a. ihre schlingenden
Stämme, mit glühenden Blumen bedeckt. Die scharlachrothen Blüthen der
Norantea guianensis wetteifern im schönsten Gegensatz mit den gelb=
gefärbten der Martia und den blauen der Jacaranda, während die Wallaba
(Eperua falcata) ihre Blumentrauben von ihren acacienartigen Zweigen her=
niederhängen läßt. Stamm an Stamm reiht sich im Innern. Nicht selten,
daß sie die schon früher geschilderten (Thl. 1, S. 255 sq.) flügelartigen
Fortsätze, die den untern Stamm gleichsam mit Nischen und Kammern be=
kleiden, hervorbringen. (S. Titelbild.) Jeder Schritt vorwärts ist nur mit der

4 *

Art oder dem Jagdmesser zu machen; denn mancherlei Schlingpflanzen verbinden die einzelnen Bäume wie mit unzerreißbaren Netzen und legen sie gleichsam vor Anker. (S. Titelbild.) Vom Sturme gebrochen, sind mächtige Bäume über dieses Gewebe gestürzt, eine Menge von Schmarotzern hat sich auf ihnen angesiedelt. Modernde Blätter und Bäume, Pilze und Farren allein überziehen den Boden solcher Urwälder, jeder andern Pflanze ist hier das Licht zu ihrem Gedeihen versagt. Herrscht doch selbst um Mittag in dem Walde nur ein gemildertes Licht! Die riesenhaften Bäume mit ihren breiten Kronen tödten ja Alles, was nicht eine gleiche Höhe zu erreichen vermag. Nur an den Flußufern stellt sich ein Unterholz ein. Krautartige Schlingpflanzen, baumartige Gräser und Cecropien mit ihren armleuchterartigen Aesten überspinnen die Bäume und Gebüsche derart, daß Alles einer riesigen Hecke gleicht. Prächtige Commelinen, Justicien u. a. ziehen sich am Ufer krautartig hin. So dehnt sich dieses wunderbare Pflanzendickicht mehr oder weniger gegen 200 engl. Meilen bis zur Mündung des Rupununi aus. Weniger üppig ist hier die Vegetation. Doch würden wir sehr irren, daraus auf eine Abnahme derselben zu schließen. Was ist es denn, das uns dort auf der Spiegelfläche des Flusses entgegenstrahlt? Es wiederholt sich bei uns, was auch dem geschah, der diese Pflanze zum ersten Male auf dem Berbice sah. Mit Ungestüm treiben wir den Bootsmann an, stärker zu rudern. Endlich sind wir zur Stelle und befinden uns im leichten Nachen vor dem größten Wunder der Pflanzenwelt auf ruhiger Fluth. Alle Mühseligkeiten der Reise sind plötzlich vergessen. Was keines Menschen Kraft vermocht hätte, das thut die Natur mit unendlicher Größe, mit unendlichem Zauber. Ein riesiges Blatt von 5—6 Fuß im Durchmesser ruht, einem mächtigen Präsentirteller gleich, mit hohem, aufgeworfenem, oben hellgrünem und unten carmoisinrothem Rande, auf der Fluth. Sprachlos erstaunt fällt unser Blick aber auf die Blume der Wunderpflanze, welcher jenes Riesenblatt angehört. Eine mächtige Rose, aus vielen hundert Blumenblättern bestehend, welche von dem reinsten Weiß in vielfachen Abstufungen in Rosa und das Fleischfarbene übergehen, ruht sie an der Seite des Riesenblattes. Kaum erheben wir unsern gefesselten Blick über die Wasserfläche, so schweift das Auge plötzlich über Hunderte solcher Blumen und Blätter hin. Der Eindruck ist ein gewaltiger; um so mehr, als wir eben, wo die Vegetation minder üppig zu werden schien, solche außerordentliche Schönheitsfülle nicht erwartet hatten Wohin wir uns auch wenden, immer finden wir Neues zu bewundern. Immer weiter rudernd, werden Blätter und Blumen immer riesiger. Die ersteren sind auf ihrer Oberfläche hellgrün, unten carmoisinroth. Die Form ist kreisförmig, der Rand 3—5 Zoll hoch. Von dem in der Mitte des Blattes befestigten, mit elastischen, ¾ Zoll langen Stacheln besetzten Blattstiele, dessen Länge sich natürlich nach der Tiefe des Wassers richtet, und dessen Dicke in der Nähe des Kelches 1 Zoll beträgt, laufen die Rippen des Blattes strahlenförmig aus. Lattenartig hervorstehend, sind sie meist 1, oft auch 4 Zoll hoch.

Die Victoria regia auf dem Flusse Guiana.

Im Ganzen finden sich nur acht Hauptrippen. Es laufen jedoch von ihnen eine Menge kleinerer so verzweigt aus, daß sie, indem sie wieder von erhabenen Bändern in rechten Winkeln durchkreuzt werden und mit Stacheln besetzt sind, dem Ganzen das Ansehen eines Spinnengewebes auf einer Menge von kleinen abgetheilten Beeten geben. Diese ganze Bauart des Blattes, welches auf seiner Unterseite gleichsam mit einem Lattennetz zur größeren Haltbarkeit überzogen ist, läßt uns auf eine große Tragbarkeit schließen. Wir wundern uns deshalb nicht, wenn sich hier eine Menge von Wasserenten diese natürlichen Teller zu ebenso sicheren wie elastischen und kunstreichen Sophas erwählten. — Unendliche Schönheit bietet die Blume. Sie schwebt in der Gestalt einer mächtigen gefüllten Rose einige Zoll über den Fluthen, umgeben von vier fleischigen Kelchblättern, von denen jedes 7 Zoll in der Länge, 5 Zoll in der Breite mißt, inwendig weiß, außen rothbraun gefärbt und stachlig ist. Der Durchmesser dieses Kelches beträgt 12—14 Zoll. Auf ihm ruht die prächtige Blume, die, sobald sie sich entfaltet, den Kelch ganz mit ihren Blättern bedeckt. Ihr Durchmesser beträgt gegen 15 Zoll, ihr Umfang fast 4 Fuß. Oeffnet sie sich, dann ist sie weiß, in der Mitte fleischfarbig. Mit der weiteren Entfaltung wird die Färbung dunkler, bis das Roth die ganze Blume (am folgenden Tage) bedeckt. Ein lieblicher Geruch, dem der großblüthigen Magnolie, entfernter dem der Orangenblüthe vergleichbar, erhöht die Schönheit der unvergleichlichen Blume. Großartig, wie alle ihre Verhältnisse, ist auch die Frucht der seltsamen Pflanze. Sie erreicht oft die Größe eines Kinderkopfs und enthält zahlreiche mehlige Samen, welche, von einer schwammigen Zellenmasse umgeben, selbst ·gegessen werden können. Es ist kein Zweifel mehr, wir befinden uns vor der königlichen Victoria, der schönsten und riesigsten Wasserrose der ganzen Welt, vor dem Yrupé (Wasserteller) der guianischen Indianer. In der That hat sich in ihr die Fülle der Tropenwelt am herrlichsten ausgeprägt, hat sich in ihr die unvergängliche Zeugungskraft des Wassers und der Wärme das schönste Denkmal gesetzt. Soweit ihr Gebiet reicht — und so umfaßt nicht weniger als fast das ganze in den Tropenzone Amerikas gelegene Stromsystem der atlantischen Seite, — so weit auch erreicht die Pflanzenwelt den Ausdruck höchster Kraft und Fülle. Dennoch grenzt auch in dieser majestätischen Welt an den höchsten Reichthum die höchste Armuth. Der Wald wird lichter, das Auge schweift über eine weite Sandebene dahin. Wir stehen vor der Savanne (s. Abbild. S. 55). Noch aber hat sie nicht ihre ganze Oede entwickelt. Gruppen von Bäumen oder auch vereinzelte vereinen sich an ihrem Saume mit Gesträuch und in anmuthigen Formen wiegt sich das schöne Haupt einer Palme. Doch vergebens suchen wir den Rasenteppich des Nordens. Er entwickelt sich in den Tropen nirgends freiwillig. Rauhhaarig und sparrig erscheinen die Gräser, vermischt mit vielerlei stachligen oder holzigen, niederliegenden Pflanzen, eine Höhe von 3—4 Fuß erreichend. Jetzt windet sich der Fluß durch die Savanne längs dem Pacaraima-Gebirge hin. Ein 100 Fuß breiter Saum von Wald zeigt uns, wenn er auch nur von mittlerer Höhe, was das Wasser selbst auf dem Sande einer Savanne unter der Tropensonne zu leisten vermag. Freilich bestehen die Ufer noch aus Kies, Quarz und Granit, während der eigentliche Savannenboden nur den Quarzsand des verwitterten Granits trägt. Darum noch die Pracht blühender baumartiger Sträucher, unter denen die weißen Blumen der Gustavien, einer Myrte, mit Tausenden von Blüthen der Cattleya superba, einer Orchidee, wetteifern. Gewöhnlich glaubt man in der Savanne eine Wüste vermuthen zu müssen. Dem ist nicht so. Mehr oder weniger dehnt sie sich wellenförmig aus, eine ungeheure Sandebene von

Eine Savanne im holländischen Guiana. Originalskizze von H. Kegel.

blendend schneeweißer Färbung. Myrtensträucher, Melastomaceen und acacienartiges Cassiengebüsch pflegt den Boden verkrüppelt einzunehmen. Wo das Buschwerk verschwindet, bedecken nur Gräser die Ebene. Doch gewähren auch sie nicht selten einen prächtigen Anblick, wenn zwischen ihnen vielleicht eine pisangartige Heliconie mit rothen Blüthendecken und gelben Blumen hervorschaut. Eine solche siedelt sich gern auf den Tausenden von kleinen Hügeln an, die von 1 Fuß Höhe und 10 Fuß Durchmesser die Einförmigkeit der Ebene unterbrechen. Ameisen und Palmen scheinen nach Volz dieselben hervorzubringen. Jene höhlen den Boden wie Maulwürfe auf, und bald

siedelt sich nach ihrem Wegzuge eine üppigere Pflanzendecke auf der fruchtbareren Erde an; ein Beweis, daß die Savanne recht wohl culturfähig ist.
Ein dunkleres Grün der Gräser und Blätter des Gestrüppes macht diese Er-
höhungen schon von Weitem kenntlich. Zahlreich dagegen, wenn auch von
geringerer Schönheit, bedecken einzelne Palmen die Savanne. Meist erhebt
sich der Stamm aus einem Wurzelgerüst, welches über die Erde emporsteht.
Dieses und die abfallenden Blätter mögen durch ihr Absterben ebenfalls zur
hügligen Erhebung des Bodens beitragen. Doch ist die Steppe nicht ganz
wasserlos. Wo dies geschieht, hat sich augenblicklich der Wald eingestellt;
sumpfigere Stellen bezeichnen das Erscheinen der anmuthigen Mauritius-Palme.
Jederzeit aber tragen diese Palmen und die Ränder der Wälder die Spuren
des Feuers in ihren Verkrüppelungen an sich. Um nämlich in der Regenzeit
eine gute Weide für das Wild, namentlich den Savannenhirsch, zu haben,
zündet der Indianer die Savanne an, um ihr den nöthigen Dünger ebenso
zuzuführen, wie das auf den norddeutschen Haiden geschieht. Einen inter-
essanten Anblick gewährt, namentlich von einer Anhöhe herab, die brennende
Savanne. Soweit das Auge reicht, wälzt sich eine Feuersäule in furchtbarer
Schnelle und Gleichmäßigkeit fort. Das Brausen des Feuers, das Getöse
der von der Hitze zerplatzenden Stengel und Halme der Gräser ist fast be-
täubend. Einen um so traurigeren Anblick bieten am nächsten Morgen die
ihres Schmuckes beraubten Bäume und Sträucher dar. Doch schon nach
wenigen Tagen beginnt eine neue Vegetation und in Kurzem ist nichts mehr
von der Verwüstung zu sehen. So grenzen unter der lebensprühenden Tropensonne Tod und Leben enger als in allen andern Zonen der Erde aneinander.

Da wir uns einmal im Reiche der Palmen befinden, so können wir dasselbe
unmöglich ohne einen Blick auf deren Verbreitung verlassen. Nach Martius
gehören der Neuen Welt von fast 600 bekannten Arten allein 270, fast die
Hälfte aller Palmen der Erde. Ihr eigentliches Gebiet liegt zwischen 10°
n. und 10° s. Br. Außerhalb der Wendekreise fanden sich bisher in
Amerika nur 15 Arten, nördlich vom Wendekreise des Krebses 4 in den südlichen
Vereinigten Staaten, südlich vom Wendekreise des Steinbocks 9. Auf der nördlichen Erdhälfte dringt Sabal Adansoni, eine Fächerpalme, bis 35°,
auf der südlichen in Chili Jubaea spectabilis (s. Abbild. Thl. 1,
S. 158) bis 36° vor. So in der wagrechten Verbreitungssphäre der Pflanzen.
In der senkrechten erreichen Oreodoxa frigida, Ceroxylon andicola
und Kunthia montana die höchste Erhebung. Erstere geht bis zu 5000
Fuß, die zweite in den Cordilleren von Quindiu unter einer mittleren Jahrestemperatur von nur 14° C., die zu Nacht auf die Hälfte herabsinkt, bis zu
8700 Fuß, die letztere bis 8400 Fuß. Beide gehören mithin der kalten
Region an. In der Alten Welt erreicht Chamaerops Martiana in Nepal
schon bei 4600 Fuß die höchste Palmengrenze. Die kalte und die heiße Strand-
region besitzen die wenigsten Arten, die eigentliche Palmenregion liegt zwischen
100—2000 Fuß. Am meisten in dieser Region der Neuen Welt wird die
Cocos, die Oelpalme (Elaeis guineensis), von der Guineaküste eingeführt,

und die Dattelpalme angebaut. — Wie überall, gehören auch hier die Palmen zu den wohlthätigsten Gewächsen der Erde. Was die Dattel für den Afrikaner, ist die schöne Mauritius-Palme (s. Abbild. Thl. 1, S. 169) für den Indianer. Kein Theil bleibt unbenutzt. Mit den Blättern, sagt Richard Schomburgk, deckt

Macusihütte im Urwald. Aus R. Schomburgk's Reisen in Guiana.

er seine Hütte; aus den Fasern derselben verfertigt er seine Hängematte; aus dem scheidenartigen Grunde der Blätter macht er seine Sandalen; die reifen Früchte liefern einen Theil seiner Nahrung; das Mark des Stammes gibt ihm eine Art Sago, und aus dem süßen Safte bereitet er ein kühlendes Getränk.

Blickt man weiter um sich, um zu sehen, wie die Natur für die ersten Bedürfnisse eines eigenen Urtypus der Menschheit gesorgt hat, so muß man gestehen, daß hier alle Bedingungen vorhanden waren, die Pflanzstätte einer selbständigen Menschenrace zu werden. Der Wald liefert dem Indianer Alles, wessen er bedarf. Wie der Neuseeländer in seiner Flachslilie (Phormium tenax) die nothwendige Pflanzenfaser findet, so webt der Indianer aus den Fasern der Agave oder der Karatas-Ananas (Bromelia Karatas) seine Stricke, Bogensehnen u. s. w. Seine Waffe wächst ihm gleichfalls im Walde zu. Es ist der Halm der Arundinaria Schomburgkii, die Curata der Indianer, ein bambusartiges Gras. Schomburgk fand es nach Angabe der Ureinwohner im Marowaca-Gebirge, im Hochlande von Guiana, in einer Höhe von 3500 Fuß. In dichten Büscheln wächst es hier an Bächen. Der Stengel erhebt sich ohne Knoten von seiner Wurzel 15—16 Fuß hoch. Von hier an wechseln die Knoten in Abständen von 15—18 Zoll bis zu einer Höhe der Pflanze von 40—50 Fuß. Der ausgewachsene Stengel hat an seinem Grunde einen Durchmesser von 1½ Zoll, ist glänzend grün, innen hohl und glatt. Der Indianer wählt nur junge Exemplare, hält sie, um ihr Verziehen zu verhindern, über das Feuer, setzt sie der Sonne aus, an deren Glut sie sich gelb färben und somit völlig austrocknen, und verschließt sie, um die zerbrechliche Waffe vor Zerstörung zu sichern, in den Stamm einer schlanken Palme. Seltsam genug, wächst auch das Gift, das allbekannte Urari, ohne welches des Jägers Pfeile weniger Bedeutung haben würden, im Hochlande von Guiana. Es wird von der Rinde einer Pflanze geliefert, welche zu der Familie der Strychnin führenden gehört. Robert Schomburgk nannte sie Strychnos toxifera. Das Urari gleicht, wie ich es bei Richard Schomburgk sah, einem eingedickten schwarzen Pflanzenextracte, verliert jedoch mit der Zeit seine Gefährlichkeit. Am berühmtesten ist das der Macusi-Indianer. Darum gibt es auch schon seit lange die Grundlage zur Verbindung einer großen Menge von Stämmen zwischen dem Orinoco, Amazonenstrome und Rio Negro ab; denn von so entfernten Punkten her kommen die Indianer, um es bei den Macusi einzuhandeln. Dagegen sind die Blasröhre Eigenthum des Landes der Guinaus und Moieungkengs am Orinoco. Daß neben diesen Blasröhren auch der Bogen als Waffe in Gebrauch ist, bezeugt uns, daß der amerikanische Urwald reich an elastischen Hölzern ist. Nicht überall können wir das von der Natur rühmen. Z. B. nicht in Neuholland. Hier, wo fast Alles starr und spröde, ist es auch das Holz, und der Ureinwohner führt den Speer statt des Bogens. Auf den baumleeren Pampas schleudert der Indianer seine Bolas und der Gaucho den Lasso. Es ist darum überaus bezeichnend, daß der Tahitier zu Coot's Zeiten das Casuarinenholz, aus dem er seine Waffen fertigte, Toa, d. i. Krieg, nannte. So werden selbst die uranfänglichen Waffen von Naturverhältnissen bestimmt. Aber auch das geistige Geschick der amerikanischen Völker sollte durch dieselben ein begrenzteres als das der Alten Welt werden. Sie haben sich, mit Ausnahme der Peruaner und Ando-Araukaner, nirgends über die Stufe des Jägerlebens erhoben. „Die amerikanischen Nationen", sagt Burmeister vielleicht nicht mit Unrecht, „durch Batate und Manioc auf den Erdboden angewiesen, wandten ihren Blick nicht von ihm ab; sie blieben in der Stumpfsinnigkeit und dumpfen Gleichgültigkeit befangen, welche ihnen noch jetzt anklebt; weil auch, wenn die Früchte des Baums ihre Blicke nach oben lenkten, der dichte Urwald ihnen alle fernere Aussicht verschloß und über seine Grenzen hinaus nichts mehr für sie zu erkennen war. Selbst da oben, an der Baumfrucht, war es mehr der flüchtige Reiz als die werthvolle Nahrung, welche sie veranlassen konnte, ihre Aufmerksamkeit ihr zuzuwenden; denn keine ursprünglich amerikanische Baumfrucht ist zum täglichen Nahrungsmittel genügend. Aber in der Alten Welt kam gerade von der Frucht die Hauptnahrung des Menschen, und daher wird sie in der alten Mythe das Symbol der Erkenntniß. Der Apfel, die Frucht des hochstämmigen Baums, erscheint als der Ausdruck der nahrhaften Frucht überhaupt, durch deren Bearbeitung der Mensch zu bleibenden Wohnsitzen aufgefodert, an das Ackerbau treibende Gewerbe gewöhnt wurde. Mit ihm beginnt die menschliche Cultur, und darum wurde die hochhängende Baumfrucht das Mittel, welches dem ersten Menschen die Augen öffnete, ihn zur Erkenntniß seiner selbst wie seiner Umgebung führte und ihn später auf den Weltraum, der über dem freien Ackerlande schwebte, mit forschender Sehnsucht zu blicken lehrte!"

So konnte die atlantische Seite Südamerikas durch die ungeheure Fülle ihrer Pflanzenwelt und den Reichthum ihrer Nahrungsmittel wohl die Wiege einer großen Menschenrace werden; allein eine höhere Cultur ist doch erst auf der westlichen Seite in den oben genannten Peruanern und Ando-Araukanern erwacht. Wir dürfen nicht zweifeln, daß auch diese große Thatsache in genauem Zusammenhange mit der Natur des Landes stehe. Die Westseite hält keinen Vergleich aus mit der Ostseite. Wüstenartig grenzt das sandige Küstenland Perus an den Stillen Ocean, von den beweglichen Medanos oder Dünen in der heißen Jahreszeit überfluthet und unbewohnbar gemacht. Alles Leben flüchtet sich an die Bäche, welche, wo sie erscheinen, im Verein mit den glühenden Sonnenstrahlen diese Wildnisse mit einer reizenden Pflanzendecke überziehen. Von 4—30° f. Br., also bis zur Grenze Chilis, erstreckt sich diese dürre Sandebene, nur hier und da (f. Thl. 1, S. 261) von einer pflanzenreichen Zone gemildert, welche in der Region jener Nebel liegt, die hier einige Monate lang herrschen. Sandliebende Cacteen sind die ersten, welche sich am Meeresstrande einstellen; bald gesellen sich ihnen nach Philippi zu: Malvengewächse, strauchartige Wolfsmilchpflanzen, strauchartige Salbeiarten, ebenso strauchartige, 6 Fuß hohe Sauerkleearten (Oxalis gigantea), Gräser, Klee, Wicken, Johanniskräuter, Leinpflanzen, mancherlei Liliengewächse, strauchartige Heliotrope, eigenthümliche Kartoffelarten, Verbenen u. a., vermischt mit den seltsamen aloeartigen Gestalten der Pourretien und andern tropischen Gewächsen. Oft urplötzlich erhebt sich das Hochland steil über diesem Küstenlande und geht in die fast menschenleere Hochebene, die 12—14,000 Fuß hohe Puna über, welche ein nicht minder grausiges Ansehen als die Küstenebene darbietet. Wechselvoll ist ihr Klima; denn hier, wo Tag für Tag gegen 2 Uhr Nach mittags furchtbare Schneefälle mit der Sonnenhitze wechseln, um bis 10 Uhr des andern Morgens Alles in eine weiße Decke einzuhüllen, und die Temperatur in wenigen Stunden bedeutend steigt und sinkt; hier, wo die trocknen Punawinde in kurzer Zeit jede Leiche zur Mumie umgestalten: hier ist die Heimat der südamerikanischen Alpennatur. Strohgelbe Gräser, dürre Vereinsblüthler, hier und da Cacteen, aber auch die herrlichen Blumen der uns wohlbekannten Calceolarien, im Vereine mit Gentianen und Verbenen, verkünden uns das „Reich der Calceolarien und Escallonien". Letztere vertreten hier, oft im Verein mit Befarien, die Stelle unserer Alpenrosen oder Rhododendren, denn in diesem Continente erscheint nirgends ein eigentliches Rhododendron. Strauch= artig wie dieses, überziehen auch die Escallonien die alpine Hochebene und schmücken sie mit ähnlich gebauten Blumen. Da dieselben jedoch von denen der Alpenrosen dadurch abweichen, daß die Blumenkrone nicht aus einem, sondern aus fünf Blättchen besteht, so ist jene Ansicht eine richtigere, welche sie für baum= und strauchartige Steinbrechgewächse (Saxifrageen) hält. Ueber ein Dutzend Arten verbreiten sich so von den Gebirgen Neu=Granadas bis nach Patagonien herab. Nur eine einzige Culturpflanze gedeiht noch auf diesen Hochebenen, die Maca, ein Knollengewächs, die Stellvertreterin der Kartoffel. Auch die Sierra oder das innere hochgelegene Bergland mit seinen Hochthä= lern, zwischen den beiden Gebirgszügen der Anden und Cordilleren gelegen, ist zwar ohne Waldung, aber bewohnbar. Hier, wo der Mais und die Quinua (Chenopodium Quinua, ein Meldengewächs), zwei amerikanische Nah= rungspflanzen, gedeihen, bewegte sich, hoch über dem erschlaffenden Klima der Tropensonne und dennoch gegen die Punawinde durch hohe Gebirgsstämme geschützt, schon in den frühesten Zeiten ein reiches Leben der Indianer. Hier erwachte die erste und einzige amerikanische Cultur, von welcher die Geschichte des großen Incareiches so viel erzählt. Alle Bedingungen waren dazu gegeben; denn wie sich das Land terrassenförmig erhebt, gliederten sich auch die Klimate. Nehmen wir an, wozu Vieles auffordert, daß der amerikanische Urmensch ein Kind des tropischen Klimas, das ihn allein mit der Fülle seiner Früchte zu ernähren vermochte, so entging er dem geistigen Untergange doch nur durch eine Auswanderung in ein gemäßigteres Klima. Aber je gemäßigter dasselbe war, um so mehr mußte sich der Mensch genöthigt sehen, selbst Hand an den Boden zu legen, der ihn ernähren sollte. Dadurch mußte von selbst die niedere Stufe des Jägerlebens verlassen und der Uebergang zum Land= leben, zur Begründung fester Gemeinden angebahnt werden. Die Natur der westlichen Seite Südamerikas kam diesem Beginnen entgegen; denn hier allein fand er eine weniger üppige Vegetation, die ihn nicht wie an der atlantischen Seite erdrückte und seinen Fortschritt hemmte. Dennoch kann man nicht glauben, daß das erste Erwachen solcher Cultur auf der Sierra stattgefunden habe. Ohne Waldung, nur von den bizarren Formen der Cacteen und Agaven bekleidet, an den Bächen hier und da von der Humboldt'schen Weide (Salix Humboldtiana) verziert, mußte sie eine Vermittelungsstufe zwischen heißem und diesem europäischen Klima gehabt haben. Diese haben wir ohne Zweifel

Vegetationsansicht des Itumaranfalls in Brasilien.

in den Montañas oder jener Zone zu suchen, welche der Tierra templada
der Mejikaner entspricht, der Zone, wo jetzt herrliche Apfelsinen, Zuckerrohr,
Kaffee, Bananen, Mais u. s. w. so vorzüglich gedeihen und deren Klima man
als ein überaus paradiesisches rühmt. In dieser Zone hatte der Mensch die
Wahl, sich seinen Wohnsitz in dichten üppigen Urwäldern oder höher steigend
in reizenden Niederwaldungen zu suchen, da sich dieselben natürlich mit der
Höhe immer mehr lichten und niedriger werden.

Zwei Pflanzen dieser Urwälder sind von überaus großer Bedeutung geworden, der Chinabaum und die Coca. Der erstere gehört zu der umfang-
reichen Familie der Rubiaceen, zu welcher sich auch der Kaffee zählt und die
sich durch eigenthümliche Alkaloide auszeichnet. Ein solches ist das entsetzlich
bittere und amianthweiße Chinin, noch heute das geschätzteste Mittel gegen
Wechselfieber. Deshalb hat man auch die Rinde des Baumes Fieberrinde genannt. Das Chinin ist nur in der lebenden inneren Rinde enthalten und
theilt dieses Vorkommen mit dem Gerbstoffe, der bekanntlich ebenfalls am reich-
lichsten in den innersten Rindenschichten gefunden wird. Rechnet man das
Geschlecht Cascarilla, unter welchem Namen die Chinabäume dort bekannt sind,
zu dem Geschlechte der Cinchonen, so sind bis jetzt bereits über 40 besondere
Arten bekannt, von denen viele die heilsame Rinde liefern. Sie sind meist Bäume
von stattlichem Wuchse, mit glatter oder rissiger und flechtenbedeckter Rinde,
kaffeeartigem Laube und prächtigen Blüthenrispen. Nach den neuesten For-
schungen des Franzosen Weddell dehnt sich die Region der Chinabäume von
19° f. Br. bis zu 10° n. Br. aus, beschreibt mithin einen großen Bogen,
der seine Convexität nach Westen, seinen westlichen fast in der Mitte gelegenen Punkt gegen Loxa (unter 4° f. Br. und 24° L.) seinen nördlichen
Endpunkt gegen 69°, den südlichen gegen 65° der Länge gerichtet hat.
Die Breite dieser Chinaregion vermindert sich an den beiden Endpunkten
und schwankt an den übrigen Stellen; denn von ihrem höchsten Erhebungs-
punkte herab vermischt sie sich mit der Waldzone. Auf dem westlichen Abhange der Cordilleren machen die Chinabäume fast ausschließlich die Waldregion aus. Die mittlere Erhebung dieser Region beträgt zwischen 5000—
7500 Fuß. Trotzdem ist die Einsammlung der Chinarinde keine leichte. Die
ganze Klasse der Rindensammler, Cascarilleros genannt, ist die Sklavin betrieb-
samer Speculanten, deren Geld die Expeditionen in die Urwälder ermöglicht,
jene durch fortwährende Vorschüsse in unzerreißbaren Banden hält. Mit be-
wundernswerthem Geschicke ersteigt der Cascarillero die höchsten Waldbäume,
um von ihnen aus mit noch bewundernswertherem Scharfblicke die einzelnen,
durch den Urwald zerstreuten Cinchonen zu erspähen und sich von diesem hohen
Standpunkte die Richtung, welche er nie verfehlen wird, zu merken. Wie
wenig ahnt der Kranke, den das Chinin aus den Fesseln des Fiebers befreit,
daß sich für ihn ein entferntes Geschlecht in andere, nicht minder drückende
Fesseln schlagen lassen muß, um ihm zu dienen! — Uebrigens hat diese hohe
Bedeutung der Chinarinde neuerdings die Holländer bestimmt, den Chinabaum

nach Java zu verpflanzen. Gelingt die Cultur, so dürfte sie nur von den wohlthätigsten Folgen begleitet sein. Ein ebenso merkwürdiges Gewächs dieser Region ist die Coca (Erythroxylon Coca), nach J. J. v. Tschudi ein Strauch von 6 Fuß Höhe, mit glänzend grünen Blättern von der Größe der Kirschblätter, weißen Blüthen und scharlachrothen Beeren aus der kleinen Familie der Erythroxyleen. Was das Opium für den Chinesen, ist das Cocablatt für den Indianer Perus, der Sorgenbrecher, welcher ihm mit seligen Phantasien naht und ihn dafür allmälig zum Blödsinn überführt, noch vor dem Manne zum Greise macht, wenn er dieses Alter überhaupt erreicht. Auch die Coca ist den Indianern zum Bedürfniß geworden, wie andern Völkern ihr Thee, ihr Kaffee u. s. w. Doch wird sie nur gekaut, und zwar mit gepulvertem, ungelöschtem Kalke oder mit der Asche der Quinua. Mäßig genossen, übt sie indeß einen überaus merkwürdigen und heilsamen Einfluß aus und hat tief in das Leben der Peruaner eingegriffen. Ohne die Coca, bemerkt v. Tschudi, würden jene den großen Beschwerden des Lasttragens und des unmenschlich betriebenen Bergbaues, in deren Fesseln sie die Habgier der Weißen seit Jahrhunderten zu halten wußte, längst erlegen sein. Aber mit Hilfe der Coca verrichtet der Indianer die stärksten Arbeiten mit Leichtigkeit, erträgt er ohne Beschwerde die Furchtbarkeit des verminderten Luftdrucks auf den Riesenhöhen der Anden, auf denen sich meist Perus Bergbau bewegt. Die Coca im Munde, lebt er selbst ohne größeren Begehr von der kärglichsten Nahrung. Es scheint gewissen Pflanzenalkaloiden, so auch dem Theestoff im chinesischen Thee, dem Tabaksstoff, dem Kaffeestoff u. s. w. eigen zu sein, das Nervensystem so umzustimmen, daß der Drang des Hungers weniger fühlbar wird. Doch nicht zufrieden mit der wohlthätigen Kraft der Coca und auch nicht zufrieden mit ihrer zerstörenden, gesellt derselbe Indianer ihr die noch fürchterlichere Tonga zu. Sie ist ein aus den Samenkapseln des rothen Stechapfels (Datura sanguinea) bereitetes Getränk, geschickt, des Genießenden Sinne mit Geistergestalten zu umwirren. Nirgends ist der Mensch mit einer Welt zufrieden gewesen, die ihre Schönheiten offen vor ihm ausbreitete, dämonisch hat ihn überall das Geheimnißvolle besiegt. — Uebrigens ist diese Zone auch an Balsambäumen reich. Denn hier und in der gleichen Zone Columbiens ist es, wo eine andere Klasse der Indianer sich damit beschäftigt, den vanilleduftenden peruanischen, den Tolu- und Copaiva-Balsam zu sammeln. Die Mutterpflanzen gehören als stattliche Bäume zur Familie der Acacien, der erste wird von Myroxylon peruiferum, der zweite von M. toluiferum, der dritte von Bäumen der Gattung Copaifera, welche auch über Brasilien verbreitet ist, gewonnen. Ich führe sie an, da sie einen eigenthümlichen Einfluß auf den Charakter jener Balsamsammler üben, die, im Gegensatze zur verschlossenen Natur des Indianers, unsern Balsamträgern gleichen, die mit geschwätziger Beredtsamkeit ihre Kunden zu behandeln verstehen. So modelt die Beschäftigung den Menschen um, der unter andern Verhältnissen sein voller Gegensatz sein kann.

Ein Balsam-bog von den Falklandsinseln. Nach J. D. Hooker.

V. Capitel.

Das warme und gemäßigte Südamerika.

Wir nehmen an, daß wir vorhin bis zu 30° f. Br. vorgeschritten sind und somit den Wendekreis des Steinbocks um 6½° hinter uns haben. Damit sind wir an den Grenzen von Chili angelangt. Ueberblicken wir unsere Karte, so zerfällt das ganze Gebiet, das wir noch bis zum Kap Hoorn zu durchwandern haben, in zwei große Glieder: 1) die Fortsetzung des mächtigen Gebirgslandes, das sich — aus Gneis, Granit, geschichtetem Porphyr, Granwacke und Kreide, nach dem Inneren des Continentes hin betrachtet, gebildet — bereits von Mittelamerika aus herabzog, um im Kap Hoorn zu enden; 2) das ungeheure Tiefland, das sich am Fuße dieses Gebirgszuges nach der atlantischen Seite hin ausdehnt, theils zur tertiären, theils zur Diluvial-Formation gehört und als die Pampas der Laplatastaaten und Patagoniens bekannt ist. Wir betreten ein Gebiet, dessen Klima ungefähr dem des nördlichen Afrika gleicht und sich nach Patagonien herab allmälig abstuft; ein Gebiet, dessen Pflanzendecke wir auf der westlichen Seite eine Gebirgsflor, auf der östlichen eine Flor der Ebene nennen müssen.

In der That trägt Chilis Pflanzenwelt den ersteren Charakter an sich. Doch innerhalb der subtropischen Zone mit seinem nördlichen trockenen und steppengleichen Theile gelegen, treten dort die Formen der Tropenwelt noch einmal auf, um sich allmälig nach dem wasserreicheren Süden hin zu verlieren. So machen die Hülsengewächse 7½ Proc. der ganzen Vegetation Chilis aus, während die Farrenkräuter noch immer 3½ Proc. betragen, obschon sie den eleganten und großartigen Charakter der baumartigen tropischen Farren nicht mehr besitzen. Die warme Zone ruft dagegen wieder Typen hervor, welche der ähnlichen des Mittelmeergebietes entsprechen. Wenn hier das Reich der Lippenblüthler und Nelken anstritt, so kehrt auch in Chili etwas Aehnliches wieder; denn die Lippenblüthler bilden daselbst volle 7 Proc. der gesammten Pflanzendecke. Die Gräser übertreffen dies Verhältniß noch um 1½ Proc. und liefern uns den Beweis, in welchem Grade sich Chili für Viehzucht und Landwirthschaft eignet. Im nördlichen Chili endet die bambusartige Grasform in der Gattung Chusquea, deren Arten, gesellschaftlich große Strecken überziehend, durch ihr häufiges Vorkommen an Abhängen ein überaus malerischer Pflanzentypus für die Landschaft wurden. Ihre Zweige nehmen oft eine Kreisbogenform an, während die Blätter in Büscheln an den Knoten stehen. Alles aber wird von der Familie der Synanthereen oder Vereinsblüthler übertroffen. Dieselben liefern 21 Proc. zur Gesammtheit der chilesischen Pflanzenwelt. Dies ist um so bemerkenswerther, als auch das ganze Tiefland der Laplatastaaten von ihnen charakterisirt wird. Mit Recht wurde hierauf ein Reich der holzartigen Synanthereen begründet. Der Beiname beweist uns schon, daß wir es hier mit strauch- und baumartigen Formen zu thun haben. In der That, wenn bei uns zu Lande diese Familie nur von perennirenden oder mehrjährigen Arten, wenn sie von stengligem Löwenzahn, Cichorie, Habichtskräutern (Hieracium) u. a. von krautartigem Wuchse vertreten wird, erreicht z. B. eine Art der Cichoriaceengattung Rea nach Philippi auf Juan Fernandez baumartigen Wuchs. Hier auch ist es, wo baumartige Lippenblüthler und Doldengewächse anstreten. Unter diese Typen mischen sich in Chilis Küstenlande baumartige, candelaberartige und, je nach der Höhe, niedrige kuglige Cacteen, Fuchsiensträucher, Lobelien, agavenartige Pourretien mit hohen, candelaberartig emporstehenden Blüthenähren, Loasen, ächte Kinder des südamerikanischen Festlandes, mit brennenden Farben, prächtige Tropäolen-Arten (spanische Kressen), Eccremocarpus-Arten mit scharlachrothen Blumen u. a. schlingen sich über Fels und Gebüsch. Eigenthümliche Tabake, überhaupt Kartoffelgewächse bestätigen uns, daß hier recht wohl, wie man meint und neuerdings Philippi bestätigte, die Heimat unserer Kartoffel sein könne. Ueber der niederen Kräuterflor erhebt sich eine Vegetation von Sträuchern und Bäumen, deren meist lederartiges Laub an die Flor des Mittelmeeres erinnert und sich durch Lorbeersträucher und Myrtengewächse auszeichnet. Im Süden des Landes, in Valdivia, dem fruchtbarsten und zukunftreichsten Theile, erlangt der Urwald durch Unterholz und Schlingpflanzen eine Fülle, die ihn fast undurchdringlich macht. Auch

darin gleicht die chilesische Pflanzendecke der des Mittelmeergebietes, daß sie
nur zwei Palmen aufzuweisen hat: die Iubaea spectabilis (f. Th. 1, S. 158)
mit kegelförmigem Stamme, die einzige des Continentes, und die Chonta (Ceroxylon australe Mart.) von Juan Fernandez. Letztere hat einen schlanken, vollkommen glatten, dunkelgrünen und glänzenden Stamm, der von den Blatt-
narben verziert wird. Von ihm hängen die scharlachrothen Früchte von der
Größe der Flintenkugeln in zierlichen Rispen zwischen dem grünen zierlichen
Federbusche des Blattschopfes herab. Nur zwei Pflanzen dieses Gebietes haben
sich eine weltgeschichtliche Bedeutung erworben: die Kartoffel und die chilesische
Araucarie (f. Th. 1, S. 264, wo ein junger Baum ist). Diese begegnet dem
Wanderer, nachdem er die warme Zone verlassen, zwischen 36—46° f. Br.,
wie es Pöppig wahrscheinlich macht. Hier vertritt sie in höchst eigenthümlicher Form den Typus der Nadelwälder. Nach dem Genannten ziehen sich
ihre Wurzeln wie Riesenschlangen, gleich dem Stamme rauh berindet, an
steinigem Boden hin. Säulenförmig erhebt sich der Stamm 50 — 100 Fuß
hoch, nur im letzten Viertel in einen plattgedrückten Kegel auslaufend. Ueberaus regelmäßig ordnen sich die Aeste, die unteren zu 8—12, die höheren zu
4—6, in horizontaler Weise um den Stamm, nur mit ihren Spitzen leicht
aufwärts gekrümmt, aber über und über von schuppenförmig sich deckenden,
scharf zugespitzten, zollbreiten und hornartig derben Blättern bedeckt. Am Ende
des Zweiges sitzt die Frucht, ein Zapfen von der Größe eines Menschenkopfes,
von der einer Kugel und von überaus regelmäßig gestellten, derben,
holzartigen Schuppen zusammengesetzt. Gegen Ende März reist die Frucht.
Dann zerfällt sie von selbst in ebenso viele Theile, als sie Schuppen besitzt,
und schüttet nun ihren Inhalt in überaus reichlicher Menge über den Boden
aus, der an Unfruchtbarkeit mit dem unserer Kiefernwälder wetteifert; um so
mehr, als sich die Araucarie am liebsten steile, felsige Joche aussucht, wo sie
an den Gebirgen, aber nie unter 1500—2000 Fuß unterhalb der Schneelinie, hinaufklettert. Mitunter erreicht sie selbst die Grenze des Schnees und
geht ebenso, wie man sagt, von einer südlicheren Punkten auf Berge von
mittlerer Höhe herab. Das sonst weiße, in der Mitte hochgelbe Holz röthet
sich in der Hitze und erlangt eine bedeutende Härte. Geritzt tritt aus den
Aesten und Schuppen der unreifen Frucht ein milchweißer Saft hervor, der
sich bald in ein gelbliches, angenehm riechendes Harz verwandelt, das man in
Chili gegen rheumatische Kopfschmerzen verwendet. So ist der Baum beschaffen, den man die Palme der südlich wohnenden Pehuenches und Huilliches
nennt. Diesen schönen Namen verdient der Baum, der herrlichste seiner
Heimat, durch seine Samen. Dieselben befinden sich, wie bei allen Nadelhölzern, zwischen den Schuppen und bilden eine Art Nuß von der Gestalt der
Mandel, aber von doppelter Größe und von einer leicht abziehbaren Haut
umkleidet. Der Kern bietet, obschon nicht leicht verdaulich, doch eine vielgesuchte Nahrung dar. Der Indianer ißt sie roh, gekocht oder geröstet und
hat in ihr, abgesehen von einem etwas herben Geschmacke, gleichsam eine

5 *

Kastanie, aus welcher die Indianerinnen, nachdem jene für den Winterbedarf zuvor gesiedet und getrocknet waren, eine Art Mehl und selbst Gebäck zu bereiten wissen. Der Baum ist somit ein überaus wohlthätiger. Nicht allein, daß er große zusammenhängende Waldungen bildet und seine Früchte von den schwerersteiglichen Aesten selbst herabschüttet, bringt er wohl gegen 20—30 Zapfen und in je einem gegen 2—300 Nüsse hervor, sodaß 18 Bäume hinreichend sein würden, einen starken Esser ein ganzes Jahr lang zu ernähren. Trotzdem wird nur der kleinste Theil gesammelt; in den Nest theilt sich ein kleiner Papagei und ein Kernbeißer. Ich habe nur den Zapfen der brasilianischen Araucarie oder des Pinheiro (s. Titelbild des ersten Theiles) gesehen und ihn völlig mit der Beschreibung des vorigen übereinstimmend gefunden. Auch seine Nüsse werden gegessen. Er liebt Sandgegenden wie die Kiefer, der er am meisten gleicht, und erscheint zwischen 21—29° s. Br., bis über 5000 Fuß hoch. In Europa kann man die Arve oder die Zirbelkiefer die Araucarie der alpinen Region nennen. Ihre aufwärts gekrümmten Zweigspitzen, ihre eßbaren Zapfennüsse und ihre alpine Lebensweise stellen sie wenigstens als solche hin.

Auf der atlantischen Seite des Synanthereenreiches, in den noch wenig erforschten Wäldern von Paraguay erscheint eine andere Pflanze von außerordentlicher Bedeutung, die Stellvertreterin des chinesischen Theestrauches, wenigstens für Südamerika, der Matéstrauch. Er gehört zu dem seltsamen Geschlechte der Stecheichen (Ilex), von denen auch Deutschland eine Art besitzt, die, unter dem Namen Hülsen, Christdorn, Stecheiche oder Stechpalme (Ilex aquifolium) allgemein bekannt, sich als immergrüner Strauch oder Baum vom Schwarzwald durch Westphalen bis Mecklenburg in einem großen Bogen hinzieht und wie die Matépflanze als Ersatzmittel des chinesischen Thees dienen kann. Drei Arten sind es, von denen der Maté gewonnen wird. Die ausgebreitetste ist die Paraguay-Stecheiche (Ilex paraguayensis Lamb., oder I. Maté St. Hil., oder I. theaezans Bonpl.). Alle drei Arten bedecken nach Bonpland große Strecken. Nicht weit von Rio Grande in Brasilien und ganz nahe am Ocean fängt ihre Vegetationslinie an. Diese verfolgt dann eine nordwestliche Richtung und reicht bis an das östliche, vielleicht auch bis an das westliche Ufer des Paraguay. Bei den Guaranis heißt die verbreiteste Art vorzugsweise Caa, womit sie sonst eigentlich auch alle Pflanzen, Moose, Flechten, Gras, Palmen, große Bäume u. s. w. bezeichnen. Sie ist bei ihnen so hoch geehrt, daß sie ihr zu Ehren besondere Feste feiern. Die zweite Art heißt Caa-Irö, bittere Pflanze, die dritte Caa-mi, kleine Pflanze, womit die Eigenschaften beider bezeichnet werden. Das Wort Maté bezeichnet einen warmen Aufguß seit undenklichen Zeiten. Er wird in einem großen Theile von Südamerika in einer kleinen eiförmigen Kürbisfrucht mit oder ohne Stiel aufgetragen und mittelst einer Röhre von der Dicke einer Schreibfeder, aus Rohr, Blech, Silber oder Gold gefertigt, getrunken. Dies geschieht deshalb, weil man die Theeblätter als Pulver überbrüht und dasselbe ohne jene Röhre in den Mund bekommen würde. Darum besitzt auch das Rohr die sogenannte Bombilla, eine siebartig durchlöcherte Kugel an seinem unteren Ende. Große Ladungen gehen jährlich aus seiner Heimat nach Buenos-Ayres, Chili und Peru, wo man ihn mit etwas Citronensaft und Zucker vermischt. Der eigentliche Matéstrauch trägt an seinen glatten Zweigen eiförmig-lanzettliche, etwas stumpfe und gesägte Blätter und läßt sich, wie alle seine Verwandten, seiner Tracht nach mit dem Lorbeerstrauche vergleichen. Seine Blüthen brechen aus den Blattachseln hervor, wo später auch die schönen, kirschenähnlichen, röthlichen Beeren erscheinen. Der Stoff, der ihn zu einem so ausgebreiteten Lieblingsgetränk der Südamerikaner, die ihn kochend heiß genießen, machte, dürfte das Ilicin sein, das vielleicht wieder mit dem Theïn oder Theestoff des chinesischen Thees zusammenfällt. Wie bei diesem, gesellt sich noch ein flüchtiges Oel hinzu, welches sich erst beim Rösten der Blätter erzeugt und dem Thee seinen balsamischen Geschmack und seine narkotische Wirkung verleiht. Ein dritter Stoff, eine Gerbsäure, erscheint ebenso im Maté wie im chinesischen Thee und im Kaffee. Wichtiger als alles Dieses aber ist uns der Einfluß des Maté auf das Leben und die Schicksale der südamerikanischen Völker. Einmal regelt er, wie der chinesische Thee und der Kaffee, die Tageszeit; dann ist er die anmuthige Grundlage einer überaus höflichen Gastfreundschaft der Südamerikaner, welche alle Glieder der Gesellschaft communistisch mit einander verbindet, indem die Bombilla von Einem zum Andern, freilich nicht besonders ästhetisch, wandert; endlich gibt er die Grundlage für eine nicht unbedeutende Handelsverbindung jener Völker ab. Den Mittelpunkt dieses Handels bildet der Staat Paraguay. Er allein soll jährlich gegen 5,600,000 Pfund versenden. Leider ist dieses Veranlassung für einen despotischen Präsidenten, den Dr. Francia, gewesen, nach chinesischer Art die Grenzen dieses Staates der Außenwelt hermetisch zu verschließen und Jeden als Gefangenen zu behandeln, welcher diese Grenzen überschritt. Es ist bekannt, wie dieses tragische Geschick gerade den obengenannten Bonpland, den berühmten Reisegefährten Humboldt's, auf viele Jahre hinaus betraf.

Da die Stecheichen eine Art Schattenpflanzen sind, so läßt das schon von vornherein vermuthen, daß ihre Heimat eine waldige sein müsse. In der That ist der Norden der Laplatastaaten von ausgedehnten Wäldern bedeckt; weiter nach dem Süden hin kämpft der Wald mit den Grassteppen der Pampas, bis diese endlich den Sieg davontragen. Wie auf der westlichen Seite in Chili, finden hier auf der östlichen die Palmen ihre südlichste Grenze in der argentinischen Republik, wo sie nur noch verkrüppelt vorkommen. Dürftig ist die Pflanzendecke der Pampas an Arten. Ein unübersehbares Grasmeer, zieht sich die Ebene, kaum von einem Hügel unterbrochen, bis an den Fuß der Anden. Von tertiären und diluvialen Erdschichten gebildet, lassen sie nur hier und da Gneis und Granitfelsen zu Tage treten und gewähren somit ein Gefilde, welches, von dem milden italienischen Klima begünstigt, eine erstaunliche Fruchtbarkeit zeigt. Wenn nicht, wie es zu Zeiten geschieht, entsetzliche Dürre den Boden versengt, wenn nicht Salzseen sich zwischen das fruchtbare Erdreich drängen, wird diese ungeheure Ebene, deren Ausdehnung man in den Laplata-staaten allein auf 72,000 ☐M. schätzt, von einer üppigen Grasdecke be-kleidet. Nahrungsreiche Futtergräser mischen sich dazwischen und herrliche Zier-blumen überziehen wiesengleich hier und da den grünen Teppich. Hier ist es, wo z. B. die herrliche Verbena melindris unserer Gärten ganze Strecken in den feurigsten Scharlach hüllt, während langbeinige Strauße (Struthio Rhea) und Hirsche (Cervus campestris) pfeilschnell darüber hinstürmen. Die fast völlige Abwesenheit der Wälder ist eine wunderbare Erscheinung in einem Lande, welches einen fruchtbaren Boden und im Winter starke Regengüsse hat. Wir fragen uns erstaunt um die Ursache und glauben sie mit Charles Dar-win darin zu finden, daß diese ungeheure Ebene wahrscheinlich in einer neueren Periode abgelagert wurde, wo die Schöpfung der Sträucher und Bäume be-reits vorüber war. Daher erklärt sich auch der geringe Artenreichthum dieser Pflanzendecke. In Argentina fand St. Hilaire nur 500 Pflanzen, unter denen überdies nur 15 zu Familien gehören, welche nicht in Frankreich zu Hause sind. Die Bäume Brasiliens können sich nicht soweit südlich ver-breiten, weil sie das niedrigere Klima nicht ertragen würden; ein anderes Wald-land ist nicht vorhanden, von welchem aus eine Colonisation der Pampas hätte stattfinden können. Rechnet man hinzu, daß die Wälder sich genau an die Grenzen der feuchten Winde halten; bedenkt man, daß die Pampas wie die Falklandsinseln und Patagonien solche dampfgeschwängerte Winde nicht besitzen: so dürfte Darwin's Ansicht gerechtfertigt sein, daß der Mangel an feuchten Winden zugleich die Schöpfung von Wäldern auf den Pampas, den Falklandsinseln und Patagonien verhindert habe. In der That kehrt hier ja ein ähnliches Verhältniß wieder, das wir bereits an den westlichen Küsten Südamerikas in der Region der Südostpassate kennen lernten. Wenn dort die östliche Seite Südamerikas unter den Einflüssen jener dampfgeschwängerten Passate lag und darum eine üppige Vegetation hervorbrachte, während die westliche Seite pflanzenarm blieb, da die Feuchtigkeit der die Anden hinauf-steigenden Passate auf deren Gipfeln abgegeben war: so tritt hier der um-gekehrte Fall ein. Die westliche Küste von Patagonien steht unter dem Ein-flusse feuchter Winde, die vom Stillen Ocean herüberwehen und eine üppige Vegetation erzeugen; die östliche Seite dagegen erhält diese Winde trocken, da sie ihre Feuchtigkeit auf den Höhen der Gebirge an die niedrige Temperatur abgegeben haben. Daher bleibt diese pflanzenarm; um so mehr, als hier selten die allein regenbringenden Ostwinde wehen. Auf den Falklandsinseln ist nicht einmal die Anpflanzung von Bäumen geglückt. Indeß hindert das we-nigstens in den Laplatastaaten die Anpflanzung von Bäumen nicht. Unter ihrem milden Klima gedeihen noch üppig ganze Wälder von Pfirsichen, Quit-ten, Oliven, Weiden, Orangen, Agavenhecken u. s. w., namentlich in Buenos-Ayres, dessen Name — gute Lüste — schon sein Klima, seinen heiteren Himmel andeutet. Wenn am Rio Negro die Ebenen mit dichtem Dornengebüsch er-füllt sind, so haben sich zwei europäische Pflanzenarten in andern Theilen ein

ungeheures Gebiet erobert: der Fenchel und die Kardendistel (Cynara car-
dunculus), zu denen sich die Riesendistel der Pampas gesellt, um auf ungeheuren Strecken vollständige Wildnisse hervorzurufen (vgl. Th. 1, S. 40).
Trotz dieser Verhältnisse sind die Pampas ein zukunftreiches Gebiet. Wie gerade hier unter kärglicheren Vegetationsverhältnissen ebenso wie auf den Kar-
roos des Kaplandes Heerden von eingeborenen Thieren üppig gedeihen, hat
sich das Rind Europas in einer Ausdehnung verbreitet, welche für letzteres
von großem Einflusse geworden ist. Ich meine den Handel mit getrockneten
Häuten. Gerade die Länder der Pampas sind die Urquelle unseres heutigen
großartigen Ledermarktes geworden. Tausende und aber Tausende von Rindern und Pferden durchschweifen wild die grasreichen und salzgetränkten Ebenen,
über welche der Gaucho, den hier die Natur erzog, umherschweift. Dies und
das milde Klima verheißen jenen Ländern noch eine große Zukunft. Es steht
zu hoffen, daß sich einst der Zug der Auswanderung aus Europa, den wir
freilich an sich nicht billigen, statt nach dem exclusiven Nordamerika, nach
Buenos-Ayres und den Nachbarländern wenden wird, um hier eine Stätte des
üppigsten Wohlseins zu gründen; um so mehr, als dort neben dem vortrefflichsten Gedeihen der Viehzucht alle europäischen Culturpflanzen eine zweite
Heimat wiederfanden.

Wandern wir immer südlicher nach Patagonien herab, betreten wir z. B.
mit Darwin bei Port Desire unter 47° s. Br. die Küste von Patagonien, so stellt sich uns eine 2—300 Fuß hohe, von Porphyr gebildete Ebene
dar, deren Oberfläche vollkommen flach ist und aus abgerundetem, mit einer
weißlichen Erde vermischtem Trümmergestein besteht. Hier und da erscheint
ein Büschel braunen harten Grases, noch seltener niedriges Dorngebüsch. In
der Mitte einer solchen einsamen Ebene stehend, schweift das Auge über ähnliche flache und öde, oft höhere Ebenen. Nur wo dieselben von breiten und
flachen Thälern durchsetzt werden, wächst mehr Gesträuch. Hier auch ist es,
wo dann und wann alte verkümmerte Bäume zum Vorschein kommen, nicht
selten in der Mitte eines trocken gelegten Flußbettes, gleichsam zum Beweise,
daß eine lange Zeit seit der letzten Fluth vorüberging. Muscheln der Oberfläche beweisen, daß die mit Geschieben bedeckten Ebenen einer neueren Hebung
ihren Ursprung verdanken. Tagelang wandert man herum, ohne einen Tropfen
Wasser zu finden. Darum werden wir auch keine üppigere Vegetation in diesem 700 engl. Meilen langen, überall aus tertiären, wie vorhin geschilderten
Schichten gebildeten Lande erwarten. Doch deutet die Opuntia Darwinii,
ein Cactus, an, daß das Klima noch immer der Erzeugung dieses sonderbaren
Pflanzentypus günstig ist. In der That sollte man dasselbe nach der südlichen
Lage des Landes weit kälter erwarten, als es offenbar ist. Wenn z. B. auf
Rhode Island unter 41° n. Br. im Winter Stallfütterung nöthig ist,
schweifen auf den Falklandsinseln noch unter 51—52° s. Br. Tausende
von Rindern, Schafen und Pferden den ganzen Winter hindurch wild herum
und finden ihre Nahrung. Woher das? Wir begegnen hier einer überraschen-

den Erscheinung, der Thatsache nämlich, daß auch die Küstencurven der Continente ihren großen Antheil an dem Wechsel und der organischen Gestaltungskraft der Klimate haben. So steht in dem fraglichen Falle der Meerbusen von Guinea an der westlichen Küste Afrikas im innigsten Wechselverhältniß zu der östlichen Küste von Patagonien. Das Wasser, sagt Maury, kann aus dem Aequatorialkessel von Guinea nicht nach Norden entweichen, weil es — man blicke nur auf die Karte — die Uferlinie nicht erlaubt. Es muß folglich nach Süden strömen, sowie das vom Kap St. Roque nach Norden. Auf diese Weise bringt das heiße Wasser jenes Meerbusens, welches nach den Fallandsinseln und den östlichen Küsten Patagoniens herüberströmt, diesen südlichen Ländern eine ähnlich milde Temperatur, wie sie der Golfstrom vom mexikanischen Meerbusen den britischen Inseln zuführt. Daher tragen die von den Spaniern bei Port Desire zurückgelassenen Kirschbäume noch Früchte, ganz so, wie wir das schon einmal an den Küsten von Norwegen (Th. 1, S. 70) fanden. So zeigt uns auch eine einfache Küstenlinie, daß die ganze Erde eine Maschine, aber welche herrliche Maschine ist!

Kein Gewächs dieser Zone hat eine geschichtliche Bedeutung erlangt, wenn es nicht etwa das sogenannte Tussock-Gras (Dactylis cespitosa) ist, welches man den britischen Westküsten aufzwingen wollte, da es in seiner Heimat ein vortreffliches Viehfutter ist. Es hat seinen Namen von tussock, kleines Gebüsch, und deutet damit bereits an, daß es in ungeheuren Büschen wachse. In der That bildet es auf den Falklandsinseln in der Nähe des Meeres auf torfigem, felsigem und sandigem Boden einzelne dichte hügelartige Büsche von 5—6 Fuß Höhe und 3—4 Fuß Durchmesser. Die 5—7 Fuß langen und 1 Zoll breiten Blätter hängen, weite Bogengänge bildend, rund herum nieder, und zwischen ihnen streben auf hohen Schaften die 1 Spanne langen und $1\frac{1}{2}$—2 Zoll breiten Aehren empor. Die Wurzeln sind eßbar und von erdnußartigem Geschmack. Ganz ähnlich wächst auch die gleichbenannte Carex trifida, ein Riedgras. Die Grashügel stehen nur wenig von einander entfernt, zwischen ihnen ist der Boden nackt, sodaß der Wanderer wie zwischen Irrgängen durch diese seltsamen Grashügel hindurchgeht. Ueber außerordentlich weite Strecken verbreitet, bedingen dieselben natürlich wesentlich den Charakter der Landschaft. Eine dritte Pflanze, die doldenblüthige Bolax globaria, erlangt den gleichen Charakter und dieselbe Bedeutung im Landschaftsbilde, die durch die Gesellschaft eines strunkartig in die Höhe wachsenden Farrenkrautes (Lomaria Magellanica) erhöht wird. Sie bildet die sogenannten „Balsam-bogs" (s. Abbild. S. 65), zu Deutsch Balsambüchsen, welche den sterilsten Boden verkünden, während man die andern natürlichen Heuhaufen Tussock-bogs nennt. Nach Allem, was uns der jüngere Hooker über die Inseln mittheilt, tragen dieselben einen haideartigen Charakter an sich, der nur von Brombeergestrüpp, kleinen Erdbeerbäumen (Arbutus), heidelbeerartigen Sträuchern und Farren gemildert wird.

Dahingegen ist hier so recht das Reich der Kryptogamen, der Moose, Lebermoose, Flechten und Tange. Unter den Flechten ist die schwarzgelbe

Bartflechte (Usnea melaxantha), eine der größten ihrer Familie, charakteristisch
für die Gipfel der nackten Felsen, auf denen sie eine Art kleiner Gebüsche
bildet. Blattartig ausgebreitete, herrlich gefärbte Sticten und Lackmusflechten
(Roccella) überkleiden andere Stellen der Felsen, und auch liebliche Blumen
fehlen nicht. Wenigstens lugen hier und da an den Klippen der neunblätte-
rige Sauerklee (Oxalis enneaphylla), das schneeliebende Schaumkraut (Carda-
mine glacialis), beide antiscorbutische Kräuter, selbst noch eine kleine Calceo-
larie, eine weißblühende Aster, ein Ehrenpreis (Veronica elliptica) u. a. über

Meerschaft von der Küste der Falklandsinseln.
Die Formen der Lessonie und Macrocystis. Nach J. D. Hooker.

den Boden. Brennholz liefert das Gesträpp der rothen Rauschbeere (Empetrum rubrum). Großartiger aber als alles Dieses ist die Welt der Meer-
tange. An den unterseeischen Klippen der Inseln streben baumartig verästelt
empor die Lessonien, deren hohe Schafte, mit Hunderten von Fasern an die
Felsen geheftet, die Dicke eines Mannesschenkels erreichen und deren Blätter
der Tummelplatz für Meeresthiere werden. Neben ihnen erheben sich die rie-

sigen Formen der Macrocystis pyrifera. Ihre Stiele bilden gleichsam Kabeltaue von Mannesdicke und werden oft mehre Hundert Fuß lang, bis sie die Oberfläche des Wassers erreichen, um hier ihr nicht minder großartiges Blattwerk, von dicken, mit Luft gefüllten Blasen im Laube schwebend erhalten, auszubreiten. Dann und wann werden diese Formen vom Meere in ungeheuren Massen angeschwemmt. Selbst ein eßbarer Tang, Urvillea edulis, ist darunter. Weit wichtiger aber als dieses sind die vielfachen Berührungspunkte zwischen der Flor der Falklandsinseln und der europäischen: eine Thatsache, welche schon dem Weltumsegler d'Urville auffiel. Namentlich zeigt sich diese Verwandtschaft in Gräsern, Schaumkräutern, Hirtentäscheln, Primeln, Hornkräutern (Cerastium), Vogelmieren (Alsine), Ehrenpreisarten, Sauerampfern, Meesen u. s. w. (Vgl. hiermit Th. 1, S. 268 u. fg.) Daneben erinnert uns die baumartig wachsende Lomaria Magellanica nebst Myrtensträuchern und Erdbeerbäumen an eine wärmere Zone.

Wie ganz anders die Vegetation der äußersten Südspitze Amerikas! Am Feuerlande bedecken dichte Wälder, wo sie vor Winden geschützt sind, die Berge bis zu 1500 Fuß, um dort von den Alpenpflanzen abgelöst zu werden und erst in wagrechter Linie, überraschend genug, ihre Grenze zu finden. Alles erinnert noch einmal an den üppigen Pflanzenwuchs zwischen den Wendekreisen, wenn nicht eine große Einförmigkeit dagegen spräche. Die birkenblätterige Buche (Fagus betulifolia) ist der herrschende Baum; ihr erst folgen die antarktische Buche (Fagus antarctica), die Forster'sche Buche (F. Forsteri), der Winter-Rindenbaum (Drimys Winteri), dessen Blätter das ganze Jahr über bleiben, Berberissträucher (Berberis ilicifolia), Johannisbeeren u. a. Diese Vegetation geht bis zur Eremiteninsel, dem südlichsten Punkte der Erde, wo nach Hooter jun. noch etwas baumartige Vegetation angetroffen wird. Hier wurden noch 84 Blüthenpflanzen und viele Kryptogamen, namentlich Meese, von dem Genannten gesammelt. Eine braungrüne Färbung aller Bäume und Sträucher hüllt das antarktische Pflanzenreich, nur selten von einem lichten Sonnenstrahl belebt, in düstere Schwermuth ein. Diese außerordentliche Feuchtigkeit begünstigt neben einem zwar stürmischen, aber doch nicht extremen Klima die Torfbildung derart, daß die Waldungen wie mit Brei angefüllt sind, der, fußhoch aufgehäuft, das Durchdringen derselben verbindert. Eine furchtbare, todtenähnliche Stille erfüllt die Schluchten der Landschaft auch bei dem nördlicher gelegenen Port Famine. Die Undurchdringlichkeit des Waldes wird hier wesentlich von zahlreichen umgestürzten Bäumen erhöht. Prächtige Fuchsien und Ehrenpreisarten von strauchartigem Wuchse erinnern noch einmal an eine Flor milderer Klimate. Ein Hauptnahrungsmittel der Pescherähs ist ein Pilz, Cyttaria Darwinii. Er besitzt den Bau einer Morchel, wie diese mit vielen Gruben überkleidet. In großer Zahl hängt er kugelförmig an der Rinde der Buchen; aber erst im älteren Zustande, wo er zusammenschrumpfend sein Wasser größtentheils verliert, kann er genossen werden und schmeckt, roh gekaut, schleimig-süß, während sein Geruch an den Champignon erinnert. Mit

Ausnahme einiger wenigen Beeren des Zwerg-Erdbeerbaums, die kaum in Anschlag zu bringen sind, sagt Darwin, essen die armen Wilden keine andere Pflanzensubstanz außer diesem Pilze.

Was hilft dem Menschen eine so überaus üppige Natur zu Land und zu Wasser, oder besser, wie kam der Mensch dazu, ein bei so auffallendem Reichthume doch so armes und unwirthliches Land zu seiner Heimat zu wählen, und wie wird er sich unter so ungünstigen Verhältnissen gestalten? Ich glaube, sagt abermals Darwin, daß der Mensch in diesem äußersten Theile von Südamerika auf einer niedrigeren Stufe steht, als irgendwo anders in

Landschaft des Feuerlandes. Nach Wilke's Zeichnungen zur Vereinigten-Staaten-Südsee-Expedition.

der Welt. Er gleicht dem Neuholländer an Einfachheit der Bildung am meisten. In der Nacht schlafen 5—6 nackte menschliche Wesen, die kaum vor dem Wind und Regen dieses stürmischen Klimas geschützt sind, auf dem nassen Grunde, wie Thiere zusammengerollt. Wenn es Ebbe ist, müssen sie aufstehen und Schalthiere auf den Felsen suchen. Die Weiber tauchen entweder nach Seeigeln oder sitzen geduldig in ihren Kähnen, dem einzigen Kunstwerk ihrer Hände, und angeln Fische. Wird ein Seehund getödtet oder entdecken sie den schwimmenden Leichnam eines faulenden Walfisches, so ist dies ein Festtag. Zu solch elender Nahrung kommen einige wenige geschmacklose Beeren und Schwämme. Kein Wunder, wenn oft die furchtbarste Hungersnoth, Cannibalismus und Elternmord herrscht. Kein Wunder auch, wenn hier noch kein Anfang irgend eines staatlichen Baues wahrgenommen wird. Das Land ist eine zerrissene Masse wilder Felsen, hoher Hügel und nutzloser Wälder unter ewigen Nebeln und furchtbaren Stürmen; der bewohnbare Theil ist auf die Felsen der Küste beschränkt. Nahrung suchend, muß der Mensch von Ort zu Ort wandern, in zerbrechlichen Kähnen von Küste zu Küste segeln. Wo soll hier das Gefühl einer Heimat erzeugt werden? Woher soll häusliche Zuneigung kommen? Wo sollen die höheren Geisteskräfte in Anwendung gebracht werden? Was soll die Phantasie sich vorspiegeln, die Vernunft vergleichen, die Urtheilskraft entscheiden? Eine Tellermuschel vom Felsen zu schlagen, verlangt nicht einmal List, diese niedrigste Geisteskraft. Ihre Geschicklichkeit kann in einiger Beziehung dem Instinkte der Thiere verglichen werden, da keine Erfahrung sie verbessert. Ihr Kahn ist ihr künstlichstes Werk; aber armselig, wie er ist, blieb er selbst in den letzten 250 Jahren derselbe. So fragen und antworten wir mit Darwin, und aus dem Ganzen leuchtet nur zu furchtbar die Anschauung entgegen, daß der Mensch überall ein Kind seiner Heimat ist, und daß es darum auch nur die Natur wiederum sein konnte, die ihn durch harmonischere Gestaltung unter milderen, nicht extremen Verhältnissen von seiner niederen Stufe zur Landwirthschaft und durch sie zur Staatenbildung erhob, um erst, durch Pflanzen erlöst, auf einem langen Umwege der Herrscher der Erde zu werden. Mit dieser großen Erfahrung bereichert, verlassen wir den Continent der Pflanzenfülle, der nirgends im Stande war, eine Civilisation hervorzurufen, die dauernd gewesen wäre.

Drittes Buch.
Die asiatischen Länder.

Landschaft an versuchen Meerbusen.

1. Capitel.

Allgemeine Umrisse.

In vielfacher Beziehung weicht Asien von Amerika ab. Wenn dieses eine abgerundete, allein dastehende Welt inselartig abgeschlossen in sich darstellt, streckt die asiatische Ländermasse ihre Grenzen nach allen vier Welttheilen aus. Mit Europa hängt sie auf eine Weise zusammen, daß die Bestimmung der natürlichen Grenzen im Norden nur durch Uralgebirg und Uralfluß oder durch Uralgebirg und Wolga einigermaßen gelingt. Auch im Süden kehrt eine ebenso zweifelhafte Abgrenzung zwischen Kleinasien und dem griechischen Inselmeere wieder. Mit Afrika ist sie durch Arabien verbunden und nur durch das rothe Meer davon getrennt. Im äußersten Norden sucht sie durch die Aleuten, sowie die nordöstlichste Spitze des Tschuktschenlandes ihre Vereinigung mit der nordwestlichsten Spitze Amerikas, während sie am Gleicher durch die Landzunge von Malacca und ihre unterseeische Fortsetzung, die Sundainseln, nach Neuholland schweift. Diese merkwürdige Verbindung mit allen Welttheilen macht Asien gewissermaßen zum Mittelpunkte der ganzen Erde. Es muß darum den vier Welttheilen da aufs Innigste verwandt sein, wo es an sie grenzt. Auf der europäischen Seite wird seine Flor mit Europa, an der afrikanischen mit Afrika, an der amerikanischen mit Amerika, an der neuholländischen mit Neuholland zusammenfallen. Nur, je weiter es sich von diesen Grenzen entfernt, kann es eine eigenthümliche Pflanzendecke hervorbringen.

Ein zweiter wesentlicher Unterschied zwischen Amerika und Asien besteht darin, daß dieses gewissermaßen nur eine halbe Welt ist, während jenes eine ganze, harmonische genannt werden muß. Die amerikanische Ländermasse erstreckt sich ja vom Nord = bis zum Südpol, birgt also den schönen entsprechenden (polaren) Gegensatz in sich. Die asiatische beginnt am Nordpol und löst sich in der Zone des Gleichers in ein reichgegliedertes Inselmeer auf, gegen welches der westindische Archipel weit zurücksteht. Indeß wird hierdurch auch wieder eine gewisse Verwandtschaft zwischen Nord= und Mittelamerika und Asien hervorgerufen, insofern jene sich ebenfalls oberhalb des Gleichers inselartig aufzulösen streben. Natürlich wird diese Gliederung Asiens die Folge haben, daß seine Pflanzenreiche keine correspondirenden (s. Th. 1, S. 269) sein können.

Damit im Zusammenhange, ist die Bildung der asiatischen Erdoberfläche eine völlig andere. Hier streicht nicht, wie in den beiden Amerikas, eine einzige große Gebirgskette durch den Welttheil, um ihn zu einem einigen Ganzen zu gestalten, sondern eine Menge von Gebirgsketten durchziehen ihn, mehr oder minder selbständig, nach allen Richtungen. Eine Gebirgslinie, gleichsam seine Diagonale, durchschneidet ihn zwar vom Kap Comorin an der malabarischen Küste bis zur Beringsstraße; allein dieser Gebirgszug ist nicht wie bei den Cordilleren und Anden ein einiger, parallel streichender, sondern ein vielfach verzweigter, der sich ebenso mit den Gebirgszügen Vorder= und Hinterasiens verbindet. Dagegen durchzieht der Himalaya in der Richtung der Parallelkreise, hundertfach nach Norden und Süden verzweigt, die subtropische Zone Asiens, sodaß sich jene diagonale Gebirgslinie in einem spitzen Winkel zu ihm hinneigt. Eine seltene Abwechslung von Gebirg und Tiefland, eine seltene Gliederung charakterisirt die Erdoberfläche Asiens. Frei erhebt sich aus den Eissteppen Sibiriens der Ural, um sich nach dem kaspischen Meere herabzuziehen und in Verbindung mit dem Kaukasus die Grenzscheide zwischen Europa und Asien zu bilden. Zu ihren Füßen dehnt sich dafür ein ungeheures Tiefland aus, das sich zwischen ihnen und der vorhin genannten Diagonale der innerasiatischen Gebirge als das Tiefland von Turan im Süden, von Sibirien im Norden ausbreitet. Quer vor das erstere lagert sich das Hochland von Vorderasien, das als turkisch = armenisches und iranisches Alpenland die ungeheure Strecke zwischen Mittelmeer und Hindostan als selbständiges

Plateau ausfüllt. An dieses schließt sich an den Küsten des Mittelmeeres das syrische Hochland, um nach Süden hin in das Hochland von Arabien überzugehen. Selbständig wie alle diese Gebirgsebenen, erhebt sich in Vorderindien, aus dem heißen Tieflande Hindostans sich aufthürmend, das Hochland von Dekan. Dagegen bildet das übrige Gebiet des asiatischen Festlandes, als Hinterasien bekannt und von dem oben beschriebenen spitzen Winkel der innerasiatischen Gebirge eingeschlossen, ein System der mächtigsten Gebirgszüge, welche, in Gruppen geordnet, diesen Theil erfüllen und in ihrer Mitte die Wüste Gobi beherbergen. Selbst aus Hinterindien zieht sich durch die Landzunge von Malacca nach den Sundainseln eine Gebirgskette, die sich namentlich auf Java und Sumatra zu sehr bedeutenden Höhen erhebt, ohne jedoch die Schneelinie zu erreichen. Aus Allem ergibt sich, daß dieses mannigfach verschlungene innerste Bergland und die außerhalb des asiatischen Centrums liegenden Gebirge und Alpenländer ebenso viele mannigfach gegliederte und streng von einander geschiedene Florengebiete hervorrufen müssen. Wenn dennoch nur 8 von den 25 Pflanzenreichen Schouw's auf Asien kommen und überdies nur 5 davon ihm eigenthümlich sind, so liegt die Schuld davon nicht an der einfacheren Gliederung, sondern an unserer lückenhaften Kenntniß dieses Continentes.

Auch das Klima ist nicht Schuld daran. Im Gegentheil darf man bei so außerordentlich reicher Gliederung der Erdoberfläche die schroffsten Gegensätze, den reichsten Wechsel erwarten. Noch einmal wiederholt sich hier, was wir schon bei Nord= und Mittelamerika fanden: der Continent zieht sich, den größten Theil der nördlichen Erdhälfte bildend, vom Nordpol bis zum Gleicher durch alle Zonen, obschon am letzteren kein festes Land mehr vorhanden ist. Dieser Umstand wirkt wesentlich auf das asiatische Klima zurück; denn der ungeheure Continent empfängt nicht die wohlthätige Wärmestrahlung, welche ein durch die Tropensonne erhitztes Festland zu geben vermag; um so weniger, als Innerasien durch die mächtigste Gebirgskette der Erde, den quer vorgethürmten Himalaya, von der subtropischen Sonne abgeschlossen wird. Rechnet man die Massenausdehnung Asiens nach Osten, den Mangel tief eingeschnittener Meeresbusen hinzu, so versteht es sich von selbst, daß das asiatische Klima vorzugsweise durch Ursachen bestimmt werden muß, welche in dem Baue des Continentes allein beruhen. Mit andern Worten: das Klima wird vorherrschend einen continentalen Charakter besitzen müssen, die Sommer werden ausnehmend heiß, die Winter ebenso kalt sein. So ist es in der That und in einer Weise, welche nirgends auf der Erde wiederkehrt. Hieraus erklärt sich eine andere Erscheinung, die Thatsache nämlich, daß die Schneegrenze am Himalaya höher an seiner Nord= als auf seiner der Tropenzone zugewendeten Südseite liegt. Der heiße Sommer der tübetanischen Ebene, die glühende Luft, welche die Wüste Gobi zur Sommerzeit entwickelt, macht Centralasien so recht zum Herzen des großen Festlandes. Nicht allein, daß diese heißen Ebenen jetzt ihre Wärme gegen den heiteren Himmel ausstrahlen und durch sie den Nordabhängen des Himalaya ein so mildes Klima zuführen, daß hier die Schneegrenze auf 15,000 Fuß hinaufgerückt wird, während sie an den Südabhängen schon bei 12,000 Fuß erscheint, erstrecken sie ihre Thätigkeit weit über 500 geogr. Meilen bis zum Indischen Ocean, von 50° n. Br. bis zum Aequator und über ihn hinaus. Sie erzeugen die sogenannten Monsune, rückläufige Winde, welche dem südlichen und südöstlichen Asien einen eigenthümlichen Wechsel der Jahreszeiten verleihen. Sie wehen vom Mai bis zum September aus Südwest, vom November bis zum März aus Nordost; in den beiden übrigen Monaten herrschen Windstillen oder veränderliche Winde. Der südwestliche Monsun führt die Regenzeit in das tropische und subtropische Asien. Auf seinem Laufe die steilen Abhänge der West-Ghats in Vorderindien berührend, führt er seine Wolken nur spärlich auf das Hochland von Dekan; die Abhänge der Ost-Ghats besitzen noch den heiteren Sonnenhimmel. Das Verhältniß kehrt sich aber mit der rückläufigen Bewegung der Monsune um. Die Nordostmonsune bringen den Ost-Ghats oder der Küste von Coromandel die Regenzeit, während die Seite der West-Ghats oder die Küste von Malabar ihre trockene Sommerzeit hat. Ganz ähnlich verhält es sich mit Hinterindien und den Sundainseln. Die heißen Ebenen und die im Sommer glühende Wüste Gobi Centralasiens sind der Zauberkessel, wo diese beiden Monsune aus den Nordostpassaten bereitet werden. Diese Bereitung dauert für je einen Monsun einen vollen Monat, sodaß zwei Monate auf ihr Entstehen, zehn Monate auf ihr Dasein kommen. „Wenn die Sonne", belehrt uns Maury, „nördlich vom Aequator steht, so dehnt sie die Luft über diesen Ebenen aus und läßt sie emporsteigen. Andere Luft, namentlich vom Aequator aus, strömt nach, um das Gleichgewicht wiederherzustellen, und die Kraft, welche dem Nordostpassaten entgegenwirkt, wird größer als die sie vorwärtstreibende. Sie gehorchen der größeren Gewalt, wenden sich um und werden zu Südwestmonsunen." Hören jene Ursachen auf, so werden die alten Nordostpassate wieder in ihr Recht eintreten, in ihrer alten Richtung wehen und nun als Nordost-Monsune erscheinen. — Hält man hiergegen die Thatsache, daß die hierbei so großartig betheiligte Wüste Gobi zehn Monate hindurch einem sehr strengen Winter unterworfen ist, so tritt uns abermals ein schroffer Wechsel des asiatischen Klimas entgegen, der auf einen ebenso großen Pflanzenwechsel hindeutet. Nicht anders in den übrigen Theilen Asiens. Im sibirischen Tieflande lange strenge Winter und kurze heiße Sommer; in Hinterasien große Trockenheit, mildere Luft und furchtbare Stürme, die Teifune; in Centralasien die geschilderten Verhältnisse, im tropischen Theile der wunderbare Wechsel der Jahreszeiten, verbunden mit glühender Hitze und feuchten Niederschlägen; in Arabien ein tropisch-afrikanisches Klima; im Hochlande von Vorderasien, im Kaukasus und Ural ein Alpenklima — das sind Gegensätze, die den reichsten Wechsel der Pflanzendecke bedingen und jedes Gebiet zu einem in sich geschlossenen Reiche ausbilden.

Der Neuen Welt völlig entgengesetzt, herrscht darum auch eine außerordentlich

reiche Gliederung in beiden organischen Reichen Asiens. Mußten wir jene
die Welt der Pflanzenfülle nennen, so muß Asien die Welt der Pflanzen-
gegensätze sein. Die herrlichsten Nutz- und Nahrungspflanzen entstammen ihm
und haben die Welt theilweise, namentlich Europa, durch Verpflanzung (Th. 1,
S. 85 fg.) völlig umgestaltet. Das Alles aber wird durch die Schöpfung
dreier Menschenracen, der kaukasischen, malaiischen und mongolischen, in den
Schatten gestellt. Wie die asiatischen Nahrungspflanzen zu den edelsten ihrer
Art gehören, so auch diese drei Menschenarten. Wenn sie dazu noch überdies
den reichsten Wechsel von Boden, Klima, Pflanzen- und Thierwelt fanden, so
erklärt es sich nach unsern früher entwickelten Anschauungen (Th. 1, S. 142
und 158) höchst einfach, warum gerade Asien die Wiege aller Weltbildung
wurde und werden konnte. Das ist es auch, was uns eine Wanderung durch
Asiens Länder so überaus anziehend macht.

Der Zimmtbaum Ceylons.

Winterlandschaft aus dem Thal von Saratine-Kol (östlicher Altai). Nach Tschichatschef.

II. Capitel.

Nordasien.

Zum dritten Male versehen wir uns an den nördlichen Polarkreis. Ein ungeheures Tiefland umgibt uns zwischen dem Ural und Jenisei, von diesem und dem Obi durchströmt und reich bewässert. Oestlicher, nach der nicht minder majestätischen Lena hin, erhebt sich allmälig der Boden im nackten altaischen Kettengebirge bis zu einer Höhe von 4200 Fuß, um seine Ausläufer nach der äußersten Nordostspitze Asiens bis zum Polarkreise und der Beringsstraße vorzuschieben, während sich ein anderer Gebirgszug durch die ganze Halbinsel Kamtschatka erstreckt, um hier, von Vulkanen belebt, zu der Höhe des Montblanc emporzusteigen und sich in den Kurilen bis zu den japanischen Inseln fortzusetzen.

Wo, wie hier, die mittlere Jahreswärme noch immer gegen 2—6° unter dem Gefrierpunkte bleibt, können wir keine mannigfaltigen Verhältnisse in der Pflanzendecke erwarten. Sie entspricht genau dem subarktischen Pflanzengebiete Amerikas, wo ungeheure Nadelwälder den Boden bekleiden. Nur sind es andere Arten, welche diese Waldungen zusammensetzen; vor allen die sibirische Lärche (Larix sibirica), die daurische Lärche (L. daurica), die sibirische Fichte (Pinus sibirica), die Zirbel (P. Cembra), die Kiefer (P. sylvestris) u. f. w. Bei 66° endet die letztere; die daurische Lärche geht um 5° über den Polarkreis hinaus. Von Laubwäldern in unserem Sinne kann hier keine Rede sein. Was man dafür gelten lassen darf, sind vereinzelte Weiß- und Balsampappeln (Populus alba und balsamica), zwergige Birkenarten, Ebereschen, Faulbäume, Grauerlen und Weidengesträpp. Heidelbeersträucher, die auch unserer Zone angehören, mit eigenthümlichen Alpenrosen (Rhododendron tauricum, chrysanthum) verbündet, bilden das Unterholz, letztere überdies, wie überall, wo sie erscheinen, die höchste Zierde der Landschaft im Gebirge. Man rühmt namentlich das prachtvolle Goldgelb einer dieser Arten mit großen Blumen. Auch im Kräuterteppiche dürfen wir keine große Mannigfaltigkeit erwarten. Er wird aus europäischen Pflanzentypen zusammengesetzt. Selbst das weniger kalte Kamtschatka geht wenig über die geschilderten Verhältnisse hinaus. Seine steilen östlichen Gebirge bedecken sich mit lichten Waldungen der Erman'schen Birke (Betula Ermani), deren Wuchs an die Eiche erinnert. Den Boden bekleidet entweder ein dichter Gras- und Kräuterteppich, unter welchem die kamtschatkische Spierstaude (Spiraea Kamtschatica) überaus charakteristisch ist, oder auf den Höhen ein strauchartiges Gestrüpp von Nadel- und Laubholz. Neben einigen zu Gemüse benutzten Pflanzen sind beerenartige Früchte allein das freie Geschenk der Natur. So die Rybyna (Pyrus sorbifolia), die Früchte zweier Rosenarten, der Berberitze, des Weißdorns, Brombeeren, Sumpf- und Preißelbeere, die Rauschbeere, welche schon in der arktischen Zone der Neuen Welt eine so große Rolle spielte, und die Klukwa oder Moosbeere (Vaccinium oxycoccos). Prachtvolle Wiesen, bald von niedrigem Weidengesträuch, bald von knieholzartigem Arvengestrüpp geschmückt, erhöhen dies Geschenk und beleben die Landschaft, wenn es nicht die thätigen Vulkane vollführen. Die eigentlichen Pflanzenwunder ruhen indeß im Schooße des Meeres. Wie gerade an der Südspitze Amerikas seine riesigsten Tange erschienen, so hier an der nordöstlichsten Spitze Asiens. Die schönste dieser Formen ist das seltsame Thalassiophyllum Clathrus (s. Abbild. S. 85) mit tutenförmigem, netzartig durchbrochenem Laube. Es ist ein Zeugniß mehr, daß selbst unter 50—60° n. Br. das Licht seine hohe Schöpferkraft noch nicht eingebüßt hat. In Peter-Paulshafen gedeihen Kohl, Erbsen, Kartoffeln, Gerste u. f. w. noch sehr gut, und es ist um so mehr zu bedauern, daß Kamtschatka bis jetzt noch keinen Ackerbau kennt. Vielleicht, daß dieser östliche Theil Asiens einst aus seinem Schlummer erwacht, wenn der Amur das Ochotskische Meer zu

einem Stapelplatze für China und Amerika gemacht haben wird, wenn sich
der Strom des Handels über die Landenge von Panama hierher lenkt. Nicht
ohne tiefe Berechnung sucht Rußland seine Grenzen bis zum Amur zu erweitern. Nach Schrenk tritt an seinen Ufern der Nadelwald bereits auf
die Berge zurück und der Laubwald macht seine Herrschaft geltend. Zugleich
nimmt damit die Gras- und Strauchvegetation an Ueppigkeit zu, es bilden
sich Wiesen mit über mannshohem Grase, und das Unterholz wird von
wuchernden Schlingpflanzen, unter denen selbst schon eine wilde Weinrebe
neben eigenthümlichen Wallnußbäumen auftritt, durchflochten. Mit dieser
großen Veränderung nimmt auch die Thierwelt einen andern Charakter an.
Unterhalb der Gorie-Mündung ist die nördlichste Grenze des Tigers, während
sich Reuthier, Elenn, Moschusthier, Reh und Edelhirsch genau den Veränderungen der Pflanzendecke anschließen.

　Vorläufig finden wir in dem ganzen, flüchtig durchwanderten Gebiete in
dem Menschen nur den Hirten, Fischer und Jäger. Denn hier ist ja das
eigentliche Reich jener kostbaren Thiere, welche die Welt mit ihren Pelzen
versorgen. Hier ist es, wo der Zobel, mit einer ganzen Reihe seiner Gat-
tungsverwandten, dem Hermelin, Iltis, Nörz (Mustela lutreola), Baum-
und Steinmarder, Wiesel, Frett u. s. w., die ausgedehnten Waldungen, die
ihr Leben bedingen, bewohnt. Hier ist es, wo das gestreifte Eichhörnchen
(Tamias striata) neben dem nordischen Vielfraß (Gulo borealis) in den
Wipfeln der Bäume lebt, während die vorigen lieber hohle Stämme wählen,
wo der Dachs noch häufiger herumschleicht, das kostbare Moschusthier den
aromatischesten Stoff der Erde bereitet, das verwandte Ren die unübersehbaren Flechtenfluren beweidet, das pelzreiche Geschlecht der Füchse auf Beute
lauert und, wenigstens auf Kamtschatka, die Seeotter den Fischen nachstellt. —
Beherzigen wir die gleichen Verhältnisse in demselben Gebiete der Neuen
Welt, wo das Geschlecht der Biber und Bären sich zu dem Geschlechte derselben oder neuer Arten der Marder, Füchse, Dachse, Vielfraße, Hirsche u. s. w.
gesellt: so müssen wir gestehen, daß auch in dieser nordischen Welt eine Fülle
von Schöpferkraft liegt, welche nothwendig auf den Menschen zurückwirken
mußte. Die genauere Kenntniß Sibiriens und der Hudsonsbay-Länder, die
Gründung bedeutender Handelsgesellschaften in diesem Gebiete, durch deren
Thatkraft Millionen in Umlauf gesetzt werden und die Thätigkeit des Menschen
großartig bewegt wird, das sind die unmittelbaren Erfolge der einzigen
Thatsache, daß es in jenen weiten Länderstrecken noch eine Kräuterdecke und
ausgedehnte Waldungen gibt, auf denen das Leben einer reichen Thierwelt
fußt. Genau so im nordischen Meere. Hier ist ja das Gebiet der Robben
und Wale, einer Welt, deren Bedeutung für den Menschen nicht minder
großartig wird, indem sie nicht allein kühne Seemänner in den furchtbaren
Gefahren ihrer Jagd bildet, sondern auch die unwirthbarsten Gegenden der
Erde belebt und die wirthlicheren durch ihre Producte zu neuen Industrien
führt. Wie aber wäre eine solche Welt zu denken, wenn ihr nicht eine reiche

Pflanzenwelt zur Grundlage gegeben wäre? Es sind die Tange des Meeres. Wenn auch jene Meeresriesen nicht von ihnen leben (der Walfisch lebt bekanntlich von einem Thiere niederer Ordnung, der Clio borealis, oder dem Walfischaase), so dienen sie doch als Tummelplatz für unzählige andere einfachere Thiere, auf deren Dasein das Leben jener wieder beruht. So muß aber auch durch die veredelnde Kraft der Wissenschaft ein Gebiet seine Schrecken

Thalassiophyllum Clathrus.

verlieren, das wir so gern nur gewohnt sind, in dem Lichte eines eisigen Winters zu schauen, als ob dort die zeugende Natur ihre Macht verloren habe. Schlägt doch selbst noch in den lichten Gebüschen Kamtschatkas eine liebliche Nachtigall Sylvia Calliope)!

Erst nach solchen Beobachtungen verstehen wir, daß hier selbst die Kräuterdecke riesige Formen anzunehmen vermag. Zehn Fuß hohe Brennnesseln und 13 Fuß hohe Doldengewächse sah Herr v. Kittlitz auf Kamtschatka dichte

und majestätische Krautfluren bilden. Kein Wunder, wenn unter solchen Verhältnissen die ersteren in Rußland als Flachspflanzen in Aufnahme kamen
und das sogenannte Nesseltuch lieferten! Die letzteren sind uns ein Beweis
für das Dasein eines eigenen Pflanzenreichs. Man hat es seit Schouw
das Reich der Doldenpflanzen und Kreuzblüthler genannt und seine Grenzen
von der subarktischen Zone bis zu den Grenzen der Mandschurei, Mongolei,
Bucharei und Turans, also bis zu dem Diagonal-Gebirgszuge Innerasiens
gezogen, sodaß das jablonoische, taurische, altaische und dschongarische Gebirge theils noch hineinfallen, theils die Scheidewand bilden und der größte
Theil der kälteren temperirten Zone ihm angehört. In diesem Reiche, dem
bekanntlich (Thl. 1, S. 272) auch der größte oder der gemäßigte Theil
Europas zufällt, bilden die Doldengewächse eine höchst eigenthümliche, streng
in sich abgeschlossene Welt (Thl. 1, S. 224), oft durch öl- oder gummi-
reiche Früchte ausgezeichnet, jedenfalls aber eine Zierde der Landschaft, wenn
sie Disteln gleich ihre colossalen Stauden mit vielfach gegliedertem Laube,
ihre colossale Dolden-Blumenstaude über den grünen Rasen erheben. Möge
der Typus des Bärenklau (s. Abbild. S. 87) ein Beispiel davon sein.

Dafür gehört aber auch Kamtschatka mit + 1,75° mittlerer Jahreswärme
bereits zur kälteren gemäßigten Zone. Dieselbe zeichnet sich kaum durch andere als europäische Pflanzentypen aus, die jedoch nicht selten in eigenthümlichen Arten erscheinen. Sie gestattet auch den Anbau der Cerealien; denn
Sommerweizen, Roggen und die am weitesten vordringende Gerste reifen
bequem. Allein auch hier kehrt das obige Verhältniß wieder: der Tausch
mit Pelzen ist bequemer, die Landwirthschaft ist noch nicht erwacht, und sie
wird erst erwachen, wenn dereinst die Ausbeute der Pelzthiere auf ein Geringes gebracht sein wird. Trotz der großen Uebereinstimmung der europäischen und nordasiatischen Flora hat diese doch eigenthümliche Typen hervorgebracht, welche zu einer gewissen Bedeutung gelangten. Vor Allem nennen
wir das Geschlecht der Rhabarber. Mehre Arten, deren Wurzeln das hoch-
geschätzte Arzneimittel liefern, ziehen sich von Nordasien bis zum Himalaya
allmälig herab und vertreten hier in stattlichster Weise das europäische Geschlecht
der Ampferarten (Rumex) und, da sie die höheren Gebirge bewohnen, die
Stelle unseres Alpenampfers (Rumex alpinus). Prachtvolle Stauden von
hohem Wuchse, mit saftigem, hohlem Stengel, colossalen runden, herzförmig
ausgeschnittenen Blättern und langer Rispe, von kleinen Blumen besäet, so
zieren sie wie die Dolden die Landschaft. Ihr Name stammt nach Ritter
von Rha barbaricum, wie die medicinische Wurzel im Alterthum hieß,
bis der Name allmälig zusammengezogen wurde. Jedenfalls gehört das Heilmittel zu den ältesten und vortrefflichsten der Alten Welt. Man schätzt mehre
Arten, stellt aber die Wurzel der handblätterigen und emodischen Rhabarber
(Rheum palmatum und Emodi; s. Abbild. S. 88) obenan. Jene wächst als colossale
Staude mit 2 Zoll dicken Stengeln, 2 Schuh langen, handförmig in längliche
Lappen zerspaltenen Blättern und 4—8 Schuh hohen Blüthenstengeln am

Typus des Bärenklau (Heracleum).

Südstrande Hochasiens im Alpenlande um Sining und in den Schneegebirgen des Koko-Nor, von wo sie nach Ritter von den Eingeborenen an die Chinesen verkauft wird, um entweder auf dem Landwege (über Kiachta und Petersburg) oder über Indien auf dem Seewege nach Europa zu gelangen. Die zweite Art bewohnt nach Wallich's Entdeckungen die Höhen von Tübet und des Himalaya bis zu 16,000 Fuß. Nur der pontische Rhabarber (Rh. rhaponticum) gehört, ein Kind des goldreichen Altai und der Umgegend von Krasnejarsk am Jenisei in Sibirien, der kälteren gemäßigten Zone an. Diese ist nicht im Stande, in seiner Wurzel die heilkräftigen Stoffe so zu concentriren, wie es die wärmere Sonne südlicherer Gegenden Asiens vermag. Dagegen häuft sie ja dem Fliegenschwamme (Amanita muscaria) einen Stoff an, welcher für die Nordasiaten dieselbe Bedeutung hat, wie das Opium der Orientalen: ein Beweis, daß selbst die kalte Zone gleichsam eine Hexenküche ist, die da geheimnißvoll kocht und braut. Als Gewürz zu Speisen oder in selbständigem Aufguß genossen, findet der Sohn des Nordens auch in dem Fliegenschwamme einen illusorischen Himmel voll Glückseligkeit. Scheußlich ist dieser Gebrauch; denn so nachhaltig

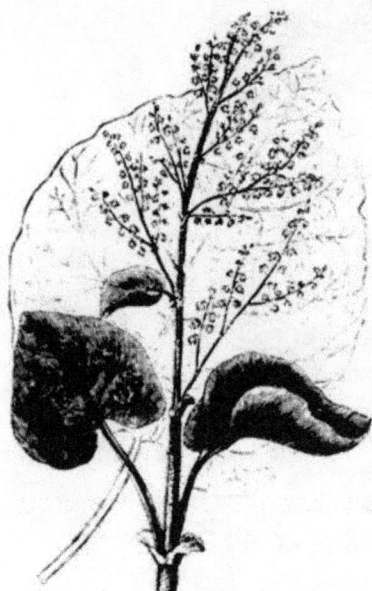

Der Typus der Rhabarber.

ist die göttliche Kraft des Wunderpilzes, daß er sich selbst noch dem Harne mittheilt und — sofslich im Harne vom Einen zum Andern wandert. So zeigt uns jede Zone den Menschen in einer Raffinirtheit seiner Genüsse, von welcher wir uns mit Ekel abwenden, geständig, daß der Mensch überall derselbe gute und derselbe schlechte ist.

Ein Theil der chinesischen Mauer.

III. Capitel.

Mittelasien.

Wir begreifen unter diesem allgemeinen Namen zuerst die östlich vom Kaspischen Meere gelegenen Länder, das Tief- und Hochland von Turkestan, also die Tatarei oder das Gebiet des Gihon und Sihon. Es wird von Vorderasien durch das niedrige und kahle Gebirge des Paropamisus im Südwesten, durch die Fortsetzung dieses Gebirges oder den wilden und mächtigen Elbrus und Kaspisee im Westen, von Europa durch den Truchmenen-Isthmus im Norden abgeschlossen und durch den Aralsee belebt. Nach Osten hin schließen sich an: das Gebirge des Hindu-kho, der Bolor-Tagh, der Muz-Tagh oder Tian-Schan, fast das ganze chinesische Reich bis zum japanischen Reiche östlich, um südlich von Tübet und dem Himalaya, südöstlich vom chinesischen Alpenlande von dem tropischen Theile abgeschlossen zu werden. Das Gebiet fällt zwischen 15 — 54° n. Br. in die wärmere gemäßigte Zone, dieselbe, welcher das Gebiet des Mittelmeeres angehört; nur Tübet und das eigentliche China liegen in dem subtropischen Erdgürtel.

Der erste Blick auf die Karte zeigt uns schon, daß dieses ungeheure Gebiet, die Küstenstriche am Großen Ocean ausgenommen, vollkommen vom Meere abgeschlossen und auf sich selbst beschränkt ist. Der Charakter eines continentalen Klimas wird hier in seiner größten Schroffheit auftreten. Das zeigt uns schon das Tiefland von Turan oder jener Theil der Tatarei, welcher in eine Menge von Stämmen zersplittert ist, deren jeder von seinem eigenen Chan beherrscht wird. Wir befinden uns zum größten Theil in einer Wüste. Nur da, wo sie von Flüssen durchschnitten und durch ein Netz von Canälen bewässert wird, erscheinen Oasen. Hier allein ist es, wo die europäischen Getreidearten in sonderbarem Verein mit Reis, Tabak, Baumwolle, Flachs, Weintrauben, herrlichen Südfrüchten, Aprikosen, Pflaumen, Mandeln, Bohnen, Färberröthe u. s. w. gedeihen und die Luzerne die Grundlage der Viehzucht bildet. Auch hat die Steppe ihre vegetabilischen Quellen hervorgebracht. Es sind die kürbis= und gurkenartigen Gewächse. Was der Melonencactus in den Steppen des heißen Amerika, das ist hier die Wassermelone (Cucumis citrullus). Ihr Saft bildet eine natürliche Gallerte voll Wohlgeschmack und Kühlung. Sie hat das nützliche Gewächs über alle Steppen= und Wüstenländer Asiens verbreitet. Seltsam und sinnig genug, baut man melonenartige Gewächse in Kaschmir auf schwimmenden, von Wasserpflanzen der Seen künstlich hervorgerufenen Inseln. So ruhen überall die schroffsten Gegensätze neben einander. In den übrigen Theilen Turans herrscht, wo sich die Ebene nicht zu den Grenzgebirgen erhebt, oder von keiner Quelle getränkt wird, vollständige Wüste. Wo jedoch eine Pflanzendecke auftritt, sind es meist Kreuzblüthler, Malvengewächse, nelkenartige und besonders Hülsenpflanzen. In außerordentlichem Reichthum ist hier das Geschlecht der meist stachligen Tragantkräuter (Astragalus) vertreten. Sie sind die eigentlichen Steppengewächse und überziehen nicht selten den Boden mit einem so dichten und stattlichen Teppich, daß sie eine eigene Krautflur von überaus eigenthümlichem Charakter bilden. Ihre Tracht und innere Verwandtschaft läßt sie mit der Esparsette vergleichen. Ihnen zur Seite geben die der Rautenpflanze verwandten Paarblättler oder Zygophylleen (s. Abbild. S. 94) der Steppe ihren Charakter; Pflanzen, deren Tracht und Namen durch die paarig auf den Blattstielen stehenden Blätter bedingt wird. Sie erscheinen, meist mit Dornen bewehrt, in allen Wüsten und Steppen der Erde und dienen besonders als Kameelfutter. Darum heißt auch eine ihrer bekanntesten Arten, welche von unserem Gebiete aus bis nach Nordafrika wandert, die sogenannte Bohnenkaper (Zygophyllum Fabago), bei den Türken Tüntapan (Kameelfutter). Diese und Wermuthpflanzen ernähren als freie Geschenke der Natur die grasfressenden Thiere, da hier von Grastriften nichts gefunden wird. Wo der Boden von Salz getränkt ist, wie z. B. in der Kirgisensteppe, bedecken Salzpflanzen meitenweit den Boden, verleihen aber, da die meisten blattlose, ruthenförmige Sträucher oder Kräuter sind, keinen angenehmen Anblick, trotzdem einige von ihnen, wie der Saraulstrauch (Anabasis Ammodendron), die Höhe von 15 Fuß erreichen. Diese furchtbare Einförmigkeit der Ebene läßt auf ein eben solches Klima schließen. In der That, Sommerwärme und Winterkälte steigern sich zu furchtbarer Höhe und geben dem Klima den continentalsten Charakter. Die Kälte mit ihren furchtbaren Schneestürmen wird durch die von Sibirien herab wehenden Nordwinde, wie die Hitze durch den Mangel an allen Wolkenbildungen vermehrt. Diese hat man schon bis zu + 37° R. in der Luft, bis zu + 50° R. im Sande, jene bis zu — 35° beobachtet. — Wunderbar ist der Einfluß, den ein solches Klima auf den Menschen übt. Wie dasselbe sich in Extremen bewegt, so auch der Bewohner dieser Wüste. Ungezügelt treibt ihn seine Leidenschaft in der weiten Steppe umher und macht ihn zum Räuber, der mit Panthern, Schakalen, Wölfen und Hyänen um die Wette eifert. Keine verschlossenen Thäler haben ihn zur sinnigeren Einkehr in sich selbst bewegt, keine Wälder zu edleren Gefühlen erhoben. Wie der Beduine in der Sahara, so der Tatar in dem Tieflande von Turan; beide sind zu räuberischen Nomaden herabgesunken, die dem Karavanenhandel hemmend entgegentreten, mit Verachtung auf thätigere Stämme herabblicken und den Menschenraub als ehrenhaftes Gewerbe betrachten. Selbst die fruchtbare, an 7000 ▢ M. große Oase von Chiwa macht davon keine Ausnahme; denn sie gerade ist es, welche den größten Sklavenmarkt besitzt. Alle aber werden an Wildheit von der Horde der Kirgisen übertroffen. Sie hat sich selbst in ihrem Gesichte ausgeprägt. Man schildert sie als überaus häßlich, mit flachen breiten Nasen, dicken Lippen, stumpfem Ausdruck, als geborene Reiter krummbeinig und muskulös, endlich aller Cultur abgeneigt und wilder Freiheit zugewendet, nur in Zelten lebend.

Wie ganz anders in dem östlicher liegenden Staate von Buchara, mitten in fruchtbaren, von Bergen umgebenen Thälern! Zwar ist auch hier das Volk, angesteckt von seinen räuberischen Nachbarn, schon längst von der Höhe seiner früheren Cultur herabgestiegen; zwar ist das einst so hochberühmte Samarkand, der Mittelpunkt asiatischen Handels und asiatischer Gelehrsamkeit, nur noch der Schatten von ehemals; allein immer noch bleibt es das wichtigste Volk von ganz Mittelasien, voll Industrie und Handel. Zaubert doch die gebirgige und quellenreiche Natur des Landes die trefflichsten Gebirgsweiden hervor, gibt sie doch dadurch Gelegenheit zu fester Ansiedelung, Staatenbildung und höherer Civilisation!

Je mehr wir uns von hier aus auf das Tafelland von Hochasien verlieren, um so mehr schwindet unsere Kenntniß von der Pflanzendecke dieses ungeheuren Gebietes. Unbekannt ist uns die Flor jener Gebirgszüge, welche als Hindu-kho, Belor-Tagh, Tian-Schan und Kuen-lün dieses Hochland durchziehen und das innere China von dem vorigen Theile Asiens abschließen. Noch unbekannter ist die fast völlig pflanzenlose Wüste Gobi oder Schamo. Einem zehn Monate langen strengen Winter ausgesetzt, wird sie von mächtigen Gebirgen umgeben, welche selbst wieder unbewaldet sind. In ihnen liegt die Heimat der oben geschilderten Rhabarbergewächse; hier auch ist das Vaterland des Maulbeerbaums und in den östlichen Grenzgebirgen des Khin-gan-oola, dem mandschurischen Hochlande, das des wunderkräftigen Ginseng (Panax Ginseng). Dafür wenigstens gilt die verästelte Wurzel der 2 Fuß hohen Pflanze, welche

zur Verwandtschaft des Epheu gehört, noch heute bei den Chinesen, und galt
es vordem auch in Europa in einer Weise, daß sie mit Gold aufgewogen
wurde. Bekannter ist dieses Gebiet als das Vaterland jener wohlthätigen
Thiere, welche längst sich der Herrschaft des Menschen unterwarfen, um gezähmt
eine so wichtige Stelle in seiner Geschichte einzunehmen. Das Argali oder
das wilde Schaf, der Kulan oder der wilde Esel, das wilde Pferd oder das
pfeilschnelle Dschiggatai (Equus hemionus), der wilde Ochs oder der Zebu
sind, wie man glaubt, die wilden Stämme jener veredelten Hausthiere. Von
hierher kamen aber auch jene wilden mongolischen Völkerstämme, deren verhee-
rende Züge die Nachbarvölker auf Europa warfen, dieses zu wiederholten
Malen bedrohten und selbst Teutschland berührten, als Attila im 5. Jahrhundert aus der Großen Tatarei hervorbrach und Dschingis-Chan um 1241
n. Chr. sein Reich von Peking bis zur Weichsel, anderthalbtausend Meilen
weit, ausdehnte, mit diesem großen Völkerstrome zugleich den großen Verbin-
dungsweg, dessen Herz das Tiefland von Turan ist, zwischen Hinterasien
und Europa anzeigte. Wie ganz anders würde sich die Völkergeschichte der
westlichen Alten Welt gestaltet haben, wenn sich diese oft aus Asien wiederholten Völkerzüge (welche, wie Humboldt sich ausdrückt, wie ein verpesteter
Windeshauch auf cisalpinischem Boden die zarte, langgepflegte Blüthe der Kunst
erstickten) nicht hierher, sondern nach einer andern Richtung ergossen hätten,
wenn das überhaupt möglich gewesen wäre! Die Natur hatte ja selbst
den Fingerzeig dazu gegeben, den Weg geöffnet; denn das mächtigste Gebirge
der Erde, der Himalaya, hat ja nur den Süden, nicht den Westen mit fast
unübersteiglichen Wällen abgeschlossen.

Ebenso unbekannt, ja geheimnißvoll liegt zwischen dem Kuen-lün und den
Nordabhängen des Himalaya das weite subtropische Gebiet Tübets. Es bildet
durchaus eine Hochebene, aber die höchste der Erde. Ihre mittlere Erhebung
beträgt nach Humboldt gegen 10,800 Fuß. Ueber sie hinaus ragen andere
Theile noch um einige Tausend Fuß höher empor. Kein Wunder, wenn das
Klima ein äußerst rauhes ist. Darum heißt auch das Land in der Sprache
der Eingebornen Töböt, das „rauhe Schneereich", wie der Himalaya wörtlich
den Schneepalast bedeutet. Stachliges Ginstergestrüpp (Genista), Traganthpflanzen, Wachholdersträucher, Weiden, Pappeln und alpine Typen, welche
auch den europäischen Alpenwelt zukommen, wie Gentianen, Fingerkräuter,
Glockenblumen, Akelei, Salbei u. s. w., beleben nur kümmerlich die Hochwüste.
Trotzdem weidet hier das kostbare Meschusthier (Moschus moschiferus) und
findet hier in Alpenrosen, Flechten und Preißelbeeren, besonders aber in der wohlriechenden, als Spica nardi bekannten Pflanze, einer Baldrian-Art, noch herrliche
Nahrung. (S. Abbild. S. 93.) Gerste und Hirse allein sind dem Ackerbau in den
höheren Lagen zugänglich. Wo dagegen die südlichen Flußthäler Schutz gewähren,
reifen selbst Pfirsiche, Granaten, Birnen, Aprikosen, Wassermelonen und der
Maulbeerbaum für die überall in China blühende Seidenzucht. Das läßt
uns schließen, daß in diesem Berglande ein ähnliches Verhältniß stattfinden

könne, wie in den Montañas der Anden und Cordilleren, wo rings geschützte Thäler von geringerer Erhebung dennoch ein milderes Klima besitzen, unter dessen Sonne selbst die Früchte der Orangen reifen. Vom tübetanischen Reiche weiß man nur so viel, daß sich um die Hauptstadt L'Hassa im oberen Tübet, unter 30½° n. Br., in einer 4—5 Stunden breiten und 24—30 Stunden langen, wasserreichen Ebene ein fruchtbares Thal befindet, in welchem unter milden Wintern neben herrlichen Parkanlagen, Blumen- und Weingärten unsere europäischen Getreidearten, Flachs und Tabak gedeihen. In der That hat es uns Humboldt wahrscheinlich gemacht, daß die Hochebene von Tübet schwerlich

Die Spica nardi, eine Baldrian-Art, welche das Moschusthier ernährt.

eine durchaus zusammenhängende sei. Wie wichtig dieselbe überhaupt für die Gebirge Innerasiens ist, hat der Genannte zuerst ausgesprochen. „Ein großer Theil der Bergebenen von Innerasien", belehrt er uns, „würde das ganze Jahr hindurch in ewigem Schnee und Eis vergraben liegen, wenn nicht durch die Kraft der strahlenden Wärme, welche die tübetanische Hochebene darbietet, durch die ewige Heiterkeit des Himmels, die Seltenheit der Schneebildung in der trockenen Luft und die dem östlichen Continentalklima eigene starke Sonnenhitze am nördlichen Abhange des Himalaya die Grenze des ewigen Schnees wundersam gehoben wäre: vielleicht bis zu 21,600 Fuß über der

Meeresfläche. Gerstenäcker (der sechszeiligen Art) sind in Kunawur bis 15,800 Fuß, eine andere Abart der Gerste, Ooa genannt und dem Hordeum coeleste (Himalaya=Gerste) verwandt, noch viel höher gesehen worden. Weizen gedeiht im tübetanischen Hochlande vortrefflich bis 11,280 Fuß. Am nördlichen Abhange des Himalaya fand Capitain Gerard die obere Grenze hoher Birkenwaldung erst bei 13,200 Fuß; ja kleines Gesträuch, das den Einwohnern zum Heizen in den Hütten dient, geht unter 30¾ und 31° n. Br. bis 15,900 Fuß, also fast 1200 Fuß höher, als die untere Schneegrenze am Aequator. Es folgt daraus, daß am nörd-

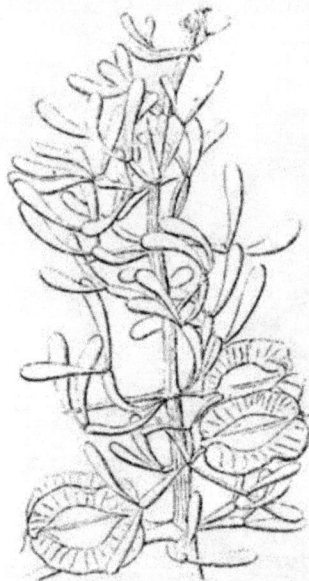

Torus der Jugorbolleen (Sarcozygium).

lichen Abhange in Mittelzahlen die untere Schneegrenze wenigstens auf 15,600 Fuß Höhe anzunehmen ist, während am südlichen Abhange die Schneegrenze bis 12,180 Fuß herabsinkt. Ohne diese merkwürdige Vertheilung der Wärme in den oberen Luftschichten würde die Bergebene des westlichen Tübet Millionen von Menschen unbewohnbar sein." Wie indeß die Bedeutung jener strahlenden Wärme dieser Ebene weit über den asiatischen Continent hinausreicht, ist schon im ersten Capitel dieses Buches erläutert worden.

Immer östlicher wandernd, soll uns ein seltener Anblick werden. Der salzgetränkte Sand und kiesartige Boden der Gobi ist nicht im Stande, eine bessere Vegetation hervorzubringen, als wir sie in den Salzsteppen des turanischen Tieflandes fanden oder überhaupt an sandigen Meeresufern bemerken. Selten erhebt sich ein Gewächs über 1—2 Fuß Höhe. Salzliebende Meldenpflanzen (Chenopodiaceen) und Zwerg=Acacien (Caragana) beleben als die charakteristischsten Zeugen der Pflanzen-

welt die wasserlose, nur hier und da von welligen Erhebungen unterbrochene Ebene. Natürlich können die schon oben erwähnten Zygophylleen als die untrüglichen Zeugen der Wüste, namentlich salzhaltiger, nicht fehlen. So wächst hier neben seltsamen Salzkräutern das Schara modun (Gelbholz) der Mongolen (Sarcozygium xanthoxylum), von dem wir eine Abbildung nach dem Entdecker desselben, Al. Bunge, welcher die Gobi von Petersburg bis Peking hin und zurück durchreiste, geben. Dennoch hat die Gobi auch ihre Oasen, d. h. eine aus Gräsern und Kräutern bestehende Pflanzendecke. Sie reicht hin, die vielen Heerden zu ernähren, die hier wild oder gezähmt

weiden. Wir verstehen erst hieraus, wie die Gobi die Heimat so vieler Hausthiere und selbst des zweibuckligen Kameels, das hier die Stelle des Dro-
medars vertritt, sein konnte. Wir verstehen auch daraus das uralte Nomadenleben dieser Hirtenstämme, welche ein bald abgeweideter Platz zu neuer
Wanderung zwingt und ihnen hiermit das Gepräge wilder Freiheit gibt, die
einst die Welt in Furcht und Schrecken setzte. Dennoch ist die Gobi ein Bild
der Stille, des Todes.

Wie ganz anders, wenn wir uns plötzlich an die Ueberreste der alten
chinesischen Mauer (s. Abbild. S. 89) versetzen, welche in einer Höhe von
5100 Fuß errichtet ist! Welche zauberhafte Verwandlung des Landschafts-
bildes tritt uns entgegen! Mit Einem Schritte sind wir aus dem Gebiete
des Todes in das des frischesten Lebens getreten. Nirgends dürften die
Gegensätze der Florengebiete schroffer ausgeprägt sein, wie hier, wo kein Uebergang stattfindet. Wir stehen an den jähen Abhängen der chinesischen südlichen
Grenzgebirge, zu unsern Füßen breitet sich nach Süden hin eine lachende
Landschaft aus, die fremdartigen chinesischen Pflanzenformen sind da, ehe
ihnen noch eine Andeutung vorausging. Denn die spärlichen Fichten, Lärchen,
Weiß= und Zitterpappeln, Ulmen, Birken, wilden Pfirsiche, Trauerweiden u. a.
der nördlichen Abhänge der Steppengebirge lassen sie, wenn man die acacienartigen Sophoren (Sophora japonica) nicht ausnimmt, auf sie nicht schließen.
In der That bilden die acacienartigen Bäume in dem chinesischen Pflanzengebiete ein wichtiges Element der Landschaft. Neben ihnen erheben sich die Magne-
lien mit lederartigem, glänzendem, dem Orangenblatte ähnelnden Laube und
großen Blumen. Sie wiederholen hier das nordamerikanische Reich der Magne-
lien. Bäume aus der Familie der Terpentingewächse, durch gefiederte Blätter
an die Acacien erinnernd, gesellen sich dazu. So die Ailanthus glandu-
losa, eine Art Sumachbaum, mit stolzer schattiger Krone. Eigenthümliche
Wachholderarten verdüstern das Bild. So der chinesische Wachholder (Juniperus chinensis). Dagegen belebt ein anderer Zapfenbaum auf seltsame
Weise das Gefilde. Es ist der schon früher geschilderte und abgebildete Gingko
mit breitem, keilförmigem Laube (Thl. 1, S. 21, 22 und 144) und eßbarer
pflaumenartiger Frucht, welche an die kleinere des Taxus erinnert. Er ist
gleichsam die edle Podocarpus=Form (Thl. 1, ebendaselbst) dieses Theiles
von Asien und beschattet als solche mit seiner hohen Krone die Tempel.

Er führt uns sofort im Geiste zu den japanischen Gestaden, wo er vorzugsweise zu Hause ist, und läßt uns diesen Theil Chinas lieber aus dem bekannteren
Japan erkennen; um so mehr, als beide Gebiete geographisch ziemlich zusammenfallen. Eine merkwürdige Mischung nordisch und südlich europäischer und tropischer Gewächse charakterisirt dieses Pflanzenreich, welches man das der Camelien
und Celastergewächse genannt hat. Jene werden von zwei Camelienarten und
dem Theestrauche, diese von eigenthümlichen Pfaffenhutsträuchern (Evonymus),
Kreuzdornen (Rhamnus), Brustbeersträuchern (Zizyphus) und Celastrus=Arten
vertreten. An die Tropen erinnern unter den ansehnlicheren Typen: der Pisang,

der hier seine nördlichste Grenze erreicht und keine reifen Bananen liefert, das indische Gras (Canna), eine Menge Bambu-Arten, Lorbeerbäume, unter denen sich der Kampher-Lorbeer auszeichnet, der Teffio (Cycas revoluta), eine Sage liefernde Zapfenpalme, der Sjuro (Chamaerops excelsa), eine Zwergpalme, der Kafusju (Catalpa syringaefolia), ein Baum mit großen, breiten, fliederähnlichen Blättern und roßkastanienartiger Blüthenrispe, der auch bei uns in Anlagen gezogen wird, Myrten, unter denen sich die Granate auszeichnet, Mandelbäume u. a. Eigenthümlich sind dem Gebiete neben Gingko, Camelien und Theestrauch: die japanischen Rosen Keria und Corchorus, die man auch hier zu Lande cultivirt, die Aukuba (Aucuba japonica), ein Baum mit lederartigen, breiten, düstergrünen und scheckigen Blättern, der Kaki (Diospyros Kaki) oder die chinesische Dattelpflaume, ein mittelgroßer, sehr verästelter Baum mit fleischiger, pflaumenartiger, gelber Frucht und dichtem Laube u. s. w. Dagegen erinnert das Gebiet an Europa durch Liguster, Flieder, Eichen, Weiden, Cornelkirschen, Oelweiden, Birken, Buxbaum, Stecheichen, Jelängerjelieber, Oleander, Hollunder, Berberitzen, Haselnüsse, Ahorne, Taxus, Cupressen, Fichten, Kiefern, Eichen, Wallnüsse, Kastanien, Pflaumen, Kirschen, Aepfel, Mispeln, Weißdorne, Rosen, Brombeeren, Linden u. a. Unter den Kräutern herrscht dieselbe Verwandtschaft durch Salbei, Rosmarin, Primeln, Veilchen, Erdbeeren, Möhren, Nelken, Wolfsmilch, Wegbreite, Kartoffelarten, Glockenblumen, Kreuzblüthler, Vereinsblüthler, Ranunkeln, Fingerkräuter u. s. w. Es würde sich kaum lohnen, so ausführlich über dieses entfernte und verschlossene Gebiet zu reden, wenn dasselbe nicht noch eine andere Bedeutung hätte, die nämlich, daß es uns ein Bild von der Zusammensetzung der Pflanzendecke ur Zeit der tertiären Periode verschafft (Thl. 1, S. 144). Dieser wunderliche Gegensatz kehrt selbst bei den Culturpflanzen wieder. So finden sich gebaut neben Feigen, Wein, Kastanien, Granaten, Mandeln, Lotos, Citronen, Apfelsinen und andern Südfrüchten: Buchweizen, Weizen, Mais, Gerste, Hafer, Kartoffeln, Möhren, Spargel, Rettig, Salat, Gurken, Melonen, Erbsen, Bohnen, Cichorien. Dagegen gehören dem Gebiete eigenthümlich, wenn auch nicht ausschließlich an: der Kwai (Scirpus articulatus), eine Simse mit eßbarer Wurzel, die Awa (Panicum verticillatum), eine Hirsenart, die Kjelusa oder Magy der Inder (Eleusine coracana), eine Grasart mit fingerförmigen Aehren, Reis, Wassernüsse (Trapa bicornis?), die Knollenlilie (Lilium bulbiferum) mit eßbarer Wurzel, die Imo (Arum esculentum), eine Aron-Art u. a., vor allen aber die japanische Kartoffel oder Igname (Dioscorea japonica), eine Windenart mit knolliger Wurzel. Sie ist es, welche in der neuesten Zeit in Europa so großes Aufsehen und die Hoffnung erregte, statt der ausartenden Kartoffel der Neuen Welt zu dienen; um so mehr, als sie sich vor dieser durch eine stickstoffhaltige Materie auszeichnet, welche sie nahrhafter als die Kartoffel macht. Ich zähle allein in der Flora Japans von Thunberg über 70 eßbare und über 100 andere Nutzgewächse, welche hier gefunden oder gezogen werden. Dieser Reichthum erklärt hinreichend die ungeheure Bevölkerung des verhältnißmäßig kleinen Gebietes, das sich überdies durch eine Fülle von Zierpflanzen geltend macht, von denen sich bereits viele lebhafte Anerkennung und Pflege in Europa erwarben. Der seltsame Hahnenkamm (Celosia cristata), die Hortensie, die Vollamerie, die japanische Lilie, die chinesische Primel u. a. gehören hierher.

Wunderbar in seiner geschichtlichen Entwickelung und Cultur, welche zu den ältesten der Erde gehören, ruht das weite Reich der Camelien und des Theestrauchs, despotisch ab= geschlossen von den übrigen Völkern der Erde, an dem entferntesten Punkte des großen östlichen Continentes. Aber ebenso schroff sind auch viele seiner Gewächse, welche meist etwas höchst Eigen= thümliches an sich tragen, von den übrigen geschieden oder doch wenigstens durch überraschende Eigenschaften ausgezeichnet. Obenan steht der Theestrauch (Thea si= nensis), ein naher Ver= wandter der Camelien, der Teh der Chinesen, der Tsia der Japanesen. Er ist ein Strauch von 12 Fuß Höhe, ganz von der Tracht der Camelien, dem man aber, um ihn leichter behandeln zu können, in der Cultur nur die Höhe von 6 Fuß gönnt. In China, wo er den hohen Alpenterrassen, die wir durchlaufen, die entstammt, verbreitet er sich von 39° 54' bis 25° 8' n. Br., von Canton bis Peking.

Der chinesische Thee.

Seine Ostgrenze bestimmt das japanische Reich, wo er noch bei 5—800 Fuß Höhe in einer wolkenreichen Region des Südens vorkommt, seine Westgrenze die Hochebene von Tübet. Alle Theearten, die Producte verschie= dener Bereitungsweisen, stammen nur von dieser Art, je nachdem die Blätter jünger oder älter gepflückt, kürzer oder länger geröstet, gepulvert oder gerollt wurden. Was wir von dem Maté sagten, gilt auch von ihm. Er besitzt

einige Stoffe, auf denen seine Wirksamkeit und sein Ansehen beruht: den
Theestoff (Theïn), das narkotische Theeöl, die Gerb- und Theegerbsäure
(Boheasäure). Diese beiden verleihen ihm seinen zusammenziehenden Geschmack,
während ihm das Oel seinen Geruch, der Theestoff seine wachhaltende Wirkung
in Verbindung mit dem nervenerregenden Oele ertheilt. Was der Kaffee für
die westliche Alte Welt geworden, ist der Thee seit undenklichen Zeiten für
die östliche und einige Theile Nordeuropas, das Lieblingsgetränk der asiatischen
und einiger europäischen Völker, sowie Nordamerikas. Eine solche Bedeutung
im Haushalte der Menschheit muß großartig auf seine Cultur, auf Handel
und Wandel einwirken. So ist es auch. Mehr als jede andere Pflanze
verbindet der Thee die Völker Hinterasiens durch den Handel mit der westlichen Alten und der Neuen Welt. Nicht selten gelangt auf diesem Wege
auch eine der herrlichsten Früchte der Erde, der lit-chi der Chinesen (Euphoria
punicea, f. Abbild. S. 99), nach Europa. Ich selbst habe Gelegenheit gehabt, dieselbe zu verspeisen, und gestehe, daß, abgesehen von einem leichten,
aber pikanten Terpentingeschmacke, mir noch kein anderes Fruchtfleisch süßer
und zarter vorgekommen ist. Man muß sich wundern, daß eine solche Frucht,
die doch in China, selbst auf den Antillen in so hohem Ansehen steht, noch
so wenig Eingang im Handel gefunden hat. Eine zweite Art ist der lon-gan
(Euph. longana). Ein ähnliches merkwürdiges Gewächs ist der chinesische
Talgbaum (Croton sebiferum). Wie die Pflaume auf ihrer Frucht einen
wachsartigen Stoff abscheidet, so die Frucht dieses Baums, jedoch so bedeutend, daß sie schon ohne alle Zubereitung als Kerze gebraucht werden kann
und sich als schneeweiße Gestalt seltsam zwischen dem grünen Laube ausnehmen
mag. Ganz ähnlich die Pela-Pflanze (Ligustrum incidum), eine Art des
Hartriegels oder Ligusters. Sie bewohnt die Provinz Szü-tschuan in Mittel-
china. Was der Cochenillen-Cactus für die Cochenille, sind die Blätter und
Zweige dieser Pflanze für die Wachscicade (Flata limbata). Sie bedeckt jene
Theile derart, daß sie mitten im Sommer wie mit Schnee umhüllt erscheinen,
und liefert, im Wasser gekocht, ein vorzügliches Wachs, die Pe-la. Man
berechnet den jährlichen Ertrag auf 100,000 Pfund, im Werthe von 100,000
Pfd. Sterl. Dieser Pflanze reiht sich der Firnißbaum an, der aus seiner
geritzten Rinde eine zu Lacken taugliche Substanz entleert. Von nicht geringerer Bedeutung sind die faserliefernden Gewächse. Nicht allein, daß China
die Heimat der ächten Baumwolle ist, hat es auch in einigen Nesselgewächsen
aus der Gattung Boehmeria einige Flachspflanzen hervorgebracht und das
Höchste in dem Papiermaulbeerbaume (Broussonetia papyrifera), der Mutterpflanze des chinesischen Papiers, erreicht. Man bereitet es in Japan aus den
jährigen Schößlingen, welche man noch frisch mit Asche kocht, um ihre Rinde
von dem Holze zu sondern. Dieselbe ist dreifach. Die jüngste bewahrt man
zum besten, die zweite zu einem schwärzlichen Mittelpapier, die dritte zu grobem
Packpapier auf, nachdem ihre Oberfläche abgeschabt und sie selbst nochmals
so lange in Asche gekocht wurde, bis sie die verlangte Weichheit erhielt und

wie Wolle aus einander fährt; beiläufig gesagt, ein Verfahren, welches der
Zubereitung der Flachsbaumwolle völlig zur Seite geht und nur um einige
tausend Jahre älter ist. Jetzt erst wird der Papierteig am Flusse in Sieben
gewaschen, dann auf hölzernen Tischen zu Papier geschlagen, endlich mit Reis-
und Stärkewasser geleimt. Wir werden auf den Südsee=Inseln dieser nütz=

Der la-chi (Euphoria punicea).

lichen Pflanze noch einmal begegnen. Eine Eigenthümlichkeit der Natur ist es,
daß gerade auf dem asiatischen Festlande die größte Menge der Flachspflanzen
ihren Ursprung nahm; sie ist aber nur das würdige Seitenstück zu der großen
Menge von Nutz= und Nahrungspflanzen, die, theilweise schon erwähnt (Thl. 1,
S. 85 fg.), Asien in einer Mannigfaltigkeit li.ferte, welcher sich kein anderer
Welttheil an die Seite stellen kann. Hier auch ist es ja, wo der seiden=

7 *

erzeugende Maulbeerbaum, der Reis, die Familie der Hesperidenfrüchte (Orangen) und viele andere, die wir noch auf unserem Wege kennen lernen werden, dem Boden entkeimten. Kein Zufall ist es, daß die Cultur Asiens die älteste der Alten Welt und zugleich die erste gediegene, die Wiege aller übrigen Civilisation wurde. Nur wo Gegensätze in großem Wechsel auf einander wirken, wo eine reiche Abwechslung des Bodens, der Pflanzen- und Thierwelt gegeben wurde, wo besonders eine reiche Mannigfaltigkeit nützlicher Gewächse veredelnd zu Ackerbau, Industrie und Handel führte: da allein konnte eine dauernde, gediegene Cultur erstehen. Ist sie auch theilweise erstorben, theilweise durch anschließende Despotie zum Stillstande verdammt; immerhin stehen wir doch auf den Schultern einer Vergangenheit, welche, die schönste Blüthe Asiens, von den Indern durch Aegypter, Griechen, Araber und Römer auf uns vererbt ist und uns gerade Asien in einem heimischeren Lichte erscheinen läßt, als alle übrigen Continente. Das ist es auch, was uns zu unserer Wanderung nach dem westlichen Asien erfrischen muß.

Scene von Syrien.

IV. Capitel.

Westasien.

In großen Umrissen sind eine Menge von ungleichartigen Gebieten unter dem Begriffe Mittelasien zusammengefaßt. In eben solchen ziehen wir alle jene Länder in eins, welche, wie der Kaukasus, westlich vom Kaspischen See, oder, wie Kleinasien, das Hochland von Iran oder Persien und Armenien und die arabische Halbinsel, südlich vom turanischen Tieflande gelegen, durch dieses und das persische Grenzgebirge von den beiden indischen Halbinseln abgeschlossen sind. Sämmtliche Gebiete fallen in die wärmeren Zonen: der Kaukasus, die Hochebene von Armenien und Kleinasien in die wärmere gemäßigte, Mesopotanien, Palästina, die Hochebene von Iran und das nördliche Arabien in die subtropische, das südliche Arabien in die tropische.

Wir betreten zuerst den Kaukasus, das Land, welches unserer Race den Namen und Hausthiere, wie die Ziege, gab. Er zieht sich nördlich von der Mündung des Kuban in das Schwarze Meer, parallel mit diesem in südöstlicher Richtung nach dem Kaspischen Meere, schließt mithin durch seine Felsenwälle, in

Verbindung mit beiden Meeren, die europäisch-russische Ebene von Vorderasien ab. Gegen 200 Meilen lang, beträgt seine größte Breite gegen 24 Meilen, die größte Erhebung seines Rückens gegen 9000 Fuß, die größte Erhebung seiner Gipfel im Kasbek 15,500 Fuß, im Elbrus 17,550 Fuß. Vier mächtige Flüsse, von denen zwei in das Schwarze, zwei in das Kaspische Meer strömen, bewässern mit vielen Nebenzweigen das Land; doch nicht derart, daß unter dem milden Klima und der Mannigfaltigkeit der Bodenarten eine üppige Pflanzendecke hervorgerufen würde. Um dies zu erreichen, fehlen die Gletscher, diese Brüste der Hochgebirge. Zu beiden Seiten des Rückens stuft sich das Gebirge terrassenförmig ab und bildet Hochebenen von sehr verschiedener Erhebung. Die Matten, belehrt uns Karl Koch, dem wir hier folgen, erscheinen wegen ihrer Pflanzendecke von ungleicher Höhe mehr steppenartig; nur hin und wieder treten sie wiesenartig auf. Im Allgemeinen bildet der Kaukasus ein Verbindungsglied zwischen der Flor des Himalaya, Altai, wahrscheinlich auch des Balkan, und der Alpen Europas. Die obersten Regionen, fast nur von Alpenrosen (Rhododendron caucasicum), Seidelbaststräuchern (Daphne glomerata), Rauschbeergestrüpp (Empetrum nigrum) und Wachholderbüschen belebt, sind ohne Gehölz. Die Rothbuche steigt nördlich bis zu Höhen, wo sie als Gesträpp verschwindet; südlich wird sie durch Kastanienwälder vertreten. Eichen bilden nur unbedeutende Waldungen. Orientalische und europäische Weißbuchen, Wachholderarten, Espen, Eschen, Haselsträucher, Cornelkirschen, Kreuzdorne, besonders aber Weißdorne und wildes Gesträuch von Kern- und Steinobst (Mispeln, Aepfel, Pflaumen, Kirschen), Stachelbeeren u. s. w. setzen den Niederwald zusammen. Ahorne und Platanen treten nur vereinzelt auf, Ulmen dagegen im unteren Kaukasus in herrlichen Beständen. Birken bewohnen sparsam das Hochgebirge, Erlen sind häufiger in Hochthälern. Weiden treten wie Birken zurück. Immergrüne Sträucher (Buchsbaum, Stechpalme, die pontische Alpenrose [Azalea pontica] und der Kirschlorbeer) bedecken nur selten die Südabhänge des Westen. Selbst Nadelhölzer kommen nicht allzuhäufig vor, wenigstens Kiefern, Fichten und Tannen; verbreiteter erscheinen Taxus, noch mehr cypressenartige Wachholderbäume (Juniperus Oxycedrus und excelsa). So ist das Land der tapferen Völkerstämme beschaffen, welche als Tscherkessen, Tschetschenzen, Lesghier u. s. w. seit vielen Jahren die allgemeine Aufmerksamkeit der Welt auf sich gezogen. Das Alles zusammengenommen macht uns den Kaukasus zum asiatischen Tirol oder zur asiatischen Schweiz, wo unter milden Uebergängen des Klimas und der Pflanzendecke und dem stählenden Einflusse des höheren Gebirgslebens ein frischeres, thatkräftigeres Leben nie ausbleibt, ja selbst schon in der äußeren elastischeren Gestalt das Ritterliche wiedergespiegelt wird, das jenes verleiht.

Ein anderes Gepräge nimmt die große Niederung an, die sich vom Südrande des (sogenannten oberen) Kaukasus bis zum Nordrande des armenischen Gebirges (dem sogenannten unteren Kaukasus), zwischen dem Saume des Schwarzen Meeres und der südlichen Verzweigung des Kaukasus hinzieht, um das östlichste Ende des Schwarzen Meeres biegt und das pontische Gebirge von ihm abschließt, selbst aber wieder durch das niedere meossische Kalkgebirge in zwei ungleiche Theile gespalten wird. Das westliche, vom Rion durchströmte Becken, das Kolchis der Alten, zerfällt in drei Gebiete: Mingrelien, Imerien und Gurien; die östliche in mehre vom Kur und Araxes bewässerte Niederungen, in deren Mitte Georgien oder Grusien liegt. Die Vegetation der ganzen hüglligen Niederung bildet ein Mittelglied zwischen der Flora des Kaukasus, dem sie am meisten verwandt ist, der des armenischen Hochlandes und des Pontus. Das Rionbecken ist das pflanzenreichste von allen. Wenigstens wird es noch von einem dichten Urwalde bekleidet, welcher meist aus Rothbuchen besteht. Ehrfurcht vor diesen Hochwäldern! Denn hier ist das Paradies des Weinstocks. Noch schlängelt sich seine Rebe, die herrlichste Liane dieser Urwälder, in fesseloser Freiheit von Baum zu Baum; noch steigt sie hoch empor in die Gipfel der Buchen; noch läßt sie ihre weißen und blauen Trauben herniederhangen, um zum heiteren Genusse einzuladen. Zwar sind ihre Beeren, von der Hand der Natur allein gepflegt, nur klein und unscheinbar, nichtsdestoweniger von angenehmem Geschmack; eine Eigenschaft, welche selbst die Eingebornen zur Weinlese in die Wälder ruft. Hier auch scheint die Lotuspflaume (Diospyros Lotus), die Verwandte der chinesischen Dattelpflaume und des bengalischen Ebenholzbaums (D. Ebenum), ihre Heimat zu haben. Wenigstens findet sich der ansehnliche Baum, den man schon in Italien cultivirt und der sich durch länglich spitze, unten weichhaarige Blätter, achselständige Blüthen und pflaumenartige Früchte auszeichnet, in Kolchis wild. Diese Früchte, nur teig wie die Mispel genießbar, heißen im Orient Schwarzdattel (Kara Churma).

Eine ähnliche Ursache macht uns auch die pontischen und armenischen Gebirge allgemeiner interessant. Je näher ihnen, um so heimischer die wilden Stämme der meisten unserer Kern- und Steinobstbäume. Die Pflanzendecke des Pontus stimmt im Allgemeinen mit der kaukasischen überein. Doch werden die Wälder umfangreicher und üppiger. Der Niederwald bringt neue Typen hervor. Neben der weichblättrigen Eiche (Quercus pubescens), Spiersträuchern, Gerbersträuchern, der pontischen Alpenrose, dem Buchsbaum, der hier nicht selten dichte stattliche Wälder bildet, neben immergrünen Stecheichen u. a. erscheinen: der Feigenbaum (Ficus carica), Zwergmandeln, Kirschlorbeer, charakteristisch verbündet mit zahlreichen Haselsträuchern, deren Nüsse einen starken Handel nach Constantinopel bedingen, u. a. Ueber den Niederwald erheben sich einzelne Erlen, Rüstern, Linden, Ahorne, Kastanien, Rothbuchen und verschiedene Obstbäume. Von oft bedeutender Stärke begrüßen uns hier, mitunter sogar in Buchen- und Nadelwäldern, stattliche Kirschbäume. Einige tragen bittere, andere sauere Früchte. Ihnen zur Seite befinden sich Schlehensträucher, wilde Pflaumen mit ungenießbaren Früchten, Aepfelbäume mit kleinen rundlichen Früchten, seltener Birnbäume. So auf dem Nordabhange; auf dem südlichen treten diese nützlichen Gewächse seltener auf. Dagegen scheint das pontische Gebirge eine Urheimat des Roggens zu sein. Wenigstens versichert Koch, denselben

hier, auf einer Höhe von 5—6000 Fuß, im Gaue Hemschin auf Granit-
boden ganz entschieden wild gefunden zu haben. Ihm würden sich, wenn
die allgemeine Annahme richtig ist, in dem übrigen Kleinasien noch zugesellen:
Platterbse (Lathyrus sativus), Kichererbse (Cicer arietinum), Wicke, Lupine,
Linse (die man zugleich aus Arabien herleitet), Johannisbrodbaum, auch
Weinstock, Kastanie und Oelbaum. Das läßt auf eine hohe Zeugungskraft
des kleinasiatischen Bodens schließen. In der That gehört er, trotz der Ver-
wilderung seiner Völkerstämme, noch immer zu dem fruchtbarsten und lieblichsten
Vorderasiens, wenn nicht eine zu hohe Lage der Hochebene der Vegetation
Grenzen setzt. So ist es wenigstens nach Süden hin. Je näher aber dem
Norden, den Gestaden des Mittelmeergebietes, um so baumreicher wird das
Land, um so mannigfaltiger und wechselvoller die Pflanzentypen. Mächtige
Platanen, mit immergrünen Eichen, Oelbäumen, Johannisbrodbäumen, Maul-
beerbäumen, Feigen u. a. verbündet, charakterisiren nebst Strandföhren die untere,
hochaufstrebende Wachholderbäume (Juniperus excelsa), Cedern, Pinien, Ahorne,
Eschen, Haselsträucher, Kastanien u. a. die obere Waldregion. Baumwolle,
Feigen, Orangen, Oliven, Tabak, Mohn für Opium, Safran, Krapp,
Reis u. s. w. gehören der Cultur an. Was könnte aus diesem Theile Asiens
hervorgezaubert werden, wenn eine intelligente und thätige Bevölkerung die
Fruchtbarkeit dieses Bodens, die Milde dieses Klimas ausbeutete! Wie ganz
anders würde das Land erblühen, wenn sich der Strom deutscher Auswanderung, statt nach der Neuen Welt, hierher lenkte, wie schon von sehr unter-
richteter Seite vorgeschlagen wurde! Erblühte doch gerade hier im Alterthume
das reichste Volks- und Kunstleben! Hier vor allen übrigen Ländern Westasiens war es, wo sich der Geist des ionischen Griechenthums am mächtigsten
und freiesten entfaltete, wo die neue Weltanschauung des Christenthums seinen
ersten tieferen Boden fand. Das ist mehr als Zufall. So wenig eine Frucht
gedeiht, wenn sie nicht auf den rechten Acker fiel, so wenig keimt die Saat
des Geistes, wo der Mensch nicht durch glücklichere Naturverhältnisse in eine
harmonischere Stimmung versetzt ist. Diese gab die levantinische Natur.
Dennoch kann nicht verschwiegen werden, daß die kleinasiatische Halbinsel, wie
alle übrigen Länder Westasiens, einen großen Verlust erlitt. Auch hier hat
die Barbarei der nachgebornen Völker die Wälder zerstört und
dadurch nur zu bedeutende Gegensätze im Klima, heiße Sommer und kalte
Winter hervorgerufen. Dadurch ist es den höher gelegenen Gebirgen möglich
gemacht, ungehindert ihren erkältenden Einfluß in das Innere des Landes zu
tragen; um so mehr, als einige dieser Gipfel zu sehr bedeutender Erhebung
gelangen, mächtige Gebirgsketten die Thäler und Hochebenen durchfurchen.
Das pontische Gebirge im Nordwesten, der sogenannte Antitaurus, erhebt sich
bis zu 8650 Fuß, der Taurus im Südwesten im Argäus bis zu 13,000 Fuß.

Dieser letzte Gebirgszug ist es, dessen schneereiche Ketten ihre erkälteten
Luftströme weit hinab in die mesopotamische Ebene tragen, um, ungehindert
von Wäldern, die ihnen einen schützenden Wall entgegenstellen könnten, die

südliche Vegetation weiter hinabzudrängen, als es nach der Lage vermuthet
werden konnte. Das hat auch zur Folge gehabt, daß hier dieselben Gegensätze wiederkehren, wie wir sie schon in der Wüste Gobi fanden, daß auf kalte
Winter übermäßig heiße Sommer erscheinen. Dieses wiederum bestimmt, daß
die Regengüsse, ungeregelt von nicht mehr vorhandenen Waldungen, in ihrer
Regelmäßigkeit gestört sind und hiermit das fruchtbarste Land des Alterthums
zu einer Art von Steppe geworden ist, deren weitere Ausbildung keine Macht
der Erde hindert. Trocken liegen alle jene Canäle und Gräben, durch welche
einst eine alte thätige Bevölkerung den
Ueberfluß des Euphrat und Tigris
durch das Land führte und vertheilte.
Holzige Salzkräuter, Kappernranken
und Mimosengebüsch wuchern jetzt, wo
einst, um mit Fraas zu reden, der
„Garten der Welt" lag. Wenn ehemals der Euphrat die Schiffe Indiens
aufnahm, um ihre Producte in das
babylonische Reich und weiter zu führen, ist jetzt seine Mündung ein sum-
pfiges Deltaland geworden; selbst der
persische Meerbusen ist von dem trüben,
reißenden Tigris, der sich 21 Meilen
vor jener Mündung mit dem Euphrat
vereinigt, verschlemmt. Auch hier dasselbe trostlose Schauspiel, wie wir es
schon einmal im Rhonedelta (Thl. 1,
S. 14 fg.) kennen lernten. Nur wo
der Boden, durch höhere Lage vor
diesen Versandungen geschützt, eine bin-
dendere Ackerkrume erhält, erscheinen
Süßholzstauden, Mimosen, Pistazien
mit ihren mandelartigen Früchten, Rosen, Platanen, Oleander u. a. Wo
die westlichen Gebirgswälle der Hoch-

Die Pistazie (Pistacia vera).

ebene von Iran an die Ebenen des östlichen Tigris grenzen, einen größeren
Schutz verleihen und Regenschauer den Boden berühren, macht sich zwar kein
Wald, aber doch eine üppige Kräuterdecke geltend, deren schönste Pracht in
den Frühling fällt.

Ebenso ärmlich ist die Pflanzendecke Armeniens. Was kann man auch von
einer gegen 5000 Fuß hohen Hochebene erwarten, wo 6—8 Monate lang
ein strenger Winter herrscht und sich Gipfel zu 12,252 bis 16,069 Fuß
erheben, wie wir es im kleinen und großen Ararat bemerken? Allerdings
würden diese majestätischen Höhen noch nicht einen so gänzlichen Holzmangel

bedingen, wie ihn diese Hochebenen zeigen, wenn nicht noch eine andere Ursache vorhanden wäre, welche die Lage in der subtropischen Zone unnütz macht. Es sind die Winde, welche aus Nordost von dem sibirischen Tieflande und dem Altai über das Kaspische Meer herüberwehen, ihre Wolkenmassen auf der armenischen Hochebene als Schnee stürmisch absetzen und die Vegetationszeit des rasch eintretenden Sommers so außerordentlich verkürzen, daß eine Bildung der Wälder unmöglich gemacht wird. Dennoch ist das nicht buchstäblich zu nehmen. Noch gibt es selbst Wälder von beträchtlicher Ausdehnung, aber sie sind selten. Eigenthümliche Kiefern, verkrüppelte Wachholderbäume, stumpfblättrige Ahorne, spitzfrüchtige Eschen, pfennigblättrige Zwergmispeln, rainfarrenblättrige Weißdorne, sibirische Heckenkirschen, wilten Schneeball, Mehlbirnsträucher, Rosen, Weiden u. a. beobachtete Koch noch in den höheren Regionen des Schachjeldagh, an der Südseite Tamarisken, strauchartige Birken u. a. Kein Wunder, wenn zwischen solchem Niederwalde noch wildes Obst erscheint. Birnen mit filzigem Laube, Aepfelsträucher und Pflaumen mit rundlichen, angenehm säuerlichen Früchten fand der Genannte, der auch im Thale des Araxes eine ausgedehnte Obstcultur bemerkte, die sich selbst auf Wallnüsse und Aprikosen erstreckte. Die allgemeine Annahme hält die letzteren geradezu für armenischen Ursprungs. In der That bezeugt das ihr uralter lateinischer Name malum armeniacum (armenischer Apfel) und der genaue vor-Linnéische Botaniker Tournefort. Als derselbe von Kars (auf der armenischen Hochebene) nach Tiflis reiste, fand er an der Grenze, wie er sich ausdrückt, ein Land mit natürlichen Weinbergen und Obstgärten, wo Nußbäume, Aprikosen, Pfirsiche, Birnen und Aepfel wild wachsen. Wie es mit dem Pfirsich stehe, ob derselbe, wie man behauptet, aus Persien oder, wie es wahrscheinlicher, aus Nepal stamme, wo auch die Aprikose häufig und auf bedeutenden Höhen cultivirt wird, steht dahin. — Ueberaus einfach ist die Zusammensetzung der Kräuterdecke der armenischen Hochebene. Doldenpflanzen, Kardengewächse, glatte und stachlige Traganthpflanzen in kugligen Formen, große Strecken überziehend, oft mit prächtigen Blüthenköpfen geschmückt, Süßholzkräuter, Scabiosen, stachlige Mannstreu-Arten (Eryngium) u. a., in erstaunlicher Fülle aber Vereinsblüthler, bedecken sie. Letztere machen sich durch einen ungewöhnlichen Reichthum von Disteln bemerklich. Daß aber auch prächtige lilienartige Zierpflanzen nicht fehlen, haben wir schon früher (Thl. 1, S. 185) gesehen. Es läßt sich erwarten, daß eine solche Hochebene sich mehr für Viehzucht, als für den Ackerbau eignen wird. So ist es auch; um so mehr, als die steppenartige Flor stellenweise sehr grasreich wird. Mit dem Nomadenleben, das durch den schroffen Wechsel der Witterung kein angenehmes wird (der Sommer erscheint plötzlich, steigert die Glut der Luft im Juli bis auf 52° R., versengt die Pflanzendecke, und nur erst im Februar erwacht das neue Leben), kehren auch sofort die schroffen Eigenschaften im Charakter des Hirtenvolkes wieder. Der Stamm der Kurden ist der räuberische Beduine der armenischen Hochebene, immer bereit, den Wanderer zu morden und die Karavane zu plündern, die von Constantinopel oder Tiflis der persischen Grenze mit Pferden und Kameelen zueilt. Es ist wunderbar, wie noch überall waldlose und von extremen Klimaten berührte Gegenden diese furchtbaren Wirkungen in ihrem Gefolge haben; aber die Thatsache ist nicht zu läugnen und kehrt in Asien leider nur zu oft wieder.

Nur einen Schritt weiter nach Südosten, und das persische Reich, dort Iran genannt, stellt sich Armenien und Kurdistan nicht allein als Nachbarland, sondern auch mit ähnlichen Vegetationsverhältnissen an die Seite. Zum größten Theile eine Hochebene, liegt auch sie wald- und schattenlos unter einem Himmel, von dessen ungetrübter Heiterkeit man erst einen Begriff erhält, wenn man weiß, daß hier die Monde des Jupiter und die Abweichung des Saturn von der Kugelgestalt mit bloßen Augen bemerkt werden können. Denn so klar ist die Luft, daß man auf diesen Hochebenen den Ararat bei 200 engl. Meilen Entfernung so scharf wie an seinem Fuße erkennt. Daraus wird es verständlich, wie gerade Persien die Wiege der Astronomie werden konnte, wie es Hirten waren, die ihren Blick mehr zu dem nächtlichen Himmel mit dem höheren Lichtglanze seiner Gestirne, als zur Beobachtung der übrigen Natur erhoben. Auch hier wird einmal recht schön bestätigt, daß der Mensch die erste Anregung zu seiner geistigen Entwickelung immer von der Natur, von besonders günstigen Verhältnissen empfing, um, hier erst gekräftigt, seine Studien auch unter schwierigeren Bedingungen fortzusetzen und der Herr der Welt zu werden. Der überaus klare Himmel deutet aber auch auf eine ebenso große Trockenheit der Luft hin. In der That wird sie als außerordentlich geschildert. Kein Nebel, kein Thau erquickt den dürstenden Boden; so groß ist der Mangel an allen atmosphärischen Niederschlägen, daß selbst der Verwesungsprozeß der Pflanzen und Thiere, wenn nicht aufgehoben, doch wesentlich verzögert wird. Das muß natürlich der Bildung einer Humusdecke in hohem Grade hinderlich sein. Daher der vollständige Mangel aller Waldung, daher das Fehlen größerer Flüsse auf der Hochebene. Nur wo tiefe Brunnen, stollenartig mit einander verbunden, oder Kanäle das Wasser der wenigen Berggewässer netzartig über das Land führen, wendet sich das Verhältniß um. Freilich gehört zum Dasein solcher Quellen immer der Wald. Persien hat ihn so gut wie jedes andere Land besessen. Unkenntniß und Barbarei der entarteten Völker haben ihn aus der persischen Naturgeschichte gestrichen, und Quellen und Flüsse sind versiegt; weite Strecken liegen wüstenartig verödet auf den gegen 5500—4000 Fuß hohen Ebenen ausgebreitet. Selten regnet es, und wenn es geschieht, verwüsten die Wassermassen. Nur zwei Monate lang, von Mitte Januar bis Mitte März, erquicken den Boden, der von der tropischen Hitze des Sommers und der strengen Kälte des Winters auf das Aeußerste ausgetrocknet ist, die Regengüsse des Frühjahrs. Wo er wirklich vom Wasser erfrischt wird, wie es in den oft reizenden Thälern der Hochebene geschieht, da verwandelt er sich in einen Zaubergarten. So Ispahan im Südosten des Hochlandes in weiter Ebene, welche der Sendrud bewässert. So Schiras, die Grabstätte des Hafis und Saadi, der größten Minnesänger des Orients, das Paradies der Rosen und des Weines. Wo anders als in so feenhafter Natur hätten solche nur Liebe und Wohlwollen athmende Dichter ihre Lieder singen können? Am üppigsten gestaltet sich die Pflanzendecke an den dem Kaspischen See zugewendeten Nordabhängen der Hochebene, nämlich in Ghilan und Aserbeidschan (dem alten Medien), dem Vaterlande der Luzerne, in Masenderan und Dahistan (dem alten Hyrcanien). Die Culturpflanzen Persiens weichen nicht von denen Kleinasiens ab; viele wild-wachsende werden wir auch in Palästina wieder antreffen. Unter den eigen-thümlichen Gewächsen Persiens tritt die Mutterpflanze des „Teufelsdreck" oder „Stinkasants" (Ferula asa foetida), ein Doldengewächs von der Tracht des Bärenklau (Thl. 2, S. 87), hervor. In Persien dient der knoblauchduftige, harzartige Milchsaft dieser Doldenstaude als Gewürz der Speisen, welches in der That beim Schöpsenbraten die Stelle des Knoblauchs vertreten kann; hier zu Lande bildet es eins der geschätztesten Heilmittel gegen Unterleibsbeschwerden. So verbinden selbst widrige Stoffe die fernsten Völker der Erde zu Umtausch und Verkehr.

Tröstender ist die Hochebene von Afghanistan, die Fortsetzung der vorigen, die Grenzscheide zwischen dem indischen Tieflande und Vorderasien. Von tiefen und weiten Thälern durchfurcht, von Laub- und Nadelwäldern reichlicher bedeckt, spru-deln sofort auch reichlichere und kräftigere Quellen, mächtigere Flüsse aus dem Schooße der Gebirge hervor. Die Mannigfaltigkeit der Pflanzendecke thut das Uebrige, um aus dem Volke der Afghanen einen kräftigeren und freieren Menschen-stamm zu machen. Seltsam genug, erhalten wir hier, an der Grenzscheide von In-dien, noch einmal eine Erinnerung an die europäische Pflanzenwelt. Bald sind es Pappeln, Weiden und Eichen, die sich mit Typen europäischer Kräuter ver-binden; bald sind es Cypressen, Cedern, Wallnüsse, Pistazien, Platanen, Tamarinden, Mimosen, Feigenbäume, Dattelpalmen u. a., die sich als südlichere Formen mit eben solchen der Culturpflanzen vergesellschaften. Letztere werden von Melonen, Ingwer, Indigo, Mohrenhirse u. s. w. vertreten. Diese seltsame Mischung von Typen gemäßigter und wärmerer Zonen, diese har-monischere Vertheilung von Gebirg und Ebene, Wald und Flur dürfte in die Völkergeschichte tiefer eingegriffen haben, als der erste Blick anzunehmen gestattet. Gerade das Hochland von Iran war es, welches den edelsten Stamm des kaukasischen Menschengeschlechts, den arischen hervorbrachte. Er war es, welcher zu wiederholten Malen in das Tiefland von Indien herabstieg, hier die dunkeln Inder besiegte und an den Ufern des Indus und Ganges, be-fruchtet und gezeitigt von der paradiesischen Pflanzendecke und dem warmen Klima Indiens, eine Civilisation hervorrief, wie sie später unter ähnlichen Ver-hältnissen nur noch einmal von den Griechen erreicht worden ist. Die ältesten Sagen kaukasischer Menschheit erklingen hier, aus den Liedern des Veda, als die Morgenröthe künftiger Bildung der Welt. Noch heute gehören die Bewohner Afghanistans zu den freiesten der Asiaten. Schroff steht der despotischen indischen Fürstengewalt die eingeschränkte afghanischer Fürsten — jeder Stamm besitzt einen solchen — gegenüber. Und so war es auch ehedem, als der edle, aristokratisch in sich abgeschlossene Stamm der Arier von den iranischen Terrassen nach Indien herabstieg. Darf man überhaupt auf bestimmte Heimatspunkte der Menschenracen rathen, so dürfte die kaukasische ihren Ursitz hier zwischen Indus und den iranischen Bergen gehabt haben, hierhin müßte das mythische Paradies verlegt werden. Nur wo Palmen und Bananen, überhaupt tropische, an sich schon veredeltere Früchte, als freiwillige Geschenke der Natur die erste Menschennahrung liefern konnten, darf man den Ursitz je einer Menschenrace vermuthen.

Trostloser wiederum wird unsere Wanderung, wenn wir uns von diesem lieblichen Theile Asiens über den persischen Golf herüber nach Arabien schlagen. Soweit wir es kennen — und diese Kenntniß ist eine sehr mangelhafte — trägt es vorherrschend einen Wüstencharakter. Arabien ist das Afrika Asiens. Schon die Landschaft Lachsa oder das Küstenland am persischen Meerbusen drängt uns diese Ueberzeugung auf. Obschon etwas bewässert, bringt das waldlose, sandige und brennendheiße Gebiet nur wenig hervor. Etwas Getreide und Datteln sind die Hauptproducte desselben. Kein Wunder, wenn schon seit den ältesten Zeiten, wo diese Verhältnisse bereits bestanden, diese Küste ein weitverrufenes Piratenland war. So entwickelt unter vielfältigen Verhältnissen eine unharmonische Natur die Leidenschaften des Menschen und erstickt die edlen Keime der Menschenliebe, die nur durch mannigfache Thätigkeit hervorgerufen und befestigt werden können.

Ungekannt in seinen übrigen Naturbedingungen, ist uns die Kenntniß der Pflanzendecke dieser Landschaft versagt. Ebenso aber auch jenes bedeutenden Landstrichs, welcher, unter dem Namen des Nedsched bekannt, als Hochebene das ganze Innere der arabischen Halbinsel erfüllt und sich nördlich in die syrischen und mesopotamischen Wüsten verliert. Ein südlicherer Zweig dieses Hochlandes, das glückliche Arabien, Hadramant und Oman, ruht unter dem Wendekreise des Krebses als tropischer Theil Arabiens. Der nördlichere, das eigentliche Nedsched, fällt im Wesentlichen, soweit es bekannt, mit dem Wüstenreiche der Schouw'schen Eintheilung zusammen. Die Pflanzendecke ist ärmlich, die Culturpflanzen unterscheiden sich nicht von denen des wärmeren Westafrika. Die Dattelpalme bildet die Grundlage des Völkerdaseins, das Brod des Arabers. Dafür aber soll sie auch im gebirgigen und oasenreichen omanschen Binnenlande ihre ganze Pracht entfalten, während Orangen, Wallnüsse, Feigen, Mandeln nicht minder fruchtbar sich zeigen. Die eigenthümlichste Landschaft bleibt jedoch der südwestlichste Strich der Landschaften Mahra, Hadramant und Jemen, das Reich der Balsambäume. Hier ist das Vaterland des Mokkakaffees, dessen Urheimat wir aber erst in Afrika finden werden. Dagegen hat das Land eine ähnliche Pflanze, den Kat-Strauch (Celastrus edulis) hervorgebracht, wenn nicht auch er ein Kind Abyssiniens ist, wie Andere vermuthen. Wie der Kaffee wird er auf den oberen Terrassen des Berglandes gebaut. Was die Coca den Indianern Perus, ist der Kat den Arabern: ein Mittel, den Schlaf zu verscheuchen, sich zu berauschen und in angenehme Träume zu versetzen.

Der Gebrauch ist uralt. Man kaut das zarteste Knospenblatt, streut die entblätterten Zweige als Zeichen des Reichthums in die Stube und hat somit in ihm nicht allein einen Sorgenbrecher, sondern auch die Grundlage freundlicher Geselligkeit. So vielfach verschieden sind die Genüsse der Völker, aus denen doch nichtsdestoweniger immer derselbe Mensch spricht. Ob Coca, Maté, Kaffee, Thee, Tabak, Opium, Betel, Haschisch (das berauschende Hanfharz der Orientalen), Wein, Rum, Bier, Branntwein, Fliegenpilz, Stechapfel oder Kat, überall bleibt doch dieselbe Sehnsucht, Leib und Geist durch äußere Reize in eine angenehme Stimmung zu versetzen. Nicht umsonst indeß ist dieses Gebiet das Reich der Balsambäume genannt worden. Drei Bäume sind es vorzugsweise, welche edle Balsame aus ihrem Inneren träufeln, alle einer Gattung zugehörig. Der eine (Balsamodendron gileadense) liefert den Balsam von Mekka oder Gilead, der andere (B. Opobalsamum) das Opobalsamum, der dritte (B. Myrrha) die Myrrhe. Sie haben nicht unbedeutend auf die Verbindung der orientalischen Völker durch den Handel eingewirkt. Auch ist Arabien nicht ohne Grund das Afrika Asiens genannt worden. Wie durch seine furchtbare Wüstennatur, nähert es sich demselben ebenfalls durch einige Gewächse, namentlich durch Stapelien (Thl. 1, S. 233) und Hämanthus-Lilien.

Im steinigen Arabien oder der Sinaï-Halbinsel wird es nicht besser. Zum größten Theile eine wüste Hochebene, durch welche Asien von Afrika geschieden wird, ziehen sich ebenso wüste Gebirge mit furchtbar schroffen und unmalerischen Gipfeln durch sie hin, um südlich in dem centralen Gebirgsstocke des Sinaï ihre höchste Erhebung zu erreichen. Der kegelförmige Om Schomar wird auf 9000, der Katharinenberg auf 8168, der Horeb auf 7097, der Mosesberg auf 5956 Fuß geschätzt. Sie bestehen aus Porphyr oder Granit, sind von furchtbaren Schluchten durchsetzt und so spärlich bewachsen, daß nirgends der wild zerrissene Boden verdeckt wird. Nirgends Wald, nur spärliches Gesträpp, unter welchem man auch den „heiligen Brombeerstrauch" (Rubus sanctus) bemerkt, denselben nämlich, den der fromme Glaube der Mönche des Sinaï-Klosters für den sogenannten feurigen Busch der Bibel hält. Karl Koch, der ihn im kolchischen Tieflande sah, rühmt seine Beeren als herrlich. Er scheint sich von hier aus über ganz Syrien bis zum Sinaï zu verbreiten. In dem Hochgebirge, das doch im Winter reichlich mit Schnee bedeckt ist, erscheint nicht einmal eine Moosdecke; sogar Flechten fehlen den ausgetrockneten Felsen. Kein Wunder, wenn das Gebirge quellenarm, wenn bei Regengüssen sich furchtbare Ströme cascadengleich von den schroffen Wänden herabstürzen und donnernd gewaltige Steinmassen mit sich herabwälzen, die in den Wadys (Thälern) Alles verschütten. Nur um die Brunnen herum gedeiht eine ärmliche Cultur der Beduinen. Dennoch gibt es Pflanzen, welche auch solche Orte wüstester Zertrümmerung lieben. Hier ist es vorzüglich der immergrüne Tarfaoder Mannastrauch, eine Tamariskenart. Er überzieht nicht selten, obschon mit seinem ruthenartigen Gebüsch die Landschaft wenig deckend, weite Strecken.

Aus seinen Zweigen schwitzt die berühmte Manna in lugliger Gestalt hervor; eine Erscheinung, die an vielen Gewächsen zur trockneu Sommerzeit oder überhaupt in trocknen Klimaten häufig wiederkehrt. In unserer Zone überzieht Mannuit z. B. die Blätter der Linden in sehr heißen Sommern. Sie dient den Arabern noch heute als Zucker und Honig, wie sie einst die auswandernden Juden erquickte, und führt noch heute den Namen Man.

In einer so wilden, vom Chamsin versengten, von Felsentrümmern verwüsteten, von Regenströmen zerklüfteten, von Sandmassen verarmten Natur begreifen wir die Sehnsucht der Auswanderer nach einem gelobten Lande, welches sich nördlich von der Sinaï-Halbinsel nach dem Mittelmeere hin erstreckt und uns mit grünen Weideplätzen begrüßt. Wenn man aus einer Wüste kommt, muß jede kleine Oase zum Zaubergarten vor dem Auge werden. So mag es auch jenem Volke ergangen sein, als es die furchtbare Brücke zwischen Afrika und Asien endlich glücklich hinter sich hatte. Die Naturforschung theilt zwar nicht die übertriebenen Lobsprüche jenes gelobten Landes von Seiten der Alten, dennoch aber mußte es im Gegensatze zur Sinaï-Halbinsel ein Paradies genannt werden. Jedenfalls war es ein solches damals mehr wie heute. Was sich uns überall in Westasien in so trostloser Weise zeigte, bewährt sich auch hier. Schattenlos ruht Palästina, dieses Mittelgebirgsland zwischen Sinaï-Hochland und Libanon, unter dem Brande einer südlichen Sonne. Selbst die Juden haben es nicht verstanden, in den Wäldern mehr als einen Schmuck der Erde zu sehen. Einer großartigen Terrassencultur, die sich die Anhöhen hinaufzog, um der zahlreichen Bevölkerung Brod zu schaffen, mußte der Wald weichen. Solange eine vor- und umsichtige Bewirthschaftung des Bodens, solange Terrassenbau und künstliche Bewässerung die Anhöhen im Culturzustande erhielt, so lange konnte das unnatürliche Verhältniß einigermaßen ungestraft hingehen. Als indeß bei äußeren und inneren Unruhen die Thätigkeit erschlaffte, die Vorsicht in Nachlässigkeit überging, da war das Zeichen zu jener furchtbaren Tragödie gegeben, welche, wie es noch heute die Alpen der Provence erfuhren, schon damals ein ganzes Volk zur Auswanderung aus seinem Vaterlande zwang. Der Verfall der Terrassencultur zog nach sich, daß die lockere Ackerkrume vom Regen in die Thäler herabgeschwemmt wurde, daß diese versandeten und die Weide verschwand, der Wohlstand sank, Armuth an seine Stelle trat. Mystische Anschauung, die so gern die Erscheinungen der Natur in übernatürlichen Dingen erklärt findet, leitete die große Tragödie aus dem Fluche her, der die Mythe des Ahasverus, des ewigen Juden, dieses Spiegelbild des herumirrenden Volkes erzeugte; und doch erklärt sie sich so einfach — eine furchtbare Warnung auch uns — aus dem Grimme, mit welchem die Juden gegen die Wälder wütheten. Kein Wunder, wenn jetzt die Häfen des Landes, diese Quellen phönizischen Reichthums, versandeten; wenn die Küste weiter ins Meer hinausgerückt ist; wenn Städte, deren Mauern früher das Meer bespülte, jetzt durch weite Sandebenen von ihm entfernt liegen; wenn der Jordan, einst so breit, daß der Sage nach die Israeliten nur durch ein Wunder über ihn ins gelobte Land gelangen konnten, jetzt zu einem reißenden, trüben, schlammigen, weit engeren Strome herabgesunken ist; wenn nun, wo er das Thal früher mit seinen Wogen bewässerte, eine Distelwildniß aufgeschossen ist, die an die Stelle jener gepriesenen Palmenhaine trat, unter deren Schatten das reiche Jericho ruhte, während jetzt das in Schmutz und Elend versunkene Dorf Richa an seiner Stelle steht. Sind doch alle jene von Dichtern und Propheten gepriesenen Cedern- wälder des Libanon vernichtet, welche die Quellen des Jordans umsäumten! Sind doch von ihnen kaum noch 8 — 10 Stück als traurige Zeichen ehemaliger Größe und Herrlichkeit inmitten einer geringen schwächlichen Nachkommenschaft übrig geblieben! Es mag immerhin als ein Zeichen der Fruchtbarkeit dieses Landes gelten, daß es hier und da noch heute eine üppige Pflanzendecke her- vorbringt, die uns wohlthut und durch ihren Wechsel erfreut. In geschützten milden Thälern gedeihen neben Dattelpalmen, Bananen, Zuckerrohr, Feigen, Sycomoren (Ficus Sycomorus) oder Maulbeerfeigen, Orangen, Citronen, Oelbäumen, Pistazien, Johannisbrodbaum, Mandeln, Granaten und Wallnüssen: Quitten, Melonen, Bataten (Convolvulus Batatas), Gurken, Coloquinthen, Weinstock, Aepfel, Birnen u. s. w. Die wildwachsende Pflanzendecke trägt, wie ihre Lage schon von vornherein vermuthen läßt, bald den Charakter einer südeuropäischen, bald einer orientalischen an sich. In Samaria und Galiläa — denn Judäa, am meisten dem Wüstenklima ausgesetzt, ist auch das ärmste Gebiet geworden — wechseln noch kräftige Wälder verschiedener Eichen und Buchen mit freundlichen Wiesen. Die Bergbäche des Jordan umsäumen liebliche Oleandersüsche, im Thale Ricinusstauden und Schilf von Papyrus-Grä- sern. Mannigfaltige Wachholderarten, Cypressen, Lorbeerbäume (Thuja aphylla) Fichten, Ahorne, Erlen, Haselsträucher, Ebereschen, Platanen, Pappeln, Weiß- dorne, Trauerweiden, Buchsbaum, Rosen, Myrten, Berberitzen, Laurustinus, Erdbeerbaum, pontische Azaleen, Steraxbaum, Mastirbaum (Pistacia Lentiscus), Terpentinbaum (P. Terebinthus), Lorbeerbäume, Kameeldorn (Acacia Farne- siana), arabisches Gummi liefernde Acacien (A. vera und Seyal), Tamarinden, Cassien, Ginster, Blasenstrauch, Kappernranken u. a. umsäumen bald die höheren, bald die tieferen Bergabhänge und verrathen die große Verwandtschaft mit der vorderasiatischen und südeuropäischen Flora. Zahlreiche Kräuter desselben Verwandtschaftskreises setzen die niedere Pflanzendecke zusammen. So viele gummiliefernde Tragantpflanzen (Astragalus), Hauhechel (Ononis), Lupinen, kleeartige Futterkräuter, viele Liliengewächse, malven- und mohnartige Blumen, Kreuzblüthler, zahlreiche Nelken und Lippenblüthler, durch welche sich dieses Land in das gleichnamige Pflanzenreich des ganzen Mittelmeergebietes einreiht, ranunkelartige Gewächse, Reseden, Veilchen, Geranien, Zygophylleen an wüsten Orten, Diptam, Doldenblüthler, Jelängerjelieber, Labkräuter, Baldriane, zahl- reiche Vereinsblüthler, kardenartige Pflanzen, Glockenblumen, Haidekräuter, Jasmine, Winden, Heliotrope, meldenartige Kräuter, Wolfsmilcharten, Orchideen und sehr zahlreiche Gräser. Die nördlichen Terrassen des nackten Libanon, der sich als südlicher Ausläufer des Taurus noch bis zur Schneelinie (12,000 Fuß) in seinem höchsten Gipfel, bis zu 10,000 Fuß mit seinem Kamme erhebt, ernähren den Maulbeerbaum für eine schwungvoll betriebene Seidenzucht, der sich die Zucht des Weinstocks anschließt. Beides ruht in den Händen der thatkräftigen Drusen und Maroniten. Sie liefern uns wiederum den Beweis, wie ein harmonischeres Klima sofort auch eine freiere und edlere Entwickelung des Menschengeschlechts hervorruft, und bilden den schönen Gegensatz zu dem überaus räuberischen Volke der Beduinen, das, die heiße Wüste bewohnend, mit einer extremen Natur kämpft und selbst dadurch zu Extremen geführt wird.

Nicht ohne Absicht haben wir die Typen der syrischen Pflanzendecke weitläufiger erwähnt. Es ist keine Frage, daß diese große Mannigfaltigkeit bedeutsam in die geistige Entfaltung der Bewohner einwirkte. Daß sie es wirklich that, beweisen uns schon die vielen herrlichen Bilder und Gleichnisse der Predigten Christi, die sich am liebsten in der Pflanzenwelt bewegen. Wenn die an sich erschlaffende Wüste dennoch die Propheten Palästinas zu sich rief, so war es die Sehnsucht nach tiefer Abgeschlossenheit und Einkehr in sich selbst. Wo nichts das innere Seelenleben stört und von sich ablenkt, wo hingegen Alles den Menschen auf sich allein anweist, bei langer Dauer sogar zum fürchterlichsten Egoismus führt, da mußten nothwendig die bereits in schönerer Natur empfangenen Keime zur Entwickelung gelangen, da mußte die Weltanschauung dessen, der sich dahin zurückzog, rascher gezeitigt werden, als in dem Getümmel des zerstreuenden Weltlebens. Das ist das Bedeutsame der syrischen Natur für die Geschichte der Menschheit. Was früher Land und Meer bei den Griechen geübt, vollführten hier Gebirg und Wüste. Gleichsam grenzenlos, führten Meer und Wüste zu gleicher Unendlichkeit, zu hohen Idealen; in engen Schranken sich bewegend, führte das Land mit der Mannigfaltigkeit seiner Oberfläche und Pflanzendecke zur Wirklichkeit zurück, um beide mit einander zu verbinden. Warum liegen uns die Anschauungen der alten Inder und Aegypter trotz so vieler Verwandtschaft dennoch soweit entfernt? Weil sie in extremen Ländern geboren wurden, die wir nicht verstehen, weil wir sie nicht durchlebt haben. Und warum sind uns die Vorstellungen des Griechen- und Christenthums so verwandt? Weil sie in einer gemäßigteren Natur erwuchsen, die uns verständlicher, verwandter ist. Mit dieser Erfahrung verlassen wir Westasien erhobener, als es sonst der Fall hätte sein können. Denn nirgends mehr als hier spricht die Geschichte durch die Natur so laut, so zürnend, so mahnend, so nachdruckvoll.

Beim Austritt aus dem Waldthal von Java.

V. Capitel.

Südasien.

Drei große, mehr oder weniger in sich abgerundete Gebiete ziehen sich südlich von dem mächtigen Gebirgswalle des Himalaya nach dem Gleicher herab: Vorderindien, Hinterindien und das Inselmeer. Sie gehören verschiedenen Zonen an. Die vorderindische Halbinsel zerfällt in die südlichen Abhänge des Himalaya, das hindostanische Tiefland und das Hochland von Dekan. Die ersten beiden Länder bescheint die subtropische, das letztere die tropische Sonne. Aehnlich die hinterindische Halbinsel. Das vom chinesischen Alpenlande in die Landzunge von Malacca herabstreichende Bergland liegt theils im subtropischen, theils im tropischen Erdgürtel. Das Inselmeer endlich umschließt die subtropischen Philippinen und in der äquatorialen Zone die Sundainseln und Molukken.

Es ist kein Wunder, daß die westasiatischen Völker so gern von den ärmlichen Hochebenen Irans in das Tiefland Vorderindiens herabstiegen, um sich hier eine neue gesegnetere Heimat zu gründen; kein Wunder, daß ein Alexander von Macedonien seine Heereszüge bis zu den Ufern des Indus und Nerbudda ausdehnte. Was den Völkern der Alten Welt nach der großen That des Columbus Westindien wurde, war schon lange vorher das unermeßliche Gebiet Ostindiens: das Zauberland paradiesischer Fülle und Ueppigkeit. Es ist in der That der aufs Höchste gesteigerte Gegensatz zu Asiens übrigen Gefilden. Alle Verhältnisse sind großartig. Kaum daß wir von den iranischen Terrassen herabstiegen, sagt uns schon die mächtige Wasserstraße des Indus, was wir hier zu erwarten haben. Ueber dem Tieflande erhebt sich ein Gebirgswall, der, 570 Meilen lang, den Gesichtskreis nördlich in majestätischer Weise abschließt. Mächtige, von ewigem Schnee umhüllte Gipfel blicken ernst und drohend auf uns herab, während sich dennoch ein tiefblauer Himmel in ungetrübter Heiterkeit über ihnen wölbt. Es ist der Himalaya, der Schneepalast der Inder. Keine andere Gebirgskette darf sich ihm vergleichen; denn die mittlere Höhe seines Kammes übertrifft schon die Höhe unseres Montblanc. Darüber hinaus strecken die vier höchsten Berge der Erde ihre Gipfel: der Tschumalari mit 22,468, der Dholagiri mit 25,171, der Kindschindschinscha mit 26,419, der Mount Everest mit 27,212 par. Fuß Höhe. Nur wer die Alpen sah und die furchtbaren Schwierigkeiten kennen lernte, welche schon diese riesigen Zwerge dem Wanderer bereiten, vermag sich in die schaurig-erhabene Natur jener majestätischsten Alpenwelt der Erde zu denken. So erhaben sie aber auch sein mag, so wenig weist auch sie die Pflanzendecke zurück; im Gegentheil breitet sich eine Fülle von Gestalten an ihren Abhängen aus, welche schon der kürzesten Schilderung zu umfangreich werden würde. Wie in Mejiko, unterscheiden wir auch hier im Allgemeinen drei große Regionen: eine warme, eine gemäßigte und eine kalte. Die erste reicht bis zu 5000 Fuß in den ungünstigeren Lagen, bis zu 6000 Fuß an günstigeren Stellen, die zweite bis zu 8500 Fuß, die dritte bis zur Schneegrenze, welche, an sich nicht alljährlich gleich, an den südlichen Abhängen auf 12,180 Fuß angenommen wird. Nach ihr richtet sich natürlich die Höhe der Cultur, welche bald bei 5600 Fuß, bald bei 9000 Fuß ihre Grenze erreicht und mit der höchsten menschlichen Wohnung ziemlich zusammenfällt. Im inneren Himalaya, z. B. im Vaspathale, steigen Getreide und menschliche Wohnungen um 1600 Fuß, auf dem äußeren Tafellande um 6000 Fuß höher, während, wie wir früher sahen, die nördlichen Abhänge noch günstigere Verhältnisse zeigen. Wie sich das Alles zu den Höhenverhältnissen der übrigen Welt stelle, lernten wir bereits im ersten Theile (S. 256) kennen. Es folgt aber daraus, daß, je mehr die Gebirge des Himalaya der Hochebene von Tübet sich nähern und an der Strahlung ihrer und der Wärme der Wüste Gobi Theil nehmen, um so günstiger die Bedingungen für die Pflanzendecke ausfallen müssen. Die Waldung der warmen Region oder das Reich der Gewürzlilien beginnt natürlich mit Palmen und geht allmälig in die grotesken Formen der Feigenbäume über, um sie mit Lorbeer-

8 *

bäumen, Myrtengewächsen, Bambusgebüschen, Pisang, Bignonien, Orangen, Brodfruchtbäumen, Cassien, Acacien, Tamarinden, baumartigen Malvengewächsen (Wollbäumen, Hibiscus-Arten, Sterculien), selbst Platanen u. a. zu mischen. Die obere Waldregion oder das emodische Reich bedeckt sich mit Formen, welche der gemäßigten Zone entsprechen. Roßkastanien, Maulbeerbäume, Obstbäume, Berberitzen, Brombeersträucher, prächtige Eichenarten, Spierkräuter, Ulmen, Ahorne, Weiden, Erlen, Haselsträucher, Pappeln, Birken, Ebereschen, Pimpernußsträucher (Staphylea), Cornelkirschen, Rosen, Hollunder u. a. setzen die Laubwälder und ihr Unterholz zusammen. Sie überlassen ihre Stelle endlich prachtvollen Nadelwäldern, mit denen sie sich theilweise schon verbinden. Hoffmeister beobachtete allein gegen ein Dutzend verschiedener Nadelhölzer. Sie legen Zeugniß ab für die überaus große Mannigfaltigkeit ihres in jeder Hinsicht majestätischen Gebietes. Darunter befanden sich drei Kiefern (Pinus longifolia, excelsa, Gerardiana), eine Rothtanne (Picea Morinda), zwei Silbertannen (Abies Pindrow, Webbiana), die herrliche Deodara-Ceder (Cedrus Deodara), zwei Cypressen (Cupressus torulosa), zwei Wachholderarten (Juniperus excelsa, squamosa) und eine Eibe (Taxus). Von ihnen übertrifft die Ceder alle übrigen an Schönheit, die Roi (Picea Morinda), welche 200 Fuß hoch wird, an Erhabenheit. Die Pindrow, auf einer Höhe von 8000 bis 9500 engl. Fuß, begleitet fortwährend den Weinbau im Sutledsch-Thal. Oft seltsam wechseln diese Nadelhölzer mit Laubbäumen. So vermischt sich die vorige mit Pappeln, Maulbeerbäumen und Andornen (Hippophaë). Dagegen finden sie sich wie an einem Knotenpunkte bei Tschetkul am linken Baspa-Ufer sämmtlich in aufsteigender Reihe beisammen. Nach ihnen folgen die Alpensträucher: über alle Beschreibung herrliche Alpenrosen mit großen Blüthenknäueln, Weiden, Rosen u. a., bis sie der Kräuterdecke weichen. Diese schließt sich mit fast allen ihren Formen vollständig an die Flor des gemäßigten und alpinen Europa an, um ihrerseits am Pole des organischen Lebens den Moosen und Flechten das Feld zu überlassen.

Daß es in dem äquatorialen Hochlande, z. B. Javas, eine völlig ähnliche Reihenfolge gibt, haben wir schon (Thl. 1, S. 251) einmal bei Betrachtung des hochjavanischen Reichs gesehen. Auch im hinterindischen Hochlande wird sie nicht anders sein. Soweit unsere lückenhafte Kenntniß reicht, sind es nur andere Formen, welche die Stelle der vorigen vertreten. So stellen sich z. B. die Palmen der heißen Ebenen in windender, lianenartiger Gestalt dar. Die Rotangs, die Mutterpflanzen des spanischen Rohrs, sind es. Sie erreichen windend und kriechend nicht selten die ungeheure Länge von 300—500 Fuß und machen den Urwald wahrhaft undurchdringlich.

Alles in Allem genommen, zeigt uns der erste Blick, daß das große ostindische Reich eine Schatzkammer nützlicher Gewächse sein werde. Obenan steht die Welt der Palmen und in ihr die Cocos. Der stolze Baum, dessen 60—80 Fuß hoher Schaft sich unten verdickt, liefert Holz zum Bauen, Saft für Zucker und Toddy (Palmwein), einen Reichthum von Nüssen, die im Verein mit Reis das Dasein des Juders bedingen. Das Erfrischende der Cocosmilch rührt davon her, daß sie die niedrigere Temperatur des Erdbodens besitzt. Bekanntlich ist die innere Wärme der Bäume im Sommer niedriger, im Winter höher, weil sie von der constanten Wärme der Erdflüssigkeit bedingt wird, von welcher die Pflanzen zehren. Auf Ceylon befinden sich gegenwärtig 50,000 Acres Cocospflanzungen. Ein Acre liefert 80—90 Tonnen Nüsse, 45 Stück auf die Tonne gerechnet; 1000 Nüsse kosten etwa 2 Pfd. Sterl.; ungefähr 5 Nüsse geben 1 Quart Oel, wovon die Tonne 56—57 Pfd. Sterl. in England kostet; der Nettoertrag eines Acre soll sich auf 6—7 Pfd. Sterl. belaufen. Auch der Juckerreichthum wird fast unglaublich hoch geschätzt. Derselbe Flächenraum, welcher mit Cocospalmen bepflanzt ist, soll zwei Mal soviel Jucker als das Juckerrohr liefern, ja man berechnet den Ertrag eines einzigen Schaftes auf 1 Ctr. Er wird durch Anbohren des Stammes gewonnen. Der durch einfaches Abdampfen des Saftes erhaltene Jucker ist der Jaggri (Dschaggeri). So große Bedeutung hat der Cocos über die ganze heiße Zone der Erde geführt und wesentlich das Landschaftsbild der Länder verändert. Ein Seeklima und der Meeresstrand sind ihre eigentliche Heimat. Ihr zur Seite

Die Arecapalme.

steht in Südasien, besonders auf den Sunda-Inseln, die Parkotpalme (Arenga saccharifera), der Areng der Javanen. Sie ist durch den champagnerartigen, aber leicht säuernden Wein, den man durch Anbohren des Blüthenstiels von ihr gewinnt, besonders geschätzt. Die Palmyra= oder Fächerpalme (Borassus flabelliformis) wird zu demselben Behufe erst im höheren Alter benutzt, wofür sie aber auch ein sehr gutes Getränk gibt. Sie ersetzt die Cocos, wo diese nicht mehr gedeiht, selbst an malerischer Schönheit. Auf 4 Fuß langen Stielen bilden die fächerartig ausgebreiteten, 15 Fuß langen und 9 Fuß breiten Blätter einen Schopf von wunderbarer Anmuth. Mit Wachs überzogen und schön bemalt, dienen sie verkleinert als natürliche Fächer, dort Punkah genannt. Um das Wunderbare voll zu machen, klettern zu Lande wandernde Fische, Kletterbarsche (Perca scandens), an den Stämmen empor. Nicht minder bemerkenswerth ist die Talipotpalme (Corypha umbraculifera) von Ceylon und Malabar. Schon dadurch eines der vielen Naturwunder Indiens, daß die stolze, gegen 200 Fuß hohe Säule erst nach dem fünfundzwanzigsten Jahre ihres Lebens, nach Andern erst nach dem achtzigsten ihre Blüthen und Früchte bringt, um dann ihr majestätisches Haupt sterbend zu neigen, treibt sie aus ihrem Gipfel stolze Blätter, natürliche Schirme. Ein einziges, vollkommen entwickeltes besitzt einen Längendurchmesser von 18 Fuß. Es reicht hin, 20 Männer bequem zu überdachen. Noch wichtiger ist seine Verwendung zu Papier; eine Verwendung, die es mit dem Blatte der Palmyra=Palme theilt. In Streifen geschnitten und mit Oel oder Milch eingerieben, werden, von ehernem Griffel geschrieben, die Buchstaben durch Lampenschwarz kenntlich gemacht, oft auch von den Singalesen mit Vergoldungen verziert, wodurch die Schrift ein um so größeres Ansehen gewinnt. Auf diese Weise sind die heiligen Urkunden der Buddhareligion schwarz auf dasselbe eingetragen. Mehre solcher Streifen zusammengeheftet geben ein Buch. Nicht minder wichtig sind die Sagopalmen. Bekanntlich liefern verschiedene Arten aus ihrem Marke das stärkereiche Sagomehl. Vor allen die sumpfbewohnende, außerordentlich wichtige Rumph'sche Sago (Sagus Rumphii) auf den Molukken, die Mehlsago (S. farinifera), die Raphia (S. Raphia), die strauchartige Mehldattel (Phoenix farinifera), die Brennpalme (Caryota urens), so genannt, weil sie im nassen Zustande dem Hinaufkletternden Brennen verursacht, u. s. w. Selbst Zapfenpalmen gehören hierher; so die in Japan hochverehrte Sodets (Cycas revoluta) und der Sagu=Baum (C. circinalis; s. Abbild. Thl. I, S. 126) des ganzen ostindischen Gebiets. Eine höchst eigenthümliche Bedeutung hat die schöne Betelnuß=Palme (Areca catechu; s. Abbild. S. 117) im Leben des Inder gewonnen. Ursprünglich ein Kind der Philippinen und Sunda=Inseln, ist sie doch gegenwärtig in Millionen über Ostindien verbreitet. Bekanntlich vertritt sie unter den Palmen gleichsam Tabak, Coca und Cat, indem ihre Nuß zerstückelt in Verbindung mit ungelöschtem Kalk und den Blättern des Betelpfeffers (Piper Betle) gekaut wird. Jene soll einen unbeschreiblich lieblichen, dieser einen brennenden, aber gewürzigen Geschmack besitzen; zwei Eigenschaften, welche unter dem heißen Klima zwar von großer Bedeutung für die Verdauung sein mögen, aber nichtsdestoweniger eine der ekelhaftesten Gewohnheiten hervorgerufen haben. Was würden wir dazu sagen, wenn ein Tabakskauer, um uns zu ehren, seinen Bissen aus dem Munde nähme und ihn uns zur Fortsetzung des Genusses anböte? Und doch geschieht dasselbe in Indien, wo selbst Anstand und Etiquette bei den Großen des Reiches erfordern, daß Niemand ohne seinen Betelhappen nahe. Sonderbare Gewohnheit, daß man lieber seine Zähne roth, seine Lippen gelbroth, sein Zahnfleisch braun färbt, sein Gesicht lieber zum fortwährenden Grinsen verzerrt, ja selbst den ekelhaften Speichelfluß nicht scheut, der sich später einstellt, statt eine solche Gewohnheit aufzugeben! Doch wir wollen an unsere eigene Brust schlagen.

Palmen und Pisang, haben wir schon oft gesehen, pflegen die Unzertrennlichen der Pflanzenwelt zu sein. Indien vor allen Ländern ist die Urheimat dieser herrlichen und wohlthätigen Pflanzenform. Jedenfalls war sie in Verbindung mit der Cocos eine Urnahrung asiatischer Menschenracen. Dies hat ihr den Namen der Paradiesfeige (Musa paradisiaca) erworben. Jedenfalls wanderte sie erst von Asien nach der Neuen Welt, um in Gemeinschaft von Cocos und Gewürzen dieser eine noch höhere Bedeutung zu geben, als sie ursprünglich besaß. Mit Recht ist darum das Gebiet Vorder- und Hinterindiens das Reich der Scitamineen genannt worden, nicht weil die Banane zu den Gewürzlilien gehörte, sondern weil sie die herrlichen Blatttypus dieser mit stärkereichen Früchten verbindet (Thl. 1, S. 170 fg.). Wie sie, hat sich der Ingwer (Amomum Zingiber: Thl. 1, S. 175) ebenfalls über ganz Südasien ausgebreitet. Seine Wurzel liefert das bekannte Gewürz. Von einigen Verwandten (Cardamomum, Alpinia) stammen die gewürzigen Früchte der Cardamomen, von der ähnlichen Curcuma-Pflanze (Curcuma longa) die gelbfärbenden gleichnamigen Wurzeln, indeß eine Menge anderer Gewürzlilien aromatische Heilmittel darbieten.

Zweig des Jamorbaums.

Ueberhaupt muß Ostindien als das eigentliche Gebiet der Gewürze betrachtet werden. Obenan steht als das kostbarste der Kampher. Zwei Pflanzen erzeugen ihn: der Kampher-Lorbeer (Laurus Camphora) und der eigentliche Kampherbaum (Dryobalanops Camphora), jener in Japan und China, dieser auf Borneo und Sumatra. Der letztere ist der bedeutsamere. Auch er besitzt ein lorbeerartiges Blatt, gehört jedoch zu der seltsamen Familie der Dipterocarpeen, deren Frucht gleichsam die Eichel, deren Kelch gleichsam die Flügelfrüchte der Ahorne wiederholt. Majestätisch ist sein Wuchs, denn er gehört

Der Kampfer-Lorbeer (Laurus Camphora).

Der Muscatnußbaum (Myristica moschata).

zu den prachtvollsten und stattlichsten Bäumen Indiens. An der von flügelartigen Pfeilern gestützten Wurzel oft 24 Fuß im Umfange haltend, strebt der
herrliche graufarbige Stamm bis zu 200 Fuß säulenartig emper, um dort
eine nicht minder gewaltige, aber nicht allzubelaubte Krone zu bilden. Alle
Theile sind kampherhaltig; jedoch sublimiren nur die inneren des Stammes
die überaus aromatische Substanz in größeren Massen. Sie ist in diesem heißen
Klima die einzige fäulnißwidrige und hat als solche eine außerordentliche
Bedeutung in den Fürstenfamilien der Eingeborenen erlangt. Eine uralte
Sitte gebietet ihnen, den Leichnam eines Radja (Radscha) durch Kampher so
lange zu erhalten, bis der an seinem Todestage gesäete Reis seiner Reife ent-
gegengeht, um den Verstorbenen in ihm zur ewigen Ruhe einzubetten. Jedenfalls eine sinnige bildliche Darstellung der Unsterblichkeit, wenn sie nur nicht
durch ihre außerordentliche Kostbarkeit die Hinterlassenen zur Dürftigkeit ver-
dammte. — Einen gleichen Ruf hat der Zimmtbaum erlangt. Wie der Kampher
von Japan und China, ist auch er ein Product verschiedener Lorbeerarten.
Der ceylonesische, zugleich der bekannteste, stammt vom Zimmtlorbeer (Cinnamomum ceylanicum), welcher nur die südwestliche Küste Ceylons bewohnt.
(S. Abbild. S. 119.) Man weiß, daß das Gewürz die innere Rinde dieses
merkwürdigen Baums ist und welche Bedeutung sie besitzt. Nach Obigem
überrascht es uns nicht mehr, auch in seiner Wurzel Kampher anzutreffen;
wohl aber dürfte es die Erscheinung thun, daß seine Blätter — Nelkenöl
enthalten. Außer ihm nennt man noch einige andere Arten, von denen die
cochinchinesische (C. Loureirii) die beste sein soll. Die süß- und feinschmeckenden
Zimmtblüthen, die noch unerschlossenen Blüthenknospen eines Zimmtbaums,
stammen von der Zimmtcassie (Cinnamomum aromaticum) Chinas und Sumatras. Dieselbe liefert einen schlechten, holzigen Zimmt. Von nicht geringerer
Wichtigkeit ist der Muscatnußbaum (Myristica moschata). Er gehört ursprünglich den Banda-Inseln im moluktischen Archipel an, wird aber seit Anfang
dieses Jahrhunderts auch auf Sumatra, ja selbst auf Isle de France, in Sierra
Leone und in Westindien cultivirt. Ein überaus reizender Baum, fast von der
Tracht des Birnbaums, leuchtet er mit dunkelgrünen Blättern weit daher, während
seine glänzend gelbe orangenartige Frucht durch das Laubwerk schimmert. Reif
spaltet sie sich und es wird die mit einem rothen Netzwerk umzogene schwarze
Nuß sichtbar. Dieselbe gibt die Muscatnuß, das Netzwerk die Muscatblüthe;
in Zucker gesotten wird selbst die äußere Schale gegessen. Aus der Familie
der Myrtengewächse reiht sich ein zweiter moluktischer, mehr strauchartiger Baum
an, der Gewürznelkenbaum (Caryophyllus aromaticus). Zwei Producte stammen
von ihm: die Gewürznelken und das Nelkenöl. Jene sind die noch nicht ent-
falteten Blumen mit ihren Kelchen, aus denen das Oel in Ostindien durch
Destillation gewonnen wird. Das letzte indische Gewürz von größerer Bedeutung dürfte der Pfeffer (Piper nigrum) sein. (S. Abbild. S. 124.) Bohnen-
artig rankt sich die Pflanze an ihrem Pfahle hinauf; traubenartig hängen
die erbsenähnlichen Früchte herab; frisch und glänzend dagegen leuchtet das

herzförmig ausgeschnittene grüne Blatt durch die Landschaft. Mit ihm zugleich cultivirt man auf demselben Boden die Gambirpflanze (Tbl. 1. S. 45). Auch sie liefert ein Gewürz; ein Extract, welches ähnlich wie die Betelnuß gekaut wird und die Verdauung befördern soll. Anfangs süß und gewürzig, geht sein Geschmack ins Bittere und Zusammenziehende über. — Das etwa dürften die wichtigsten Gewürze Indiens sein. Sie haben aber hingereicht, ihrem Vaterlande schon seit den frühesten Zeiten die höchste Wichtigkeit zu verleihen. Leider ist auch ihre Geschichte voll menschlicher Unthaten. Wie Gold und Silber und Edelstein noch keinem Lande Segen brachten, wo sie gefunden wurden, so auch diese Gewürze. Auch an sie hat sich die Habsucht der Völker gekettet. Nirgends ist das deutlicher als in der Geschichte der Muscatnuß und Gewürznelken, welche den Molukken den Namen der Gewürzinseln gaben. Mord und Verrath knüpfen sich an sie; denn für so köstlich galt ihr Besitz, daß sich Portugiesen und Holländer in furchtbarer Barbarei um sie hinmetzelten, bis die letzteren siegten. Mit diesem Siege war auch das Geschick der Eingeborenen entschieden. Man weiß, daß nicht allein die beiden Bäume auf das Engherzigste bis auf die Plantagen gänzlich vertilgt wurden, sondern auch die Urvölker auf den meisten Inseln nach hartnäckigem Widerstande dem völligen Untergange durch das Schwert der Sieger verfielen.

Empört wendet sich der Menschenfreund zu tröstlicheren Bildern. Wo der Mensch im Schweiße seines Angesichts unter Mühen sein Brod verdient, da ist das rechte Leben, nicht aber, wo er mit geringer Mühe sich plötzlich durch Kostbares zu bereichern sucht. Auch dafür hat die indische Natur gesorgt. Der Tik- (Teak-) Baum (Tectonia grandis) ist ein größerer Civilisateur, als der stattlichste Kampherbaum Sumatras und Borneos. Während dieser die armen Kampfersammler in die Sklaverei von Priestern und Radjas stürzt, ruft jener den edlen und großartigen Schiffsbau hervor. Die herrlichste Eiche sinkt neben ihm in den Staub; denn sein Holz allein widersteht dem furchtbaren Bohrwurme des indischen Meeres, ohne ihn würde die Schifffahrt in jenem Meer die kostbarste der Erde sein. Er bewohnt vorzugsweise die vorderindischen Ghatsgebirge, erscheint aber auch in Hinterindien und gehört zu den stattlichsten Laubbäumen, dem selbst zu Lande weder die furchtbaren weißen Ameisen, noch die Feuchtigkeit schaden. Ein anderer herrlicher Baum aus der Familie der Seifengewächse (Sapoteen), die Isonandra Percha, liefert die Gutta-Percha (Pertscha). (S. Abbild. S. 127.) Wie das Gold Californiens und Australiens, hat auch er die Menschen in unglaubliche Bewegung gebracht, seitdem sein Product so raschen Eingang in Europa erlangte. Von Singapore nordwärts bis Penang, südwärts die Ostküste Sumatras entlang bis nach Java, ostwärts nach Borneo — das ist sein großer Verbreitungsbezirk. Er ist seit dem Jahre 1844 bekannt und wurde zuerst in den Jungles des Johore aufgesucht. Als Nachbar des Tikbaums muß auch der myrtenartige, überaus schöne Sandelholzbaum (Santalum album) genannt werden. Sein köstlich duftendes Holz spielt nicht allein in der luxuriösen Tischlerei

Chinas, sondern auch in dem religiösen Cultus der indischen Völker die größte Rolle. Der Weihrauch derselben, wird es hoch und heilig gehalten, während es zugleich einen bedeutenden Handelsartikel von Malabar, seiner Heimat, bis China ostwärts, bis Arabien westwärts bildet. Solche Gewächse sind es, welche friedlich den großen Austausch der Völker befördern.

Wenn dann der Ermüdete vielleicht im Schatten eines mächtigen Feigenbaums oder einer hohen, acacienartigen Tamarinde ausruhen und sich erquicken will, dann hat ihm die Natur auch hohe irdische Genüsse aufgespart. Unter anderm rühmt man als herrliches Obst die Mangerpflaume, die leicht nach Terpentin schmeckende Frucht des Mangobaums (Mangifera indica), einer Terpentinpflanze. Auf den Sunda-Inseln soll dieses herrliche Obst nur sauer vorkommen. Dagegen besitzen sie den merkwürdigen Duriang (Durio zibethinus), einen großartigen Malvenbaum. Wir nennen ihn mit Recht merkwürdig; denn während sein schweres Holz die Särge für die Leichen der Battakönige auf Sumatra liefert, speist er mit seiner köstlichen Frucht die Lebenden. Sie wird ihrer Stacheln wegen in Palmenblättern zu Markte gebracht und hochgeschätzt. Ihr cremeartiges Fleisch verräth zwar, da es den durchdringenden Geruch der Asa

Die Pfefferpflanze.

foetida besitzt, nichts weniger als ein feines Obst, dennoch aber wird es leidenschaftlich begehrt. Sonderbarer Weise verschwindet jener Geruch sofort, wenn man nach dem Genusse des Duriang-Apfels aus der eigenen Schale desselben Wasser nachtrinkt. Sehr gewöhnlich ist auch der Melonenbaum (Carica Papaya; s. Abbild. S. 47) geworden; ein seltener Fall, daß eine Pflanze der Neuen Welt nach Asien wanderte. Tabak, Mais, Bataten und einige andere sind bekanntlich den vorigen anzureihen. Das Kaladi (Caladium esculentum) bringt in seinen Wurzelknollen auf den Inseln gleichfalls eine gute Nahrung

hervor; junge Schößlinge von Bambus geben Gemüse, spanischer Pfeffer (Capsicum) vertritt die Stelle des Salzes, aber der Reis und immer der Reis ist des Inders Brod. Auf Sumatra cultivirt man gegen 16 Abarten.

Wo sollten wir jedoch hingerathen, wenn wir den Reichthum Südasiens an nützlichen Gewächsen erschöpfen, wenn wir die zahlreichen Culturpflanzen, welche neben Indigo, Baumwolle, Zuckerrohr, Kaffee, Krapp, Tabak, Hanf, ja wenn wir nur die Menge von Farbe- und Flachspflanzen schildern wollten die hier gedeihen! Jedenfalls blickt uns schon aus den vorigen die ganze Fülle indischen Reichthums entgegen. Kein Wunder, wenn sich eine ebenso zahlreiche und gigantische Thierwelt dazu gesellt. Elephant, Rhinoceros und Tiger sind ihre vornehmsten Vertreter. Dennoch hat diese Fülle die indischen Völker nicht wie die amerikanischen erdrückt. Wir können dies nur aus den harmonischen Uebergängen der Pflanzenwelt auf den Terrassen des Himalaya und daraus herleiten, daß derselbe dem Menschen erlaubte, sich unter gemäßigteren klimatischen Bedingungen zu Höhen zu erheben,

Ein Zweig des Gewürznelkenbaums.

welche den schwächenden und erschlaffenden Einfluß des Tieflandes aufheben, zu Höhen, wie sie kein Land der Erde wieder ohne Nachtheil einzunehmen gestattet. Einmal geweckt zur Cultur, konnte jedoch die Einwirkung dieser gigantischen Natur nicht ausbleiben. Sie machte sich in einer phantastischen Naturanschauung geltend, welche die Begriffe ihrer Weltanschauung ähnlich verkörperte, wie es später die Griechen so anmuthig thaten. Die lieblichen Bilder fehlen auch den Indern nicht, wo wir die milchliefernde Somapflanze (Asclepias acida), „dieses vegetabilische Euter der Erde", oder die geheiligte Patma, die Lotus-Wasserrose der Inder, als die Verkörperungen göttlicher Wesen verehren sehen. Die bunten Bilder indeß, sagen wir mit Max Duncker, welche die Natur des Landes zuerst in dem Geiste der Inder geweckt und erregt hatte, mußten sich allmälig immer krauser und wunderbarer in den Legenden von den Wunderthaten der großen Heiligen und Büßer abspiegeln. Ueber diesen Mährchen vergaßen sie den furchtbaren Druck der Brahmanen und Fürsten, in welchen sie (Thl. 1, S. 159) nothwendig verfallen waren. Je länger sie in dieser Traumwelt lebten, um so gleichgültiger mußte ihnen auch die Wirklichkeit werden; und so geschah es, daß die Inder am Ganges endlich von der Welt der Götter

Einsammlung des Gummi.

mehr wußten, als von den Dingen der Erde, daß die Welt der Phantasie ihr Vaterland und der Himmel ihre Heimat wurde. Daran ist das indische Volk zu Grunde gegangen. Wenn auch später die neue Religion Buddha's die Götterlehre Brahma's stürzte, der Despotismus wurde nicht gebrochen.

So verlassen wir Asien mit einem neuen Gegensatze. Was in Mittel- und Westasien zu wenig, war in Südasien zu viel. Beide Extreme haben den Untergang der asiatischen Völker in der Geschichte beschleunigt, wenn nicht hervorgerufen. Der bedürftige Beduine der Wüsten ward zur räuberischen Katze aus Noth, der Malaie des Sunda-Paradieses sant in die Arme der Trägheit aus Bedürfnißlosigkeit. Dafür hat jener sich seine individuelle Freiheit, freilich in einem

Der Gutta-Percha-Baum.

Leben voll Entbehrungen gerettet, dieser fiel in die Ketten der Despotie, die selbst kein Paradies mildert. Wir wollen mit diesem Ausdrucke kein Land ohne Schatten und nur mit Licht bezeichnen. Wenn zur Zeit des Westmonsuns auf Java Alles im Farbenkleide eines ewigen Frühlings prangt, knickt der sengendheiße Ostmonsun jede Blume, schüttelt er selbst bis auf die Bambusgebüsche herbstartig das Laub der Bäume und verdüstert siroccoartig die Luft mit seinen Staubwolken. Ueberall — selbst auf dem paradiesischen Java — große Extreme, wie sie nur Asien in diesem Umfange kennt! Wie aber auch Asiens Länder beschaffen sein mögen, das gibt ihnen noch heute das hohe Interesse, daß sich an jeden Schritt Geschichte der Menschheit lehrend und warnend knüpft. Das ist zugleich ihr großer Vorzug vor einer Wanderung durch die Neue Welt und ihr Nachtheil. Asien ist die Welt der Vergangenheit, Amerika der Zukunft.

Ein Zweig des Gutta-Percha-Baums.

Viertes Buch.
Die afrikanischen Länder.

Ueberschwemmungen des Nils.

I. Capitel.

Allgemeine Umrisse.

Mußten wir die Polarländer die Heimat der Erstarrung, Amerika das Land der Pflanzenfülle, Asien die Wiege der Gegensätze nennen, so bezeichnen wir Afrika schon im Voraus als das Vaterland der Bizarrerie. Die widersprechendsten Gedanken sind hier wie im buntesten Farbenwechsel zu einer Einheit verschmolzen, die beim ersten Anblick ebenso ungewohnt wie unverständlich erscheint. Das fällt uns zunächst an der Thierwelt auf. Die Giraffe vereinigt gleichsam Kameel, Panther, Kuh, Reh, Pferd und Schwan in sich. Das Gnu scheint eine Combination von Pferd, Ochs und Ziege, das Zebra von Pferd und gestreifter Hyäne, das kaum noch fabelhafte, wenn auch vielleicht ausgestorbene Einhorn von Narwal und Pferd, der Fennec von Fuchs und Esel zu sein. Neben den zierlichsten Antilopen die ungeschlachten Gestalten

des Kameels, Nilpferdes und des Elephanten, Schaaren der verschiedensten
Vögel bis herauf zum Strauß, Trappen und Baläniceps, diesem sonderbarsten
aller Storchvögel; neben dem gelehrigen Araber die sonderbarsten Abweichungen
des äthiopischen Menschen vom Neger bis zum Kaffer und Buschmann —
so finden wir die widersprechendsten Typen in Einem Bilde vereinigt.

Die Grundgestalt Afrikas selbst hat etwas Ungeschlachtes. In breitgezogenem
Viereck erstreckt sich die nördliche Hälfte ebenso weit vom Aequator, wie die
Dreiecksgestalt der südlichen. Jene und diese ruht in der subtropischen, der
centrale Theil in der tropischen und äquatorialen Zone. Daher kommt es,
daß Afrika ein ächter Tropentheil ist und fast die Hälfte ($^{46}/_{100}$) alles Tropen-
landes der Erde ausmacht. Es kann daher von keinem großen Wechsel die
Rede sein, um so weniger, als wir eigentlich nur zwei größere Zonen, die warme
und heiße vorfinden und sich beide zu beiden Seiten des Gleichers in ihren
Pflanzentypen ziemlich entsprechen. Einförmig ist die Bodengestalt Afrikas,
einförmig seine Küste, welche der tiefen Meeresbusen entbehrt und dadurch so
viel zu unserer Unbekanntschaft mit dem Inneren beiträgt, so wenig sie Han-
delsverbindungen begünstigt. Nur in der Nachbarschaft anderer Welttheile
treten wechselndere Verhältnisse auf: in der Nähe des Mittelmeeres die Atlas-
kette und das schöne Barka-Plateau, in der Nähe des arabischen Meerbusens
das Alpenland Nubiens und Abyssiniens. In dem südlichen Dreieck dagegen
kehrt das trübselige Bild Westasiens wieder; die größte Fläche des Landes
wird von einer Hochebene eingenommen, die sich bis zum Kaplande vorzieht
und im schroff abfallenden, 3445 Fuß hohen Tafelberge endet. Eingeschlossen
von ihr im Süden, den Gebirgen Nubiens und Abyssiniens im Osten, den Barba-
resktenbergen im Norden und dem Atlantischen Ocean im Westen, füllt die furchtbare Sahara den größten Theil des nördlichen Vierecks aus. Die furchtbare Glut,
die sie entwickelt, wird dem Continente, der, überall unter warmer Sonne gelegen, ihrer höchstens auf seinen Alpen bedarf, nicht zum Segen. Sie wirkt
versengend auf ihn ein, wie sie selbst ein Bild des Todes ist. Nur Europa
kommt ihre überreichliche Wärme zu gut. Sie wird ihm durch Südwinde zu-
geführt, welche über das Mittelmeergebiet streichen und wesentlich zur Milderung
des nordischeren Klimas beitragen. Im Süden der gefährliche Sirocco, gestalten sie sich auf den Alpen zu dem wohlthätigen Fön. Als Fön berühren sie
die Alpen und bringen ihnen den Frühling. Mit warmem Regen vereint,
zaubert der Fön im Mai „in wenigen Tagen“, wie uns Fr. v. Tschudi
belehrt, „in der subalpinen Region eine frische, lachende Vegetation hervor,
schüttelt von den Tannen und Arven das Schneegehänge, entwickelt Knospen,
Kätzchen und Blätter und schreitet allmälig bis zur Baumgrenze hinan. Ueber
derselben hält der Winter länger aus und gönnt dem Jahre nur wenige
Sommermonate. Fön vor Allem ist auch hier die Bedingung des Lebens,
des Sommers. Der liebe Gott und die goldene Sonne vermögen dem Schnee
nichts anzuhaben, wenn der Fön nicht kommt, sagen die Bergbewohner. Ohne
Fön wären vielleicht drei Viertheile der Schweiz unbewohnbares Gletscherland.“

Wenn die Annahme richtig ist, daß einst, wo jetzt das Mittelmeer sein Bett hat, Afrika mit Europa zusammenhing, so muß die Einwirkung eine noch viel stärkere in der Vorzeit gewesen sein. Es versteht sich von selbst, daß die arabischen Wüsten ebenso auf uns zurückwirken können. Dieser Einfluß auf die Winde wird in Oesterreich besonders stark wahrgenommen. Natürlich muß jene entsetzliche Glut Afrikas, welches man im vollen Sinne des Wortes ein reines Tropenland nennen kann, furchtbar auf die feuchten Niederschläge und Gewässer zurückwirken. Was die Wüste Gobi für Asien, ist die Sahara für Afrika: ein unermeßliches regenloses Gebiet, das sich bis nach Arabien und den Hochebenen von Iran fortsetzt. Auch sie lenkt nach Maury die Nordostpassate ab und gestaltet sie zu Monsunen im Atlantischen Ocean um. Das Dasein so bedeutender Wüsten auf der nördlichen Erdhälfte bewirkt zugleich innerhalb gewisser Breitengrade nördlich vom Erdgleicher eine höhere Temperatur, als innerhalb der entsprechenden südlichen, weshalb auch die mittlere Sommertemperatur dort an der Küste höher steht als hier. Wie dies mit dem Fön zusammenhängen muß, haben wir eben gesehen. Die von den heißen Ebenen Afrikas angezogenen und fast zur entgegengesetzten Richtung abgelenkten Passate haben für Afrika selbst eine große Bedeutung. „Sie bringen ihm", sagt Maury, „die Regengüsse, welche in diesen Theilen der afrikanischen Küste die Jahreszeiten abtheilen. Die von diesen Monsunen eingenommene Gegend des Oceans ist keilförmig, sodaß ihre Basis sich an Afrika anlegt und ihre Spitze sich bis auf 10 oder 15° der Mündung des Amazonenflusses nähert." So wird andern Theilen der Erde immer wieder zum Segen, was in sich selbst den Keim der Vernichtung trägt. So ruht auch im Reiche der großen Wechselwirkung zwischen Klima und Erdoberfläche neben dem furchtbarsten Tode zugleich das frischeste Leben. Dennoch erleidet die Sahara auch in sich selbst bedeutende Veränderungen ihrer Temperatur. Durch nächtliche Ausstrahlung der Wärme gegen den nie bewölkten Himmel sinkt die Temperatur zu Nacht tief herab; es wird nicht selten Eis gebildet. Natürlich muß dieser Wechsel den Oasen zu gut kommen. Alle übrigen Theile Afrikas sind wenigstens nicht ganz ohne Regen. Zwischen den Wendekreisen vertritt er die Stelle des Winters; in den nördlichsten und südlichsten Theilen erscheinen bereits die beiden Uebergangsjahreszeiten, Frühling und Herbst. Auch hier bringt der Winter den meisten Regen. Dies Alles aber wirkt traurig auf die Flußbildung zurück. Nur der Nil und Joliba (Niger), dieser am bedeutsamsten, vermitteln als größere Ströme das Innere mit den Küsten, ohne doch zum Herzen des großen Festlandes vorzudringen. Alle übrigen Flüsse halten sich an den Außenseiten, wenn sie nicht, wie es nur zu häufig geschieht, im Sande verrinnen. Selbst die Inselwelt gewährt keinen Ersatz für diese große Einförmigkeit. Die canarischen und die Inseln des grünen Vorgebirges sind zum Theil zu vulkanisch und wild zerrissen. Ascension und St. Helena ruhen als Felseninseln im weiten Oceane. Das östlich an Arabien gelegene Soketara zeigt uns schon durch Drachenblut- und Aloë-Bäume, was sie ist. Die Seychellen, Amiranten

9 *

und Mascarenen, in Verbindung mit dem mächtigen, aber sehr unbekannten waldreichen Madagaskar, bilden das einzige zusammenhängendere und darum wichtigere Inselmeer.

Kein Wunder nun, wenn ein so einförmiger Continent im Verhältniß zu seiner Größe noch so wenig auf die Geschichte der Menschheit einwirkte, sobald wir seinen Norden und das Factum ausnehmen, daß es seine schwarzen Kinder grausam aus der Heimat stieß und mit den selbstgeschmiedeten Ketten zugleich der Neuen Welt die furchtbarste Fessel anlegte, die diese bereits aufs Aeußerste zerrüttete und noch zerrütten kann. Afrika ist die Welt der Indifferenz. Doch wir meinen mehr seine Pflanzenproducte. Der Kaffeebaum hat sich zwar von Afrika aus die Welt erobert, allein dafür ist er auch ein Kind eines jener Gebirgsländer, welche an dem äußersten Saume Ostafrikas liegen. Die Dattelpalme dürfte ebenso sehr ein Erzeugniß Arabiens wie Afrikas sein. Noch steht dahin — doch ist es wahrscheinlich — ob die wichtige Durrha oder das Negerkern hier seine Urheimat habe. Dagegen stammt der Teff (Poa abyssinica), ein hirseartiges Gras, sicher aus Habesch. Das Gleiche gilt von der Erdmandel (Arachis hypogaea), einer krautartigen Hülsenpflanze, welche ihre Schote mit mandelartigen Samen in die Erde senkt, um sie hier auszubilden. Sie hat sich bereits in die Neue Welt verbreitet. Noch wichtiger ist die Oelpalme Guineas (Elaïs guineensis), die wir schon in Südamerika cultivirt fanden. Damit dürften wir aber auch bereits alle diejenigen Gewächse genannt haben, welche bisher nach Außen hin Bedeutung erwarben; wenig genug für einen so großen Welttheil, aber doch genug, um unsere afrikanische Wanderung nicht ohne Interesse in eine Welt anzutreten, welche genauer kennen zu lernen erst die Neuzeit so glänzend begonnen hat.

Charakter der Wüste.

II. Capitel.

Nordafrika.

Etwa bis 15° n. Br. erstreckt sich ein Gebiet, welches auf sehr natürliche Weise in zwei große Pflanzenreiche zerfällt. Das erste ist das Reich der Lippenblumen und Nelken, das zweite das sogenannte Wüstenreich. Jenes nimmt den ganzen nördlichen Saum Afrikas ein. Sein westlichstes Gebiet sind die canarischen Inseln außerhalb des Festlandes. Dagegen beginnt dieses am Kap Nun am nördlichsten Küstensaum der Wüste Sahel, um sich, durch zahlreiche Kaps charakterisirt, in wellenförmigen Umrissen nach den Säulen des Hercules (Straße von Gibraltar) und am südlichen Saume des Mittelmeeres in den Barbareskenstaaten bis zum Nildelta hinzuziehen. Das zweite wird von jenen furchtbaren Wüsten gebildet, welche vom Atlantischen Oceane bis fast zum Rothen Meere quer durch Afrika ausgedehnt ruhen und im Allgemeinen als die Sahara bezeichnet werden. Ihr nördlichster Saum begrenzt den südlichen des vorigen Reiches. Sie selbst findet ihre südliche Grenze in den gebirgigeren Theilen des mittleren Afrika, östlich durch Nubien, Sennaar und Habesch, im mittleren Theile durch den Sudan, im westlichen durch die

Quellengebirge des Joliba oder durch Ober-Guinea und das gebirgige Sene-gambien abgeschlossen. Dies zusammengenommen, bestimmt uns, den nörd-lichen Theil Afrikas bis 15° n. Br. als Nordafrika abzuschneiden, den folgenden mittleren Theil bis 15° s. Br. als das äquatoriale oder Mittel-afrika, das Uebrige endlich bis 34° s. Br. oder bis zum Kaplande als Südafrika zu betrachten.

Von allen diesen Gebieten dürften nur der nördlichste und südlichste Saum der großen Halbinsel, das Kapland und noch mehr der Mittelmeertheil eine bedeutendere Zukunft haben. Dieser ist zugleich derjenige, welcher bereits eine großartige Geschichte durchlief, als noch das große römische Reich seine Herr-schaft von Aegypten bis nach Mauritanien, d. i. bis zu der Straße von Gibraltar erstreckte. In der That weicht dieser ganze Nordsaum nicht wesentlich von der Pflanzendecke des südlichsten Europa ab; beide liegen in demselben Pflanzenreiche. Die canarischen Inseln, sonst doch die entferntesten Länder dieses Reiches, zeigen im Ganzen dieselben Verhältnisse, wie wir sie schon auf Corsica (Thl. 1, S. 255 fg.) und Madeira (Thl. 1, S. 250) fanden. Nur Cocospalmen und Datteln, welche auf Teneriffa die Küste anmuthig verzieren, nur Drachenbäume (Thl. 1, S. 180) und seltsam gestaltete, blattlose Wolfs-milchgewächse (Euphorbia canariensis, tribuloides, aphylla u. a.) verleihen den Inseln ein fremdartigeres Ansehen. Bemerkenswerth unter den Wolfs-milchpflanzen ist die Tabayba (E. balsamifera), eine milchliefernde, vegetabi-lische Quelle von Bedeutung, gleichsam das Seitenstück zu dem Kuhbaume Venezuelas. Im Ganzen genommen ist die Pflanzendecke dieser und der benachbarten Inseln, welche einst die glückseligen hießen, durch Menschenhand völlig umgeändert worden. Die herrlichen, aus Lorbeer, Myrten, südlichen Eichen u. a. gebildeten Waldungen sind zum größten Theil vernichtet; nur das herrliche, alle Extreme ausschließende Inselklima hat die vulkanischen Landschaften vor einem Untergange bewahrt, wie ihn Westasien so furchtbar zeigte. Aus fast allen Theilen der Erde drängt sich jetzt eine Pflanzendecke zusammen, deren Zusammensetzung ebenso sonderbar, wie anmuthig und be-deutsam ist. Auf Madeira herrschen an den unteren Gehängen Orange und Rebe. Dazwischen erheben sich Palmen und Bananen; sogar der Kaffee-baum läßt es sich wohl sein, während Kastanien, Eichen und fast alle Obst-bäume Europas, mit Hortensien, Fuchsien, Cactusbäumen, Granaten u. a. friedlich vereint, den seltsamsten Anblick gewähren. Noch wirkungsvoller, sagt uns ein neuer Reisender, wird diese Begegnung der verschiedensten Zonen dadurch, daß die Vertreter einer jeden ihre ursprünglichen Jahreszeiten auch hier fort und fort beibehalten, sodaß die der südlichen Halbkugel jetzt ihre Frühlingsblumen treiben, während die Waldbäume des Nordens ihre Blätter abwerfen. Ein Winter, dessen durchschnittliche Temperatur vom Dezember bis Februar ungefähr derjenigen der drei norddeutschen Sommermonate gleich-kommt, übt nur geringe Macht. Die Pinie oben, wie die den Tropen ge-näherte Vegetation unten, bewahrt das ganze Jahr hindurch den gleichen

Schmuck. So viel zum Verständniß einer Insel, welche gegenwärtig so gern einen lieblichen Zufluchtsort für unsere nordischen Kranken bildet. Bekanntlich erzeugen diese Inseln auf ihren nackten Felsen die Lacmus-Flechte oder Orseille (Roccella tinctoria). Außer ihr hat keines ihrer Gewächse tiefer in den Handel eingegriffen, obschon alle diese Inseln eine nicht unbedeutende selbständige Flor beherbergen. Eine eigenthümliche Bedeutung anderer Art knüpft sich an diese Inseln. Nach Edward Forbes nimmt man an, daß sie in der meiocänen Epoche der tertiären Periode mit Europa zusammenhingen. Man kann den wichtigsten Beweis darin finden, daß der vorherrschende Cha-

Die Lacmus-Flechte (Roccella tinctoria).

rakter der Pflanzen und Insekten auf den Azoren und Canarien ein europäischer ist. Dennoch, sagt uns Oswald Heer, dürfen wir nicht vergessen, daß sie sich von den Inseln des Mittelmeeres auffallend unterscheiden; vor Allem durch eine große Anzahl eigenthümlicher Arten, welche $\frac{1}{3}$ oder $\frac{1}{5}$ der gesammten Inselflora bilden, endlich durch amerikanische Typen. Dahin gehören die Gattungen Clethra, Bystropogon und Cedronella. Die einzige Pinie der Canarien (Pinus canariensis) gehört zu der amerikanischen Form mit stachelspitzigen Blättern. Von den Lorbeergewächsen sind zwei (Oreodaphne foetens und Persea indica) wesentlich amerikanische Typen;

eine dritte Art (Phoebe Barbusana) gehört zu einer Gattung, welche Indien und Amerika eigenthümlich; die vierte (Laurus canariensis) correspondirt mit europäischen Arten. Diese Thatsachen geben den atlantischen Inseln des Gepräge der tertiären Flora Europas. Viele Pflanzen der tertiären Periode in der Schweiz entsprechen vollständig denen, welche Madeira und den Canarien eigenthümlich angehören, während die übrigen eine große Aehnlichkeit zu denen der südlichen Vereinigten Staaten zeigen. Einige auffallend charakteristische Geschlechter (Taxodium, Sequoia, Liquidambar, Sabal u. s. w.) Amerikas waren zur tertiären Zeit in der Schweiz durch Arten vertreten, die sich sehr eng an die noch lebenden Amerikas anschließen. Andere Gattungen gehören Amerika und Europa gleichzeitig an, z. B. Eichen, Haselsträucher, Pappeln, Ahorne u. a. Selbst die tertiären Arten dieser Geschlechter entsprechen den noch lebenden amerikanischen. Aehnliches findet sich auch bei einer Vergleichung der Landschnecken und Insekten. Heer findet in diesen Thatsachen den Beweis, daß während der tertiären Periode Europa und Amerika bis zu den atlantischen Inseln zusammenhingen. Dafür scheinen auch die Muscheln und Fischreste Europas aus der tertiären Periode zu sprechen. Denn da sie mehr Küstenfische sind, welche Europa zu jener Zeit mit dem heutigen Amerika theilte, so liegt der Schluß abermals nahe, daß die beiden Erdtheile zu irgend einer Zeit durch ein festes Band vereinigt waren. In der Diluvialzeit waren die atlantischen Inseln schon gegen die Südküsten Amerikas hin gehoben und empfingen von dieser einstigen Atlantis ihr Pflanzenkleid, zu einer Zeit, wo selbige in eine neue Phase der Entwickelung eintrat. Durch eine allmälige Senkung der atlantischen Brücke wurde die Verbindung Europas und Amerikas aufgehoben. Wir finden dort die Ueberreste der Flora jener alten Atlantis, und folglich haben sich manche Typen der tertiären Flora dort erhalten, während sie in Europa verschwanden. Diese Ueberreste sehen wir, mit einer gewissen Anzahl anderer Arten verbunden, in den diesen Inseln eigenthümlichen Gewächsen, welche mit den amerikanischen Arten der Gegenwart correspondiren, weil sie demselben Heerde der Schöpfung entstammen. Mit Europa haben sie wohl nur deshalb eine größere Anzahl gemein, weil ihre Verbindung mit diesem Festlande länger dauerte. Diese wichtige, von Heer begründete Thatsache beweist uns sehr schlagend, daß, wie wir früher behaupteten (Thl. 1, S. 105), überall auch aus früheren Schöpfungsperioden Gewächse da erhalten bleiben konnten, wo das heutige Klima nahezu mit dem jener Perioden noch übereinstimmt. Unzulässig jedoch ist die Annahme einer gesunkenen Atlantis. In England gibt es ebenfalls einige Pflanzentypen, welche man Ueberreste einer früheren Schöpfungsperiode nennen kann und welche ihre Verwandten nur in heißeren Strichen Amerikas und anderer Länder besitzen. Sie können nur unter dem Einflusse des warmen Golfstroms erhalten oder entstanden sein. In beiden Fällen wird verlangt, daß keine atlantische Brücke ihn von den englischen Küsten abschloß.

Betreten wir endlich das afrikanische Festland, so bleiben die Verhältnisse im Ganzen dieselben, wenn auch die Arten der einheimischen Pflanzendecke wechseln. Auch hier Dattelpalmen, Bananen, Orangen, Citronen, Granaten, Mandeln, Oliven, Johannisbrodbaum und andere Culturgewächse. Man rühmt namentlich die Orangen, Granaten, Melonen und Trauben Algeriens als überaus herrlich. Neuerdings gewinnt auch die Cultur der Ricinusstaude, welche hier und im Fezzan besonders üppig und mit sehr ölreichen Samen gedeiht,

eine große Bedeutung behufs der Seifenfabrikation. Daneben wird das Land, besonders das hüglige, von den massigen Gestalten der Opuntienfeige, der Agave und Zwergpalme (Chamaerops humilis) seltsam charakterisirt. Letztere, welche aus ihren kriechenden Wurzeln überall nur Schößlinge treibt, breitet sich als lästiges Unkraut über die Fluren und hält den Ackerbau zurück. Aus diesem Grunde schwimmt man jetzt gleichsam mit dem Strome

Die Dattelpalme.

und sucht diesem Uebel das Beste abzugewinnen, dessen die Pflanze fähig ist. Und wie ist sie es, indem sie die Fasern ihres Laubes der Papierfabrikation zur Verfügung stellt! Das feingefiederte Laub der Tamarinden, das buchtig geschnittene der Feigen erhöhen den Reiz der nordafrikanischen Landschaft. Vollendet wird sie, wo der große und kleine Atlas ihre steilen Wände erheben, wo des Acanthus (Thl. 1, S. 225) Arabeskenlaub, mit zarten Farrenbüschen vereint, aus dem niederen saftigen Kräuterteppich emporsteigt, wo knorriges Oleandergebüsch aus

den Felsenritzen wie ein anmuthiger Gedanke aus eherner Brust hervorbricht
oder die Bachufer umsäumt, wo schönlaubige Schlinggewächse die Abhänge
bekleiden und endlich majestätische Cedern von 120 Fuß Höhe den Beginn der
Bergregion ankündigen, wo Eichen mit Obstbäumen wechseln, Fichten, Tannen
und Wachholder zu den Höhen emporsteigen, während die über 13,000 Fuß
hohen Gipfel des Atlas schneebedeckt und ernst über die wechselvolle Scenerie,
über die Bergterrassen und die fruchtbaren Ebenen herabschauen, welche sich
zur Küste hinziehen. Kein Wunder, daß ein solches Land, wie es vom Atlantischen Meere, von Marocco bis nach Algerien und Tunis gefunden wird,
neben dem König der Thiere, dem Löwen, noch Menschen erzeugte, die frei-
heitsliebend bis zum Verbrauche der letzten Kraft ihr Vaterland vertheidigten,
um es aufs Neue, wie ehemals an Rom und die Vandalen, an Europa zu
verlieren; kein Wunder, daß ihre maurischen Ahnen einst die Träger und
Pfleger von Kunst und Wissenschaft waren, daß sie dieselben, während Alles
um sie herum im Geistesschlummer lag, nach der Eroberung von Spanien auf
die Völker des Abendlandes übertrugen! Wie hätte das geschehen können, wenn
es nicht von der Natur begünstigt werden wäre! Von den griechischen Gestaden bis zum äußersten Saume des nordwestlichen Afrika bewahrt das Mittelmeergebiet einen ähnlichen Charakter in Klima und Pflanzenwelt, und überall
hat griechische Kunst und Wissenschaft daselbst im Alterthume Wurzel geschlagen.
Nirgends an diesen Gestaden war die Natur eine so völlig andere, daß die
griechischen Geistesblüthen erstickt oder zu phantastisch ausgebildet worden wären;
in sanften Uebergängen konnten sie Europa überbracht werden. Was die
Mauren überdies für Spanien waren, bezeugt uns die Gegenwart dieses Landes
mit seinen verwüsteten Fluren, seinem daniederliegenden Ackerbau, seinen ver-
kommenen Wasserleitungen. Nicht umsonst war das Mittelmeer im Alterthume
das Meer der Welt; nicht umsonst lagen hier phönizische, griechische und römische
Colonien, welche die Thätigkeit der damaligen bekannten Welt vermittelten.
Das Alles aber wäre nicht gewesen, wenn es nicht die Natur des ganzen
ungeheuren Gebiets so überaus kräftig begünstigt hätte. Fruchtbarkeit des
Bodens, vortreffliche Nahrungsmittel, Wälder, Quellenreichthum, mildes Klima
und das Meer sind die ersten Bedingungen, aus denen der Mensch überall
und zu jeder Zeit die ersten Keime seiner Entwickelung zog. Das Mittelmeergebiet war nie so reich, daß es dem Menschen Alles freiwillig gespendet und
ihn dadurch erschlafft hätte; es war aber auch nie so arm, daß der Mensch zum
Sklaven des Bodens hätte herabsinken müssen. Die schöne Vereinigung von
Küstenebenen und bewaldeten Gebirgen, wie wir es in Mauritanien finden,
die über alle Begriffe fruchtbaren Ebenen Aegyptens, welche aber dennoch die
aufmerksamste Thätigkeit erfodern, haben schon früh vor allen übrigen Völkern
der Erde einen reineren künstlerischen Sinn, einen strebsameren praktischen
Geist hervorgerufen und in der Gründung Karthages das Höchste geleistet.
Daß diese Völker ebenso wie die Inder ihre ersten Inspirationen nur von der
Natur empfingen, bezeugt uns schlagend die Geschichte der dorischen Säule.
Sie stammt aus Aegypten und fand ihr Vorbild in der herrlichen Lotus-

Die Tamarinde (Tamarindus indica).

blume (Thl. 1, S. 225) des Nils. Es sind, belehrt uns Julius Braun,
vier oder mehre Pflanzenschäfte, d. h. die langen Stiele der Blüthen, welche
ein- oder mehrmals gebunden sind, um zusammen den Säulenschaft zu geben.
„Sie bilden den Schaft mit ihren Stielen, welche unten nach Art der Wasserpflanzen sich zusammenziehen und abrunden, und bilden das Kapitäl mit ihren
Knospen oder Kelchen, die sich eng zusammenschließen zu einer einzigen Knospen-
oder Kelchform. Das Kapitäl ist eine reine äußere Zierde. Weil der Lotus-
stiel eine Knospe und einen Kelch hat, besitzt auch die ägyptische Säule ein Kapitäl,
welches eins ist mit dem dorischen Wulste." Der Lotus und die ehemals
am Nil sehr häufige Papyruspflanze (Thl. 1, S. 191), welche unserem Papiere
den Namen gab, sind die bedeutsamsten unter den ägyptischen Pflanzen geworden.
Bekanntlich gab die letztere das erste Papier in den präparirten und mit Nil-
wasser geleimten Häuten ihrer dicken, binsenartigen Stengel. Das ist die zweite
große Inspiration, welche die nordafrikanische Natur auf die nachgeborenen
Völker aus ihrer Pflanzenwelt vererbte. Uebrigens dürfen wir auch bei Aegypten nie vergessen, in welchem ununterbrochenen Zusammenhange das Deltaland
mit dem gebirgigen Oberägypten stand, mit andern Worten, wie drei wesent-
liche Elemente der Natur, eine reiche, vom Nil durchflossene Ebene, eine unendliche Wüste und ein pflanzenreiches Gebirge, auf den Menschen einwirkten,
um ihn so zu entwickeln, wie ihn noch heute seine colossalen Bauwerke darstellen.
Die fruchtbare Ebene lieferte den Wohlstand, das schöne Erbe reger Thätigkeit; der Reichthum strebte nach Behaglichkeit und Luxus; beide weckten den
künstlerischen Sinn; ein mächtiger Strom, ein wechselvolles Gebirge, eine eigenthümliche Pflanzenwelt des Nils, welcher die Augen der Bewohner, wie noch
heute, zu allen Zeiten am mächtigsten anzog und begeisterte, eine unendliche
Wüste thaten das Uebrige, um den Charakter der neuen Kunst zu bestimmen.
Das Gebirge führte sie zum Massigen, die Wüste zum Colossalen, Unendlichen, die Pflanzenwelt zum Innigen.

In solchen Gedanken versunken, betreten wir die Wüste, die der Nil auf
dem Wege nach Oberägypten als libysche begrenzt. Schon bei Kaire, wo
mit der Polargrenze der Dumpalme (Thl. 1, S. 275) auch die regenlose
Zone für Nordafrika beginnt, sinkt die Pflanzendecke der Wüste auf ein so
Geringes herab, daß man kaum ein halbes Dutzend Pflanzen auf einer mor-
gengroßen Fläche zählt. Wir fassen diese Wüstennatur in einem einzigen großen
Bilde zusammen, das uns die Sahara, das Urbild aller Wüsten, bietet. Da
liegt sie, 118,500 geogr. □M. umspannend, zwischen 52$\frac{1}{2}$ — 16$\frac{1}{2}$° n. Br.
zwischen Nord- und Mittelafrika ausgestreckt, eine vollkommene Ebene, nur
im Süden nach dem Tschad-See hin zu 1500 Fuß Höhe ansteigend, nur im
Osten und Norden, wo sie in den Gebirgen Nubiens und Nordafrikas
verschwindet, von niederen Felskämmen und Wadis (Schluchten) klippenartig
unterbrochen. Von der Sonnenglut verhärtet, ruht die weite Ebene, glatt
wie der Meeresspiegel, marmorartig unter unsern Füßen. Nicht einmal der
schwerste Tritt macht einen Eindruck auf diesen Boden. Vergebens sucht das
Auge nach einem Anhaltspunkte, um an ihm eine wohlthätige Ruhe zu finden.

Daher erscheint auch in der Wüste Alles größer, weil es keine Gegenstände gibt, welche einen Vergleich zulassen. Es ist ein trostloser Anblick. Weder Baum noch Strauch ringsum! Ueberall lautlose Stille, nur unterbrochen, wenn der Wind über die endlose Fläche braust! Nur hin und wieder zeigen sich kleine Schluchten, an deren trockenen Wänden verkümmertes, mit Holz durchdrungenes Gestrüpp erscheint. Sie dienen als natürliche Cisternen, wenn einmal ein günstiger Wind einen wohlthätigen Regen über die Wüste führt, der freilich oft Jahre lang ausbleiben kann. Die Sahara ist das Bild des Todes. Hier ist weder Bewegung, noch Leben. Kein Vogel kreist über der glühenden Sandfläche. Nur selten, daß eine Dattelpalme, dieser das Wasser verkündende Baum, verkrüppelt und wie klagend ihr Blätterhaupt zu dem erbarmungslosen Himmel emporhebt. Eine entsetzliche Stille quält das Gemüth des Wanderers und stellt für ihn die Einsamkeit unter die grauenhaftesten Schrecken des Lebens. Selbst die Abwechslung von oft malerischen und grotesken Sand- und Gesteinhügeln ist nur eine kümmerliche. Hier gewinnen Spuren des Lebens tausendfältig an Werth. Eine Ameise oder eine Eidechse, die, wie Richardson schreibt, von der Sonnenglut zu leben scheinen, ist ein Ereigniß, welches die Karavane Tage lang beschäftigt. Aber während so die Sonne des Tages den Wanderer entkräftet und das Athmen erschwert, sind die Nächte kühl und kalt, wie die Winter mitten in dieser heißen Zone. Welche furchtbaren Extreme! Am Tage eine Temperatur von wenigstens 50° R., die sich schon auf 40 – 45° im Schatten der Oase Murzuk steigerte; zu Nacht eine Kälte, welche die Nähe des Feuers verlangt! In solcher Umgebung verliert der Mensch das Gefühl der Sittlichkeit, nur der furchtbarste Egoismus erwacht in seiner Brust. Dennoch birgt die Sahara ein nicht unbedeutendes Leben in sich. Es wird durch die Oasen begünstigt, welche gleich grünen Inseln aus dem weiten Sandmeere hier und da emportauchen. Sie sind mit Allem reichlich versehen, was die Ansiedlung des Menschen verlangt, reichlich mit Dattelpalmen, Durrha, Weizen u. s. w. Man hat bis jetzt 52 solcher Oasen gezählt und 17 bewohnt gefunden. Sie sind häufiger in der östlichen Sahara; auch hat diese mehr lebendige Brunnen als die westliche. Ohne das Kameel, das Schiff der Wüste, würde sie das Innere Afrikas für immer vom Norden abgeschieden haben. An sein Leben knüpft sich das des Wüstenbewohners, in einer Weise, wie sie zum zweiten Male nicht wiederkehrt. In solcher Natur, welche nur die Familien fest verkettet, muß nothwendig ein patriarchalisches Leben ausschließlich entstehen. Es ist zugleich das unerschütterlichste Element des Conservativen. Auch dieses Bild würde ein trostloses sein, wenn wir nicht die Gewißheit hätten, daß selbst unter diesem glühenden Boden noch der Lebenssaft der Natur, das Wasser, pulsirt; wenn nicht die Erfahrung gelehrt hätte, daß sich seine Adern dem artesischen Bohrer erschließen lassen. So hat Mehemed Ali die libysche Wüste bereits durch fünf Brunnen zugänglicher gemacht, so haben die Eroberer Algeriens ihren Blick vom Degen auf den Bohrer gelenkt, überzeugt, daß sie hier mehr durch diesen als durch jenen für die Civilisation der Wüstenvölker zu thun vermögen.

Jagd auf das Nilpferd. Nach Cumming.

III. Capitel.

Mittelafrika.

Wir athmen, der Sonnenglut der Wüste glücklich entronnen, wieder auf. Waldesluft umweht uns, eine lachende Landschaft breitet sich vor uns aus, wenigstens, nachdem wir die Sand- und Felsenwüste Nubiens hinter uns, die Fluren des weißen und blauen Nils unter 15° n. Br. bei Chartum vor uns haben. Prachtvolle, dichte Urwälder umsäumen die Fluthen dieser Ströme, die sich hier vereinen. Je zahlreicher am Flusse die Wälder, um so lauter das Leben der Thierwelt. Feigenbäume mit kleinen grünen Früchten, Sycomoren, hochstämmige Mimosen, hohe, wilde, von Termiten bewohnte Orangen, riesige, einzeln und frei stehende, einladende Plätzchen beschattende Tamarindenbäume bilden die Wälder. Wo sich ein Sumpf befindet, pflegen prachtvoll blaue Wasserrosen seine Oberfläche zu bedecken, während Krokodile und Nilpferde heulend und brüllend mit ihren ungeschlachten Gestalten den Wanderer erschrecken. Am flachen Uferrande erscheinen, von Arabern gepflegt, blühende Tabaksfelder neben undurchdringlichem Rohre. Prachtvolle Schling-pflanzen ziehen sich, dichte buntfarbige Laubenketten bildend, von Baum zu Baum. Hier ein Urbaumwollendickicht, dort ein Dornenwald, von dem bös-artigsten aller Gräser, dem Eschek der Araber, durchrankt. Die Spitzen seiner Aehren hängen sich überall an, dringen durch jede Bekleidung, röthen

unter heftigen Schmerzen die Haut und verengen die weiten türkischen Bein-
kleider durch Zusammenziehen. Nur einzelne höchst unangenehme Irrwege, von
Hunderten von Elephanten gebahnt, führen zum Flusse, dem auch diese Riesen der
Thierwelt nur des Nachts zum Trinken nahen. Sie sind nicht die einzigen Bewohner der Wälder; denn hier auch jagen der Löwe, die Hyäne, hier auch
schweifen Heerden von Antilopen und Kafferochsen. Völlig undurchdringlich ist ein
Nabackgestrüpp. Der Strauch (Rhamnus spinae Christi) ist ein Kreuzdorn
mit furchtbaren, nach hinten gebogenen kurzen Dornen. Man hält ihn, da
er ebenfalls in Palästina auftritt, für den Strauch, aus dessen Zweigen die
Juden einst die Dornenkrone Christi flochten, wie schon der lateinische Name
verkünden soll. Ueber Alles aber erheben sich die edlen Formen der Dumpalme (Thl. 1, S. 275), der verwandten graziösen Delebpalme und des
Baobab oder Affenbrodbaums (Thl. 1, S. 258 und 242). Oft ist die majestätische Dumpalme von bezaubernd schönen Schlingpflanzenguirlanden geschmückt,
oft von andern Bäumen wie von einer grünen Mauer umgeben. Wenn sie
dann, gesellschaftlich zu 5—12 vereint, ihre Wipfel über die grüne Mauer
emporsendet, dann scheint sie, aus der Ferne gesehen, eine einzige hohe Kuppel
zu bilden, vor welcher der Wanderer bewundernd stillsteht. Zahllose Papa-
geien, prachtvoll glänzende kleine Honigsanger (Cynnips chalybaea und me-
tallica) wiegen sich auf den Schlingpflanzen. Tausende von Affen (Cer-
copithecus sabaea) üben sich mit rundlicher Gewandtheit im Springen.
Oft machen sie Sätze von 10—15 Fuß. Da aber diese Entfernung zu groß,
berühren sie im Sprunge einen strohhalmdicken Zweig, erhalten dadurch neue
Schwungkraft und gelangen nun erst zum Ziele. Aus wolkenlosen Höhen stürzen
Geier und Adler plötzlich herab, um das mit scharfem Gesicht und Geruch
erspähte Aas kämpfend an sich zu reißen. Wo ein Sumpf ist, trompetet wie
ein Postillon des Urwalds der Königskranich (Balearica pavonina) über unserem
Haupte, oder es stolzirt ein Pelikan an seinem Ufer. Große Ketten von Perl-
hühnern (Numida ptilorrhyncha) durchwandern die Baumwollenfelder. Myri-
aden von Wanderheuschrecken belagern an gewissen Stellen jeden Baum und
jeden Busch und erheben sich bei der leisesten Störung in dichten Wolken.
Darum hat sich der Röthelfalk in großen Heerden hierher begeben. Aus der
Ferne erblicken wir einen Wald. Er erscheint uns wie ein deutscher Obsthain,
mit dem prächtigen weißen Atlaskleide seiner Blüthen besäet. In der Nähe
ist es ein großer Mimosenwald, mit Unmassen von Silberreihern bedeckt. In
einer andern Gegend steht eine Prairie (Chala der Araber) im Brande.
Tausende von Insekten versuchen, sich fliegend zu retten; aber schon harren
ihrer über der brennenden Wiese Schaaren befiederter Räuber, Verwandte
des Kukuks, des Merops caeruleocephalus. Auf den schlanken Schaften
der Delebpalme wiegt sich der Chiquera (Falco Chiquera), ein reizender
Edelfalk, in Gesellschaft einer Taube (Columba guinea). Wo diese Palme,
da ist auch er, sonst nirgends. Blitzschnell von Baum zu Baum fliegend,
oder schäkernd und schreiend mit seinem Weibchen in der Luft spielend, ist ihm

schon eine einzige Palme als Wohnung genug. Auf der Spitze eines riesigen Baobab sitzt mit trotziger Ruhe der Seeadler (Haliaëtos vocifer), einsam mit seinem Weibe, während auf den Inseln der beiden Ströme Schaaren prachtvoller Königsreiher, glänzendweißer Silberreiher, gravitätischer Löffler (Ardea leucorodia), Ibisse und mitunter auch der seltsame Balaeniceps rex, ein gewaltiger Storch mit großem, breitem, sackartigem Schnabel, einherstolziren. Nicht ohne Absicht haben wir uns an der Hand eines Vierthaler so tief in dieses Landschaftsbild versenkt. Hier ist das Land, welches die meisten jener Zugvögel aufnimmt, welche unsern europäischen Fluren Leben und Bewegung geben. Hier, an den Fluthen des weißen und blauen Nil, treffen wir auch unsern Hausfreund, den Storch wieder an. In ungeheuren Heerden durchschwimmt er hier in mächtigen Kreisen die Luft. Er hätte sich keinen schöneren Wintersitz in nächster Nähe wählen können. Seine Ankunft hierselbst fällt mit der Regenzeit ziemlich zusammen; sie dauert von Ende November bis Anfang März und bietet reichliche Nahrung. Mit ihr erscheinen auch die Insekten, die Nahrung der Singvögel, und verschwinden ebenso größtentheils wieder mit dem letzten Regen. So reiche Nahrung macht gerade dieses Land zum Paradiese der Vögel; denn nach den Versicherungen des Baron J. W. v. Müller dürfte kaum ein anderer Erdtheil einen größeren Reichthum an Arten beherbergen. So hat uns Afrika nicht allein das Wissen und Können des Alterthums vermittelt, so erwärmt es nicht allein unsere nordischen Fluren durch seinen Wärmereichthum, so ernährt es auch einen großen Theil unserer liebsten Mitgeschöpfe, die ohne ein solches schönes Wechselverhältniß ein zweifelhaftes Dasein führen würden!

Aus den Urwäldern und wüstenumgürteten Savannen, welche zur Regenzeit einen dichten Grasteppich tragen, in der trocknen Jahreszeit hingegen einem dürren Stoppelfelde gleichen, aus diesen Fluren heraus lenken wir unsere Wanderung nach dem großartigen Alpenlande Aethiopiens, jetzt Habesch oder Abyssinien genannt. Zwar breiten sich am Fuße der Gebirge noch sandige Ebenen aus; allein terrassenförmig erhebt sich das Land, um in seinem Süden Berge von 13—14,000 Fuß Höhe zu bilden, aus deren Schneefeldern sich zahlreiche Lebensadern über das Land verbreiten und meist dem Nil zufließen. Wie im tropischen Amerika und Asien, unterscheiden wir auch hier nach v. Klöden drei große Regionen: die Kollas oder das Niederland, von 3000 bis 4800 par. Fuß über dem Meere, mit einer Temperatur von 25—36° C.; die Waïna-Degas, von 4800 bis 9000 Fuß, deren Klima an das südliche Italien und Spanien erinnert; endlich die Degas, von 9000 bis 13,800 Fuß, deren Temperatur selten 16—17° C. übersteigt und an ihrer obersten Grenze oft unter 0° fällt. — Auf den Kollas oder der heißen Region entfaltet sich die Pflanzendecke in tropischer Ueppigkeit. Hier finden wir: Baumwolle, wilden Indigo, Gummibäume, Ebenholzbaum, Baobab, Tamarinde, Ricinus, Mekkabalsambaum, Safran, Zuckerrohr, Kaffeebaum (s. Abbild. S. 145), Banane, Dattelpalme, Mimosen, eine

große Menge medicinischer Pflanzen, Bauholz, Durrha und das Toeuffo-
Gras (Eleusine Tocusso) oder die Dagussa. Diese, eine Abyssinien eigenthümliche Cerealie, soll das beste Bier liefern. Neben den vorhin genannten
Thieren erscheinen die Giraffe, der Panther, das Zebra, der Eber, der schon
in den mauritanischen Gebirgen häufig ist, Antilopen, Gazellen, Riesenschlangen,

giftige Skorpione und eine
Menge schädlicher Insekten.
Unter allen diesen Ge-
schöpfen hat keins einen so
großen Einfluß auf das
Leben der Völker geübt, als
der Kaffee. Es scheint nach
Karl Ritter's Unter-
suchungen festzustehen, daß
die beiden Gebirgsland-
schaften Enarea und Kaffa
in Abyssinien als die Ur-
heimat der Kaffeepflanze
angesehen werden müssen.
Es ist sogar nicht unwahr-
scheinlich, daß ihm die Landschaft Kaffa den Namen
gab. Wenigstens wird uns
versichert, daß ihre Wal-
dungen großentheils aus
Kaffeebäumen bestehen sollen. Von da ab, von 10°
n. Br., von den Quellen
des Hawesch, Goschop und
Bahr el Azrek oder des
östlichen (blauen) Nilarmes,
scheint der Kaffeebaum sich
quer durch Afrika bis nach
Timbuktu, bis zu den Quel-
lengebieten des Niger und
Senegal, von da westwärts
bis nach Sierra Leone und

Ein Zweig des Kaffeebaums.

südlich bis Angola, fast vom Indischen bis zum Atlantischen Oceane durch
das ganze Mittelafrika zu verbreiten, obschon er im eigentlichen Sudan das
Centrum seiner Heimat besitzt. Von da aus scheint er nach Jemen in Arabien
gelangt zu sein und dort die beste Heimat gefunden zu haben, von welcher
aus er seinen Weltruf erhielt, seine Weltlaufbahn begann. In Aethiopien
soll sein Gebrauch seit undenklicher Zeit herrschend gewesen sein. Man müßte

sich auch wundern, wenn dies nicht der Fall gewesen wäre. Ein Baum von der schönen Tracht des Kaffees konnte unmöglich lange unbemerkt bleiben. Der Mensch, der stets von dem Nützlichkeitsgedanken ausging, mußte sich natürlich bald fragen, wozu er tauglich sein könne; und daß er endlich die Nützlichkeit in der gebrannten Bohne fand, hatte vielleicht und sogar wahrscheinlich ein Zufall bewirkt. Ein Waldbrand konnte ihn auf das Aroma der Kaffeebohne und damit auf diese selbst geführt haben. Geruch, Geschmack und andere Außendinge haben ja von jeher die Menschen zu den Dingen geleitet. Nachdem der Kaffeebaum durch die Holländer im 17. Jahrhundert von Motka nach Java übergeführt worden, war das Signal zu seiner Weltherrschaft gegeben; denn von hier aus begann erst seine Verbreitung nach Westindien, Guiana, Venezuela, Brasilien u. s. w. Außer Abyssinien, Arabien und Amerika hat er sein Reich in Sierra Leone, Port Natal, Madagaskar, Bourbon und Mauritius, auf den Philippinen, den Sunda-Inseln Sumatra, Celebes, auf Malacca, Malabar und Ceylon aufgeschlagen. Ihn begleitet quer durch Mittelafrika von Ost nach West die Deleb-Palme. Nach Barth bildet sie an den Ufern stehender Gewässer ganze Waldungen, tritt aber sonst nur vereinzelt als charakteristischer Baum für viele binnenafrikanische Landschaften auf, um ganz die Dattelpalme zu vertreten, die hier zurücksteht. Gegen 60—80 Fuß hoch, strebt sie mit schnurgeradem, 2 Fuß dickem, in der Mitte geschwollenem Stamme ungetheilt empor und bedeckt ihr Haupt mit colossalen, fächerartig ausgebreiteten Blättern. Die Dumpalme reicht, obgleich nicht weniger bedeutungsvoll, kaum bis 12° n. Br., ist aber in einigen Gegenden Bornes der verherrschende Baum, dessen Stamm oft 40 Fuß hoch vor seiner Theilung wird. Er bildet einen wichtigen Artikel im Lebensunterhalt, besonders zur Versüßung einiger Speisen, namentlich während des Ramadans. Auch der Baobab hat eine ähnliche Verbreitung; er wird ebenso in den östlichen wie in den westlichen Ländern (in Senegambien) angetroffen. Wir können jedoch diese heiße Region nicht ohne einen Hinblick auf den Ursitz der äthiopischen Menschenrace verlassen. Müssen wir, da dies streng durch die erste Menschennahrung erfordert wird, den Ursitz der amerikanischen Race in dem palmenreichen heißen Erdgürtel Südamerikas, den Ursitz der kaukasischen in den Ländern zwischen Iran und Himalaya, der malaiischen im tropisch-indischen Inselmeer, der mongolischen im heißen Hinterindien finden, so dürfen wir den der äthiopischen in den heißen palmenreichen Gebirgsländern des östlichen tropischen Afrika suchen; um so mehr, als dieselben den höchsten Reichthum an Bodenbildung, Wasser und Pflanzenformen darbieten und darin alle übrigen bekannten Länder Afrikas übertreffen. Mit Recht bezeichnet man darum auch den schwarzen afrikanischen Menschen als einen Aethiopier. Seine allgemeine Verbreitung über den Continent entspricht genau dem ungeheuren Bezirke, welchen Löwe, Hyäne, Nilpferd, Elephant, Rhinoceros und viele andere Thiere mit vielen Pflanzen theilen. Er ist der vollendeste Tropenmensch, wie die ganze afrikanische Natur eine ge-

Die Lodoicea Sechellarum von den Sechellen.

steigerte oder einseitig tropische ist. — Aufwärts zu der gemäßigten Region der Waïna-Degas kehrt noch einmal eine Pflanzendecke wieder, welche mit der vorigen harmonirt und mit ihr sehr charakteristisch an Südasien erinnert. Die Getreidearten Europas, Hülsenfrüchte, der Catstrauch, der Weinstock, Orangen, Citronen, Pfirsiche, Aprikosen, Datteln, Feigenbäume, Bambugebüsche, riesige Podocarpus-Nadelhölzer (Thl. 1, S. 21 fg.), Wälder des wilden Oelbaums u. v. a. vertreten hier eine Region, welche die gesegnetste, mildeste und darum menschenreichste ist. — Ueber ihr kleidet sich der Mensch in Felle; ungeheure Heerden von Ochsen, Ziegen und langwollige Schafe schweifen über die wiesenreichen, aber holzarmen Degas. Der Wald scheint nur von strauchartigen Haiden (Erica acrophya), dem mimosenähnlichen, aber zu den Rosenblüthlern gehörenden Kousso-Baume (Brayera anthelminthica), dessen Blumen das bewährteste Mittel gegen den Bandwurm liefern, und der Gibara (Rhynchopetalum montanum), einer palmenähnlichen, 15 Fuß hohen Krautpflanze mit hellgrünen, rothgerippten Blättern, vertreten zu sein. Diese geht bis 15,280 Fuß; der Kousso bleibt schon bei 10,780 Fuß zurück. Roggen und Gerste gedeihen auch hier noch, letztere sogar bis über 12,000 Fuß hinauf. Darüber hinaus liegt das Reich der Moose und Flechten, welche nach unserer Einsicht ebenso an die kalte Region Südasiens, namentlich Dekans, wie Mejikos erinnern.

Im Ganzen und Allgemeinen betrachtet, kehren im tropischen Afrika völlig dieselben oder ähnliche Pflanzentypen wieder, welche wir bisher noch überall innerhalb der Wendekreise antrafen. An den seichten Küsten versperren undurchdringliche Mangrovewaldungen (Thl. 1, S. 46), welche an dem afrikanischen Litorale gewöhnlich aus dem Salzbaume (Avicennia tomentosa), seltener aus dem Manglebaume (Rhizophora Mangle) gebildet werden, die Ufer. Pisangarten, von denen Afrika auch seine eigenthümlichen besitzt, mit den typenähnlichen Gewürzlilien, d. h. mit Canna- und Amomum-Formen verbunden; seltsame Pandangs (Thl. 1, S. 171), diese Rhizophoren der Palmenform; colossale Malvengewächse, deren Blätter die der Aequatorialzone so eigenthümliche gelappte Form der Laubbäume vertreten und von denen der hier weit verbreitete Baobab das großartigste Denkmal organischer Zeugungskraft ist; verwandte Sterculiaceen und Büttneriaceen; Acacien oder Mimosen; Feigen- oder Lorbeerbäume; Mangepflaumen und Ebenbäume (Diospyros Ebenum), denen wir schon in Indien begegneten; seltsame Schlinggewächse; Ananaspflanzen (Bromeliaceen), bald parasitisch die Bäume, bald den Boden bewohnend; ebensolche Aroideen, unter denen die Calla aethiopica sich als Zierpflanze selbst bis zu uns verlor; eigenthümliche Balanophoren (Thl. 1, S. 210 fg.), welche die Zone besonders mit dem ostindischen Inselmeere theilt; mächtige Aloë-Bäume, von denen die Aloë soccotrina (Thl. 1, S. 181) von der Insel Soccotora an bis in das Innere der Ostküste Afrikas als die bittere Aloë liefernde Mutterpflanze eine Rolle spielt; statt der Cacteen des heißen Amerika fleischige Wolfsmilchgewächse, welche von der medicinischen

Wolfsmilch (Euphorbia officinarum: Thl. 1, S. 252) in Centralafrika besonders seltsam vertreten werden; tropische Culturpflanzen, Yamswurzeln, Maniec, Durrha und viele andere Typen sind das charakteristische Gepräge der Aequatorialzone. Mit Absicht haben wir die Palmen noch nicht genannt. Auch das heiße Afrika hat seine eigenthümlichen, bedeutungsvollen Formen hervorgebracht.

Obenan steht die Oelpalme Guineas (Elais guineensis). Sie hat sich von da besonders über das heiße Amerika verbreitet und ist einer der wenigen Bäume, welche von Afrika civilisirend ausgingen. Sie gibt dem Neger der Goldküste fast Alles, was er braucht. Die Blattstiele benutzt er zum Bauen der Häuser. Aus einem netzartigen Gewebe unter den Blattstielen verfertigt er Bürsten. Die Blätter liefern Futter für Schafe und Ziegen. Der Saft gibt Wein. Ein 6—8 Jahre alter Baum liefert

Die Wein-Sagopalme (Sagus vinifera).

fünf Wochen hindurch täglich gegen 1½ Quart. Den größten Nutzen aber gewährt das Oel. Die Neger essen fast nichts ohne dasselbe und den Pfeffer, der ihrem Lande eigenthümlich. Wenn die Palmennüsse reif sind, werden sie abgenommen und einzeln vom Stiele gebrochen, in ein in die Erde gegrabenes, mit glatten Steinen ausgesetztes Loch geschüttet und mit Stöcken gestampft, bis sich alles Oel abgesondert hat. Dann wird Wasser aufgegossen und das oben schwimmende Oel abgeschöpft. Die Kerne werden weggeworfen; sie keimen aber noch und geben wiederum neue Bäume. Auf der Ostküste spielt die struppige, 50—60 Fuß hohe Zuckerpalme (Gomutus vulgaris) eine ähnliche Rolle, die sie auch in Indien so wichtig macht. Hier liefert sie besonders den Saguer, einen dunkeln Zucker, und Wein. Die ächte Weinpalme Afrikas ist jedoch die Wein-Sagopalme (Sagus vinifera: s. Abbild. S. 149) an der Westküste. Selbst edle Formen hat die Ostküste aufzuweisen. So z. B. die Lodoicea Sechellarum auf den Sechellen, von welcher wir schon (Thl. 1, S. 79) gesprochen haben. (S. Abbild. S. 147.) — Man erstaunt bei solcher Mannigfaltigkeit nützlicher Gewächse über die Furchtbarkeit menschlicher Leidenschaften, welche diesen Theil der Erde, wie es scheint, aller Menschenliebe entkleideten. Feurige Sitten finden sich, wie ein neuerer Reisender treffend sagt, zwar überall, wo der Pfeffer wächst; allein hier scheint das ausschließliche Tropenleben des schwarzen Menschen doch die größte Despotie erzeugt zu haben. Menschenraub wird zum furchtbaren Gewerbe von Fürsten, Völkern und Sklavenhändlern. Hat denn, muß man sich fragen, die reiche Pflanzenwelt so wenig veredelnd einwirken können? Die Antwort lassen wir uns durch einen englischen Mund geben. „Man hat bisher Millionen vergendet, die Sklaverei der Neger zu unterdrücken. Es ist nicht gelungen und wird nie gelingen. Viel gefährlicher erscheint dem afrikanischen Sklavenhändler der Shea-Butterbaum (Pentadesma butyracea) in den Ländern des Niger, als Englands Blokaden. Jener Baum, welcher im Inneren des Landes zahlreich und üppig wächst, liefert die sogenannte Shea-Butter. Sie wurde in großem Ueberflusse von den Eingebornen gewonnen, als die Sklavenhändler an der Küste zu besorgen anfingen, sie möchten dahinter kommen, daß diese Butter sich zu einem Handelsgegenstande eigne. Damit aber nichts die Landesbewohner von der Sklavenjagd abziehe, wußten sie den König von Dahomeh zu dem Befehle zu veranlassen, daß der Butterbaum in seinem ganzen Gebiete ausgerottet werden sollte. Nun ist der Krieg gegen ihn erklärt, er wird niedergebrannt, so oft er aufschießt; und dennoch schießt er alle Jahre neu auf, ein fortwährender, thatsächlicher Einspruch gegen den Menschen, welcher absichtlich ein Geschenk der Natur vernichtet, damit es nicht sein segenbringendes Licht auf die dunkeln Pfade werfe, welche zu wandeln er nun einmal entschlossen ist." Wo so der Mensch mit frevelnder Hand die Gesetze der Natur umkehrt, da ist es kein Wunder, wenn wir hier eine Despotie walten sehen, welche selbst die natürliche Bestimmung des Geschlechts aufhebt. Bekanntlich ist es gerade Dahomeh, wo sich der schwarze Alleinherrscher mit Armeen von weiblichen Soldaten umgibt, deren Unnatur um so größer, je mehr Muth und Fähigkeit man diesen grauenvollen Amazonen nachrühmt. Es ist jedenfalls das Bizarrste, was wir bisher in dem bizarren Afrika kennen lernten.

Ebene von Moiega, mit Mimosen, überdacht von Neste der Webervögel.

IV. Capitel.

Südafrika.

Seltsam, wie noch jeder andere Theil des großen Continentes, breitet sich das Südende Afrikas von 15° s. Br. bis 34° und darüber hinaus. Drei Zonen bestimmen sein Klima: die tropische, von 15—25½°, die subtropische bis 34°, die wärmere gemäßigte an der äußersten Südspitze des Kaplandes. Letztere ist zugleich die Aequatergrenze des Schneefalles in der südlichen Erdhälfte; die subtropische Zone wird durch Herbst- und Winterregen charakterisirt. Natürlich sind hier die Jahreszeiten — und wir dürfen wenigstens im Kaplande von vieren sprechen — unsere umgekehrten. Der Frühling währt vom September bis Dezember, der Sommer bis zum März, der Herbst bis zum Juni und der Winter bis zum September. Während bei uns im October der Wein reift, beginnt er im Kaplande erst zu blühen. Auch ist es eigentlich nur das Kapland, von welchem wir eine genauere geographische und botanische Kenntniß besitzen. Waldarme Gebirgsketten, die sich in den „schwarzen Bergen" bis zu 5000 Fuß, in den Schneebergen bis zu 10,000 Fuß erheben, wechseln mit ebenso waldlosen Hochebenen, unter denen die große Karroo, 3000 Fuß hoch gelegen, die charakteristischeste ist. Flüsse, die häufiger im Sande verrinnen, seltener ins Meer sich stürzen, oft im Sommer vertrocknen, heben den wilden, einsamen Charakter Südafrikas nicht besonders. Nur an einigen Stellen bieten sich fruchtbare Ländereien der Cultur dar. Dahingegen spottet die Karroo, wörtlich die Hochebene, aller Cultur. Mit Thonschiefer-bergen wechselnd, besteht ihr Boden aus Thon und Sand, von rothen Eisen-theilen in ockerfarbige Tinten getaucht. Im Sommer wird er fast so hart wie gebrannter Ziegelstein; alle Vegetation stirbt; nur zähe Saftgewächse, Eis-kräuter (Mesembryanthema; s. Abbild. Thl. 1, S. 274), Aasblumen (Sta-pelien; ebendaselbst S. 255), Aloë-Arten und Zwiebelgewächse dauern darin aus. Letztere sind mit einem vielfachen elastischen Netzwerk von holzigen Fasern an ihren Zwiebeln überzogen und so vor dem Erdrücken des erhärteten Lehms geschützt. Sobald jedoch in der kühleren Jahreszeit der Regen bis zu ihrem Lager dringt, saugen diese Fasern die Feuchtigkeit begierig ein und dehnen quellend den zähen Thon aufwärts, indeß unter ihrem Schutze die junge Zwiebel sich entwickelt und bald ihren Keim entfaltet. Der nächste Regen findet das Erdreich schon aufgelockert und die Schafte zum Durchbruch bereit. In wenigen Tagen bedeckt sich die ganze unübersehbare Ebene mit einem Teppich des üppigsten Grüns. Noch einige Tage, und man sieht tausend und aber tausend Blüthentrauben und Büschel und Köpfchen und Glöckchen sich entfalten. Von den Höhen herab kommen jetzt die Heerden langbeiniger Strauße, Züge wandernder Antilopen; der Colonist verläßt die beschneiten Gebirge, welche die Karroo begrenzen, um seine Rinder und Schafe in die gesunde und nahrhafte Frühlingsweide zu führen. So nach Lichtenstein. Das sind die Ebenen, wo noch zahlreiche Heerden wilder Geschöpfe in buntestem Wechsel, von blutdürstigen Löwen, Leoparden, Panthern, Hyänen und Schakals verfolgt, dahinbrausen. Bis hierher geht der afrikanische Elephant, das afrikanische Nashorn und das plumpe Nilpferd, um somit die Dreizahl der ungeschlachten Vielhufer zu vollenden. Auf den Ebenen des Orangeflusses oder dem Nu-Gariep oder Gradat würden wir Gelegenheit haben, Haufen galoppirender Gnus, stattlicher Strauße, hüpfender Steinböcke, stolzirender Quaggas, schöner Zebras und herrlicher Büffel zu sehen. Nicht selten, daß sich die verschiedensten Geschlechter traulich vermischen, das Quagga-pferd sein bellendes „Quagga!" mitten unter den Heerden von Straußen ertönen läßt. Wo wilde Aprikosen und hochwipflige Acacien erscheinen, findet sich auch die Giraffe in Heerden von 4—10 Stück ein. Eine derselben (Acacia Giraffae) trägt von ihr darum den Namen des Giraffenbaums, der nur für sie geschaffen zu sein scheint und auch nur von ihr, der langhalsigen Riesengestalt, seines Laubes beraubt werden kann. Heerden von Affen durch-springen die wenigen Urwälder, während die furchtbare Wanderheuschrecke in noch größeren Zügen in wenigen Stunden ganze Gebiete verheert.

Ein solches reiches Thierleben scheint auch eine überaus üppige Vegetation anzukündigen. Keineswegs. Schon Karl Darwin macht auf diesen sonder-baren Umstand in der Naturgeschichte Südafrikas aufmerksam. „Ich gestehe", sagt er, „daß es wirklich erstaunlich ist, wie eine solche Anzahl von Thieren in einem Lande leben kann, das so wenig Nahrung hervorbringt. Die größeren

Säugethiere durchziehen ohne Zweifel große Districte ihrer Nahrung halber; und die letztere besteht hauptsächlich aus Gesträuch, das wahrscheinlich viel Nahrung in kleinem Raume enthält", abgesehen davon, daß die Vegetation rasch wieder ersetzt wird, um aufs Neue Nahrung zu bieten. Dennoch würde das nicht ausreichen, den Reichthum an Thieren zu erklären, wenn dieselben nicht auch Schutz in Wäldern zu finden vermöchten. Es gibt in der That selbst auf dem Kaplande einige Urwaldungen von großer Ausdehnung. Sie sind so dicht mit Schlinggewächsen verwebt, daß es nur dem Kaffer allein möglich wird, sich schlangenartig kriechend mit erstaunlicher Gewandtheit durch dieselben hindurchzuwinden. Wo die Wälder fehlen, ersetzen nicht selten ausgebreitete Gesträüppe von strauchartig wachsenden Haidekräutern und den verwandten Diosmeen ihre Stelle. Diese bestimmen vorzugsweise den Charakter des Kaplandes. Keine Gegend der Erde, welche Haiden hervorbrachte, kann sich mit denen des Kaplandes messen. Hier ist ihre eigentliche Heimat. Während Europas Ebenen und Alpen kaum ein halbes Dutzend Arten besitzen, erscheinen am Kap mehre hundert Arten des Haidekrautes. Sie gehören zugleich zu den wenigen Gewächsen dieses Erdstrichs, welche gesellig wachsen, und werden uns noch wunderbarer, wenn wir bemerken, daß sich so zahllose Formen eines und desselben Geschlechts auf einem so engen Raume, der südwestlichen Spitze Südafrikas, zusammendrängen und selbst über diesen nicht hinausgehen. So besitzt z. B. das Natal-Land nur sehr wenige Haidekräuter, obschon seine Pflanzendecke der des Kaplandes im Allgemeinen gleicht. Was die Tamarisken auf der Sinaï-Halbinsel und in andern trockenen, wüstenartigen, wärmeren Ländern, das sind hier die Haidekräuter: Gewächse, welche durch ihre Blätter an die Nadelhölzer erinnern. Ein solcher Anblick würde nicht geeignet sein, die Landschaft zu heben, wenn nicht zwischen diesen unscheinbaren, wachholderartigen Blättern sich Blumen von unvergleichlicher Schönheit hindurchdrängten. Glocken- oder cylinderförmig ist ihre Form, während sie vorherrschend von den sanftesten bis zu den brennendsten Tinten in Roth getaucht sind. So bedecken sie nicht selten in erstaunlicher Fülle das unscheinbare, düstergrüne Gesträüpp einen großen Theil des Jahres hindurch. Hier wird das Haidekraut zum Busch, und in der That heißt es nicht anders in der Sprache des Colonisten. Es gibt Arten, welche gegen 15 Fuß Höhe erreichen. So groß ist ihre Pracht, daß das Auge vergebens nach der schönsten sucht. Alle werden ihm bei näherer Betrachtung gleich reizend; wie in einem Kaleidoskop ist jede neue Form gleich merkwürdig und interessant. Um das Malerische dieser Haidenwälder noch zu erhöhen, beschränken sie sich nicht auf moorige und sandige Stellen, wie die europäische Schwesterform thut, sondern bekleiden ebenso das fetteste Erdreich, wie sie die Flußufer und Berggipfel umsäumen. An Artenreichthum sind ihnen nur die Geranien oder Pelargonien zu vergleichen. Seltsam genug, werden auch sie im Kaplande von einigen hundert Arten vertreten, während das Natal-Land kaum ein Dutzend aufzuweisen hat. Noch eigenthümlicher sind, obschon sie der Südspitze Afrikas nicht ausschließlich angehören, die Proteaceen. (S. Abbild. Thl. 1, S. 276 u. 277.) Sie tragen ihren Charakter schon in ihrem Namen, welcher ihre proteusartige Formenwelt versinnlichen will. Man kann auch sie gewissermaßen eine Coniferen- (Nadelholz-) Form nennen. Wenigstens durchlaufen ihre Blätter einen ähnlichen Formenkreis wie diese: auch sie gehen von der starren, feinen, oft walzenförmigen und zugespitzten Gestalt zu einer laubartigen über. Selbst die Zweigstellung ist nicht selten eine quirlförmige, und die Form des Blüthenstandes erinnert oft an den Zapfen der Nadelhölzer. Die merkwürdigste Protee dürfte der sogenannte Silberbaum (Leucodendron argenteum) sein. Der weichholzige und brüchige, von einer gerbstoffreichen Rinde bedeckte Baum, welcher gegen 30—40 Fuß hoch wird, stellt seine Aeste um den Stamm herum und bekleidet sie und seine Zweige mit anliegenden, lanzettförmigen Blättern. Da dieselben jedoch mit einem weichen, seidenartigen Flaum überzogen sind, so verleihen sie dem Baume ein überaus wunderbares Ansehen; denn der Contrast zwischen der Silberfarbe und dem grünen Untergrunde des Laubes ist gewaltig. Der Baum scheint in himmelblauem Atlas zu glänzen. Wenn dann, wie es geschah, die europäische Tanne in ihrem Dunkelgrün neben ihn gepflanzt steht, so erscheinen gleichsam die Symbole zweier Menschenracen, der schwarzen und der weißen, aus der Landschaft aufzutauchen. Zwischen dem Teufels- und Tafelberge soll sich ein ganzer Wald dieses zauberischen Baums befinden. Sonst verbinden sich die Proteaceen mit dem Haidegebüsch, dem sie in manchen Stücken, selbst darin verwandt sind, daß einige Honig in ihren Blumen absondern. Sofort wird das der Schauplatz eines neuen Lebens; denn hier ist es, wo sich zahllose Insekten, Bienen und Käfer, einstellen, während wie ein Elfenkönig der Kolibri des Kaplandes in stahlfunkelndem Gewande über ihnen schwebt, um auch seinerseits an der süßen Mahlzeit Theil zu nehmen. Wir werden die Proteaceenform in Neuholland wiederfinden. Da sie uns jedoch einmal an die australische Flor erinnert, so bemerken wir sogleich, daß auch noch eine krautartige Pflanzenform des Kaplandes dorthin weist. Es ist die Familie der korbblumigen Vereinsblüthler, unter ihnen besonders jene Gestalt, die wir in den Immortellen oder Strohblumen (Helichrysum) lieben. Das Kapland ist reich an ihnen, weil es reich an sandigen Steppen ist. Auch sie erringen große Schönheit, wenn wie goldene oder carminfarbige Blumenteller eine Fülle von Blüthen doldenartig den Gipfel des krautartigen Stengels krönt. Diese große Hinneigung zur neuholländischen Flor würde es rechtfertigen, wenn wir die Vermuthung in uns aufsteigen lassen, daß die Südspitze von Afrika, wie wir das schon von der australischen Flor vermutheten, zu den ältesten Theilen der Erde gehören und noch manche Typen aus früheren Schöpfungszeiten in sich bergen möchte. Wir würden hierin noch von manchem Pflanzentypus, namentlich von den Zapfenpalmen (s. Abbild. Thl. 1, S. 126) des Kaplandes bestärkt werden. Sie, welche ohne Zweifel die Ueberreste einer früheren Schöpfungszeit, vielleicht der Juraperiode sind (Thl. 1, S. 154), treten nördlicher, innerhalb der subtropischen Zone der afrikanischen Südspitze, noch häufiger auf. Namentlich verleiht die mit dickem, kurzem Stamm versehene, wegen ihrer fiederig gestellten, welligen, lederartigen und stachlig gezackten Blätter die struppige genannte Zamie (Zamia horrida) der Landschaft ein höchst fremdartiges Ansehen. Es wird durch baumartige Wolfsmilchgewächse, hohe Strelitzien (s. Abbild. Thl. 1, S. 172), Baumfarren u. s. w. nur erhöht. Um das Seltsame der Pflanzendecke zu vollenden, überziehen eine Menge von Saftgewächsen, die schon oben genannten Eiskräuter und Aasblumen, die Vertreter der Cacteen in Südafrika, den Boden. Selbst die Waldungen erinnern an Neuholland, insofern sie wenigstens aus zahlreichen Mimosen zusammengesetzt werden. Sonst bilden Lorbeergewächse, Celastergewächse oder Kreuzdorne, Coniferen, sogar eine Feigenart, Oelbäume u. a. den Hauptbestandtheil. Trotz der vielfachen Schlinggewächse aber, welche diese Urwälder undurchdringlich machen, fehlen doch die baumbewohnenden Orchideen. Dieselben haben sich um so zahlreicher auf die Bergwiesen geflüchtet, wo sie mit zahlreichen Farrenkräutern, Gräsern, Halbgräsern und prachtvollen Liliengewächsen die Zierde der Landschaft sind. Großartig ist überhaupt der Reichthum Südafrikas an Pflanzenarten. Wenn man den im Allgemeinen durchaus wüsten Charakter dieses Erdstrichs bedenkt, so erstaunt man, zu erfahren, daß hier bereits über 9000 Arten gesammelt sein sollen. Das Verzeichniß der allein von Drège von dort gebrachten Pflanzen füllt 70 enggedruckte Octavseiten an. Diese Thatsache erklärt sich nur durch den großen Mangel an gesellig lebenden Formen. Sie erklärt aber auch zugleich den großen Reichthum der Thierwelt, deren Leben ja eng auf die Pflanzendecke angewiesen und nicht selten auf eine einzige oder nur wenige Arten beschränkt ist.

Bei solcher Mannigfaltigkeit, sollten wir nun sagen, muß ja der südafrikanische Mensch wohlthätig von der Natur bedacht sein. Nichts weniger als dieses. Gerade diese außerordentliche Zersplitterung der Pflanzentypen hat, so scheint es, nachtheilig auf ihn gewirkt. Er hat nie jene harmonische Stimmung erhalten, welche eine größere Einheit der Pflanzendecke überall verleiht. Sein Blick ist nie von einer kleinen Anzahl von Pflanzen gefesselt worden, weil alle wie in einem Kaleidoskop gleich originell und seltsam erscheinen, soweit wenigstens von den am meisten in die Augen fallenden Typen gesprochen werden kann. Wenn uns dieselben vorhin auch überaus reizend erschienen sein sollten, sie bleiben doch nichtsdestoweniger starr, unfähig, die Gefühle des Sanften und Weichen neben dem Kräftigen im Menschen zu wecken. Eine gewisse rohe Naturwüchsigkeit, eine wilde Oede bezeichnet den Charakter Südafrikas, und er findet sich in seinen menschlichen Ureinwohnern, den Kaffern, Hottentotten und Buschmännern, wieder. Von ihnen sind die ersteren gleichsam die Waldmenschen und darum immer noch die edelsten. Die übelriechenden Hottentotten scheinen das Abbild jener Gegenden zu sein, welche sich mit Aasblumen (Stapelien) zu bekleiden pflegen. Die Buschmänner dagegen haben größtentheils keinen Baum gesehen. Dafür gehören sie aber auch nach Alfred Cole zu der ungeartetsten Race des Menschengeschlechts. In ihrem eigenen Lande in einem Zustande vollständigster Barbarei lebend, ohne Kleider, Hütten oder die Lebensmittel anderer Menschen, sind fast nur Heuschrecken ihre Nahrung, ja ihre Leckerbissen. Kein Wald hat ihnen eine edlere Speise verliehen. Kein Wald mit seinen grünen Matten hat ihre Thätigkeit für Viehzucht geweckt. Kein Wunder, wenn ihnen darum auch noch nicht einmal die Ahnung von Ackerbau aufging, obwohl sie doch Eisen zu schmelzen und aneinander zu schweißen, Spitzen für ihre Pfeile zu machen, Gifte für diese zu bereiten verstehen. Sie sind der Civilisation fast unzugänglich. Ihre Sprache ist ebenso erschrecklich, nach Cole noch häßlicher und rauher, als die ähnliche der Hottentotten, ihrer stammverwandten Nachbarn. Wir haben in diesen drei Menschenstämmen gewissermaßen das Spiegelbild aller drei Formationen der kapischen Physiognomie: Wald- und Haidemenschen, Menschen der blumenbesäeten Karroo und Weidegegenden, Menschen der ödesten, wasserärmsten Wohnsitze. Häufig ist die ekelhafteste Speise die Nahrung auch der Hottentotten. Das deutet auf einen großen Mangel einheimischer Nährpflanzen hin. In der That gibt es nur sehr wenige derselben. Man nennt z. B. die Hottentottenfeige (Mesembryanthemum edule), eines jener Eiskräuter, welche als fettblätterige Unkräuter die Karroo in 2—300 Arten bedecken. Die kapische Stachelbeere (Physalis pubescens) gehört sogar zu dem giftigen Geschlecht der Judenkirsche aus der Kartoffelfamilie. Wilder Spargel und Spinat, Kaffergerste, wilde Feigen und Mispeln, Zwiebeln von Irien u. a. liefern Brod und Gemüse. An der Westküste spielt die hier einheimische Erdnuß (Arachis hypogaea) die Mittlerin eines großen Verkehrs. Höchst eigenthümlich ist die Hottentottenrübe (Testudinaria Elephantopus). Sie gehört zu der windenartigen Verwandtschaft der Dioscoreen. Man kann sie, wie ihr lateinischer Name thut, den Elephantenfuß der Gewächse nennen; ihr plumper, rundlicher Stamm, welcher einer Kanonenkugel gleicht, die mit korkartigen quadratischen Schildern felderartig belegt ist, erscheint eher wie ein gewaltiger Kloz, als eine Pflanze. Unbekannt mit ihr, ahnt man kaum, daß dieser Kloz ein reiches Leben in sich birgt; und doch ist es so, doch drängt sich aus der Spize zwischen den Schildern hindurch ein windenartiger, mit herzförmigen, saftigen Blättern sich bedeckender, später absterbender Trieb. Das ist die merkwürdige Rübe, welche nicht das Geringste mit einer solchen gemein hat, wenn es nicht der plumpe Unterstengel ist. Ihr markiges Innere erinnert an das der sagoreichen Zapfenpalmen und wird wie dieses genossen. Auch das Kapland besitzt eine der letzteren, eine Zamie, deren Mark von den Hottentotten verspeist wird. Sogar eine Palme kennt dieser Erdstrich, eine Art Dattel, die Phoenix reclinata. Doch ist sie nur das lezte Wahrzeichen der tropischen Natur Afrikas, nicht mehr das Symbol der nahrungsreichen Palmenwelt. So ist wohl das Kapland das Land der Blumen, aber nicht der Früchte: und auch das ist noch ein zweifelhafter Ruf, wenn wir uns des kapischen Sprüchworts erinnern, daß es ein

Land mit Blumen ohne Geruch, mit Flüssen ohne Wasser, mit Vögeln ohne Gesang sei.

Ein höchst seltsamer Umstand nöthigt uns nochmals, daran zu denken,

Landschaft aus dem Hottentottenlande.

daß das Kapland vielleicht sich noch in dem Urzustande einer fernen Schöpfungs-periode befinde. Nicht allein, daß es so viele Typen besitzt, welche wie Zapfen-palmen, Elephantenfuß u. a. aus der Vorzeit stammen möchten; nicht allein, daß es so wenig eßbare Pflanzen hervorbrachte: scheint auch die Thatsache dafür zu sprechen, daß Boden und Klima doch fremden Nutzgewächsen außerordentlich günstig sind. In der That ist das Kap nur durch Einführung fremder Gewächse colonisirt worden. Herrlich gedeihen Wein und fast alle europäischen Obst- und Gemüsearten im seltsamen Vereine mit Kaffee, Thee, Zuckerrohr, Banane, Ananas, Orangen, Citronen, Mandeln, Feigen u. s. w. Das läßt uns fast schließen, daß das Kapland von den Veränderungen einer späteren Schöpfungszeit weniger berührt worden sei, womit auch der auffallende Mangel an Kohlenlagern übereinstimmen dürfte. Ueberhaupt kann ich nicht genug betonen, die Pflanzendecke der Gegenwart das Product aller Schöpfungsperioden zusammen zu nennen, um den bisher üblichen Anschauungen entgegenzutreten, welche nach selbstgemachten starren Systemen in jeder Periode die Schöpfung mit Mann und Maus zu Grunde gehen lassen. Auch das ist eine der seltsamsten Bizarrerien des afrikanischen Continentes.

Sie wird noch gehoben, wenn wir einen letzten Blick auf die westafrikanische Inselwelt, besonders Madagaskar, nach Borneo und Neu-Guinea die größte Insel der Welt, werfen. Sie gehört zum größten Theile zur tropischen Zone Südafrikas und nimmt fast einen indischen Charakter an. Wenigstens erinnern die vielen Gewürzlilien (Scitamineen), Pandangs und die Destillirpflanzen (Nepenthes) ganz an die Sundawelt. Der Muscatnußbaum und der Zimmt haben auf den Mascarenen eine zweite Heimat gefunden, und selbst unter den einfacher gebildeten Gewächsen, den Moosen, erinnert Vieles an die indische Welt, als ob, soweit das Gebiet der indischen Monsune reicht, auch ähnliche Pflanzentypen in demselben auftreten müßten. Ueberhaupt scheint zwischen beiden ein größerer Austausch ihrer Gewächse wahrscheinlich zu sein. So hat sich z. B. der Lebensbaum Madagaskars (Thl. 1, S. 172), die bananenartige Uranie, völlig auf Java eingebürgert. Sie hat ihren Namen daher, daß sie eine vegetabilische Quelle in sich birgt, indem die den Stengel umfassenden Blattscheiden einen natürlichen Behälter für Wasser, gleichsam eine vegetabilische Cisterne bilden, die den dürstenden Wanderer anmuthig labt. In der That ist Madagaskar für Afrika, was Java für Indien: das tropische Inselland mit einer Fülle der Erzeugnisse und einer Mannigfaltigkeit der Bodengestaltung, welche die 200 Meilen lange Insel zu einer paradiesischen machen. Zwar ist sie uns noch ziemlich unbekannt; dennoch wissen wir, daß sich auf ihr mächtige Hochebenen von 4000 Fuß Erhebung finden und prächtige, oft von vulkanischem Feuer belebte Berggipfel gegen 10,000 Fuß hoch über sie hinausragen. Bei solchen Verhältnissen können wir zugleich ein reiches Flußnetz erwarten, dessen Quellen von den schluchtenreichen Hochgebirgen bedingt sein müssen; und so ist es auch. Die feuchten Niederschläge des Luftmeeres bedingen wiederum eine reiche Vegetation, und sofort bietet uns Madagaskar den wohlthuenden, in Afrika so wenig gesehenen Anblick reichster Urwaldungen. In dieser Beziehung verhält sich die Insel zu dem wüstenreichen Afrika, wie Neu-Guinea zu dem verwandten Neuholland. Drei Charaktere blicken aus dem

Pflanzenteppich hervor: der indische, afrikanische und europäische. Der erstere
tritt in dem tropischen Theile, den Ebenen, der zweite über ihnen in der
subtropischen Region, der dritte auf den Hochgebirgen auf. Ebenso seltsam
sind die Waldungen zusammengesetzt. Der rein afrikanische Baobab, der
Sandrahabaum mit ebenholzartigem, schwarzem Holze, Lorbeerbäume, Seifen-
bäume, zahlreiche Palmen, Pandangs, Lebensbäume, Alles von Lianen, Farren,
Destillirpflanzen und Orchideen reich decorirt, setzen sie zusammen. Diese
halb indische, halb afrikanische Natur erklärt es hinlänglich, daß hier ebenso
die malaiische wie die äthio-
pische Menschenrace neben einander eine Heimat wieder-
fanden.

Wir könnten mit keinem
lieblicheren Bilde von dem
wüstenreichen Afrika scheiden,
das uns bei jedem Schritte,
freilich meist in sehr negativer
Weise, die schöpferische Hoheit
des Wassers predigt und selbst
dem denkenden und natur-
wissenschaftlich gebildeten Theile
der Missionswelt das einfache
Geheimniß verrieth, wie man
civilisiren müsse. Im Kaplande ward noch immer eine
Quelle die Stätte für einen
Ansiedler. Die Colonisten europäischer Abkunft sanken allmälig zu Nomaden herab, wenn
sie die Pflege ihrer Quellen
versäumten. Das Gegentheil
thaten die herrnhuter Missionäre: sie gewöhnten durch die
Pflege der Quellen ihre wilden Volksstämme zum Ackerbau

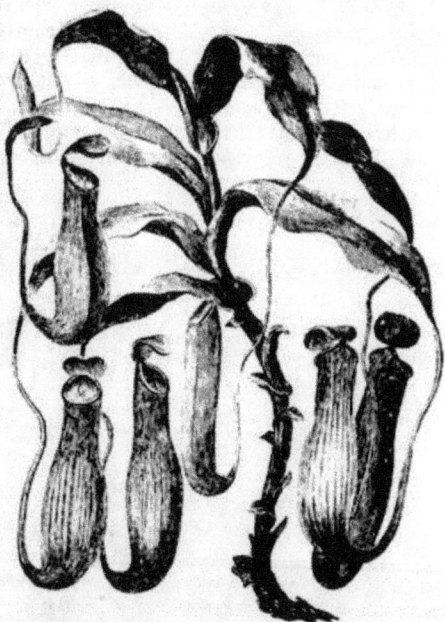

Der Typus der Destillirpflanzen (Nepenthes).

und zu festen Wohnsitzen, durch diese an ein geregeltes Leben, legten somit den
unerschütterlichen Grund zur Civilisation des Menschen, welche nur in festen
Wohnsitzen ermöglicht wird. Unter vielen Beispielen rühmt man dem Bischof
Halbek in Gnadenthal, der Hauptstation der herrnhuter Missionäre im
Kaplande, nach, daß er jene Gegend nur dadurch zu einem Paradiese umschuf,
daß er das Wasser auf jene Anhöhe künstlich zu schaffen wußte. Ebenso
rühmt man von dem Missionär Anderson, wie er den völlig wilden Stamm
der Griquas und Bechuanen an der Nordseite des Gariepflusses dem

Nomadenleben durch die Benutzung der natürlichen Quellen des Landes entriß; wie er allmälig eine volkreiche, für Handel, Wandel und Civilisation höchst wichtige Stadt, die er Griquatown nannte, für Südafrika hervorrief; wie dieselbe ganz nach europäischem Geschmacke eingerichtet und sogar mit einer Schule versehen wurde, in welcher 800 Kinder regelmäßigen Schulunterricht empfangen. Es ist dasselbe, was General Lamoricière wollte, als er an seinen Kriegsminister in Paris schrieb: Senden Sie mir Lehrgeräthe, und ich werde hier (in Algerien) mehr mit der Sonde als mit dem Degen ausrichten. Das ist das rechte Christenthum, das den Menschen durch die Natur zur sittlichen Freiheit emporhebt! Das ist dasselbe Christenthum, welches einst die Mönche und Aebte den Franken verkündigten, als sie bei Sonnenaufgang hinaus aufs Feld zogen, um im Schweiße ihres Angesichts den Acker zu bauen und ihn erst bei Sonnenuntergang wieder zu verlassen; dasselbe, welches durch seine greifbaren irdischen Vortheile zuletzt Jeden bezwang. Es sei unsere schönste Erfahrung, welche wir in Afrikas Wüsten und Steppen sammelten!

Im Kaffernlande.

Fünftes Buch.
Die oceanischen Länder.

Die Koralleninsel Borabora. Nach Tnperen.

1. Capitel.

Allgemeine Umrisse.

Auch die Meere haben ihre Gliederung wie die Continente. Nicht allein, daß sie die von den Festländern bedingten Umrisse besitzen, haben sie auch wie diese ihre Ströme, ihre Wüsten, ihre Oasen. Letztere sind zweifach: unter- oder überseeische. Die ersteren werden von den Tangfluren bestimmt, die andern von den Inseln gebildet, welche wie eigene, in sich abgeschlossene Welten den Menschen zu sich einladen, während jene der große Tummelplatz eines unterseeischen Thierlebens sind. Kein Meer ist reicher an ihnen, als der Große Ocean, den nur ein ironisches Geschick den stillen nannte. So groß ist hier der Reichthum dieser Inseloasen, daß der Geograph wahrhaft in Verlegenheit geräth, wie er sie natürlich zu gruppiren habe. Zu beiden Seiten des Gleichers gelegen, nähern sich viele den den Großen Ocean begrenzenden Continenten, andere weichen selbständiger von ihnen zurück, aber nicht, ohne ihren Organismen nach sich allmälig abzustufen. Soweit dieselben den gemäßigteren oder kälteren Himmelsstrichen angehören, haben wir sie bereits durchwandert. Soweit sie sich aber zwischen 45° s. und 30° n. Breite befinden, gehören sie einer eigenthümlichen Welt an. Man hat sie bald unter einem einzigen Namen als Australien zusammengefaßt, bald in Australien und Polynesien getheilt, um den oben angegebenen Verschiedenheiten Rechnung zu tragen. Im ersten Sinne muß man Neuholland und die östlich um dieses große Inselfestland im Großen Ocean liegenden Inseln Neu-Britannien, Neu-Irland, die Admiralitätsinseln, Louisiaden, Neuen Hebriden, Fidschi-Inseln, Neu-Caledonien, die Norfolk-Insel, Tasmanien, Neuseeland u. s. w. hierher rechnen und alle übrigen Inseln zu Polynesien schlagen. Zu dem letzteren würden gehören: Neuguinea, der Bonin-Sima-Archipel in der Nachbarschaft des nordchinesischen Meeres, die Ladronen und Carolinen östlich von den Philippinen, der Gilberts-Archipel nördlich von den Neuen Hebriden, die Freundschaftsinseln, Gesellschaftsinseln, die niedrigen Inseln, die Marquesasinseln, die Osterinsel u. s. w. östlich von den Neuen Hebriden, die Sandwichsinseln am Saume des Wendekreises des Krebses u. s. w. Andere gehen noch weiter und ziehen die ganze Inselwelt der wärmeren Zonen zu beiden Seiten des Gleichers im Großen Ocean unter einem Namen, Oceanien, zusammen. Dann fallen selbst die Sunda-Inseln und Philippinen im indischen Meere, sowie die Galapagosinseln und alle dem amerikanischen Festlande nahe gelegenen Inseln unter diesen Begriff.

Eins ist so unnatürlich wie das Andere. Nach Asien hin, an dessen Saume sich die meisten in gewaltigem Bogen als westliche Inseln des Großen Oceans nach Neuseeland herabziehen, findet namentlich ein so allmäliger Uebergang statt, daß man auf alten Karten des 16. Jahrhunderts sogar Neuholland als Groß-Java bezeichnet findet. In der That steht es schon seit den ältesten Zeiten durch seine Nordspitze mit den Molukken und den malaiischen Völkerstämmen in Verbindung, welche es Marega nennen und jährlich, von Westmonsunen begünstigt, besuchen, um an seinen Küsten den Trepangwurm, eine Holothurie des Strandes und ein Leckerbissen für die Chinesen, zu fangen. Ebenso verlaufen die westlichsten Glieder Neu-Guineas allmälig in den Molukken-Archipel. Nördlich von ihm zählt man gewöhnlich noch die Carolinen und Ladronen zu Polynesien (Vielinselland), während man doch den Bonin-Sima-Archipel mit den vielen kleinen vereinzelten Inseln zu China rechnet. Ebenso am östlichen Saume des Großen Oceans. Es bleibt der Willkür überlassen, ob man die chilesischen Inseln und den Galapagos-Archipel zu den Südseeinseln oder zu Amerika rechnen will, wenn man sich nach dem an der asiatischen Seite geltenden Grundsatze richten will.

Dennoch steht zu hoffen, daß dereinst eine natürlichere Gruppirung gefunden werden dürfte, nachdem man erst die Pflanzendecke aller dieser Inseln genauer untersucht und verglichen haben wird. Gegenwärtig ist das bei der großen Mangelhaftigkeit unserer Kenntnisse unausführbar. Die Reisenden, welche die Südseeinseln besuchen, pflegen gewöhnlich auf flüchtigen Weltumseglungen hier zu landen und, auf bruchstückweise Sammlungen gestützt, eine höchst oberflächliche Anschauung von da zurückzubringen. Ebenso wird die Vergleichung dieser Inseln erschwert, daß man bis jetzt versäumte, die einfacheren Gewächse, Kryptogamen und Gräser, zu sammeln, um von ihnen aus auf etwaige Unterschiede zu schließen, und dies um so mehr, als im Ganzen die Südseeinseln pflanzenarm und durch Einführung vieler fremder Gewächse in ihrem ursprünglichen Charakter verwischt genannt werden müssen. Bei dieser Verwirrung ziehen wir es vor, das Ganze als einen eigenen Welttheil, Oceanien, zu betrachten, aber die Inselwelt des indischen Meeres von ihm auszuschließen. Wir finden uns um so mehr hierzu veranlaßt, als auch das australische Festland im vollsten Sinne ein oceanisches ist, wie sich sogleich erweisen wird.

II. Capitel.

Das oceanische Festland.

Eine wunderbare Welt thut sich vor uns auf, geeignet, in vielfachster Beziehung unsere höchste Aufmerksamkeit zu fesseln. Wie kein anderer Continent, ruht der australische abgesondert von jedem andern Welttheile mitten im Meere, westlich von den Fluthen des Indischen, östlich von denen des Großen Oceans bespült. So bildet er die größte Insel der Welt, die wir nur um ihres außerordentlichen Umfangs willen, welcher dem von Europa, den man auf 160,000 ☐M. schätzt, kaum um 20,000 ☐M. nachsteht, einen Continent nennen. Er dehnt sich von 10° 41′ bis 39° 11′ s. Br., von 151° bis 171²/₃° ö. L. aus, umspannt in seiner größten Ausdehnung von Norden nach Süden ein Gebiet von 450, in seiner kleinsten von 220 Meilen, in seiner größten Ausdehnung von Westen nach Osten gegen 550 Meilen und besitzt einen Küstenumfang von 1940 Meilen.

Dieser große Küstenumfang ist von größter Bedeutung für den australischen Continent. Obgleich derselbe nämlich in der Gegend der Südostpassate liegt, und obgleich diese über ein weites Meer streichen, um sich mit Wasserdämpfen anzufüllen, wehen sie doch nicht, wie Maury zeigte, senkrecht auf Neuholland, sondern in schiefer Richtung, sodaß sie die Ostküste gleichsam nur umsäumen und nach Neu-Guinea hinaufstreichen. Es findet hier folglich das umgekehrte Verhältniß wie in Südamerika statt, wo sie senkrecht auf die Ostküste fallen, somit dampfgeschwängert das Innere des Festlandes durchdringen und diesem eine Feuchtigkeit verleihen, welche ihre Schöpferkraft in unübertroffener Pflanzenfülle und Riesenströmen äußert. Dazu kommt noch, daß das Innere Neuhollands, wie die neueste Zeit als sicher bewiesen zu haben glaubt, von einer furchtbaren Wüste erfüllt ist. Sie muß wie eine zweite Gobi oder Sahara auf den Continent einwirken und glühendheiße Winde bilden, die sich in der

11*

That, wahrscheinlich durch die Südostpassate dahin gedrängt, nach Westen richten und ihn zu dem trockensten Lande der Welt umgestalten. Zwar werden die Küstenländer von Strömen benetzt, deren Fluthen periodisch anschwellend sogar über ihre Ufer treten; allein sie sind und bleiben Küstenflüsse, unfähig, das ganze Jahr hindurch zu strömen. Woher auch sollten die ewigen Wasserquellen kommen, wenn das Innere eine Wüste ohne Hochgebirge ist? Leider scheint das nach Heising's Mittheilungen, die wir für jetzt als die unterrichtetsten ansehen, nur zu wahr zu sein. Wenigstens deutet schon darauf hin, daß selbst Ströme, wie der Victoria, 40 engl. Meilen oberhalb ihrer Mündung zu fließen aufhören und sich in ein Netz von Teichen auflösen, das nur von Sandsteinbänken durchsetzt wird. Ebenso dürfte der Mangel der Deltabildungen, die wir doch meist an der Mündung großer Ströme bemerken, darauf hin weisen. Sie fließen nicht lange genug, um sich mit Schlamm zu füllen, den ihre Fluthen zur Mündung führen und als fruchtbares Neuland ablagern könnten; um so weniger, als die meisten von ihnen im Sommer völlig versiegen.

Eine furchtbare Thatsache drängt sich uns hiermit auf, die Ansicht nämlich, daß von den 140,000 ☐M. des Continents wohl an 130,000 auf die Wüste, nur 10,000 auf das bewohnbare Land fallen dürften. Daraus folgt von selbst, daß der bewohnbare Theil ein Ring ist, welcher nur der Küste folgt und sein organisches Leben zumeist dem Meere verdankt. Soweit sein Einfluß reicht, so weit, aber auch nur so weit erscheint eine Pflanzendecke. Nach dem Inneren zu wird sie auf die Berge beschränkt; denn hier ist es ja, wo fast nur Sand und Salzsümpfe die Oberfläche bedecken, beide nicht geeignet, ein üppiges Leben hervorzurufen.

Ein bemerkenswerther Widerspruch thut sich in dieser Erfahrung kund. Während Alles in den Küstenländern darauf hindeutet, daß gerade Neuholland einer der ältesten Erdtheile und derjenige sei, auf welchem sich noch mehr als in den früheren Continenten und früheren Schöpfungszeiten erhalten habe, entspricht das salzreiche Innere den jüngst aus den Meeresfluthen gehobenen Ländern. Diesen Widerspruch begreiflich zu finden, bleibt nur die Annahme übrig, daß Neuholland zuerst als ein Ring aus dem Meere gehoben wurde, weit später erst der innere Theil nachfolgte, dessen Salzwasser im Laufe der Millionen Jahre zum größten Theile verdunstete, zum Theil noch in unzähligen Salzseen vorhanden ist oder theilweise auch in einen centralen Binnensee abfloß, der vielleicht noch existiren dürfte. So viel wenigstens scheint für jetzt bereits festzustehen, daß die hebende Kraft sich in Neuholland vorzugsweise in dem Litoralringe äußerte. Ist dies gegründet, so dürfte der von den australischen Geographen seit 1815 durch Oxley aufgestellte Centralsee trotz Albert Heising's Einwürfen dennoch mehr als eine Vermuthung sein. Was aber auch an allen diesen Muthmaßungen Wahres sein möge, die Thatsache ist nicht zu läugnen, daß Neuholland durch die innere Wüstennatur und die Ableitung der regenschwangeren Südostpassate das trockenste Land der Erde und damit zugleich ein Seitenstück zu den wüstenartigen Theilen Afrikas genannt werden muß. Es ist ein Land, das einige oasenartige Theile nur da besitzt, wo es der See ausgesetzt ist und dem wohlthätigen Einflusse der quellen-erzeugenden Hochgebirge unterliegt.

Wir erinnern nicht umsonst an jenen Erdtheil. Gewissermaßen ist der australische Continent das Afrika des Großen Oceans. Mäßig zusammen-gedrängt, überaus arm an Buchten, gehören beide nur den warmen Zonen an. Neuhollands Nordspitzen ragen in die Aequatorialzone; die südlicheren

Das Klein-Grasland Neuhollands. Im Vordergrunde eine Casuarina, im Hintergrunde Gebüsch verschiedener Myrtaceen.

Theile fallen der tropischen und subtropischen, die Südspitzen der wärmeren gemäßigten Zone anheim. Am nördlichen Saume entsprechen die Carpentaria-Bay und der Cambridge-Golf den beiden Syrten der afrikanischen Nordküste; im Süden wiederholt die Austral-Bay den Meerbusen von Guinea; die Provinz Victoria, noch besser das offenbar zum Festlande gehörige Tasmanien, ist als Südspitze Neuhollands gewissermaßen das Kapland Afrikas; kurz, die ganze Gestalt und Lage deutet wesentlich auf diesen Erdtheil hin. Der Mangel eines ausgebildeten, weitverzweigten Stromsystems in beiden Welten, die häufig im Sande verlaufenden Flüsse und regenlosen Wüsten erhöhen die gegenseitige Verwandtschaft, die Pflanzendecke vollendet sie. Sie entspricht der südafrikanischen. Zwar fehlen Neuholland die Haidekräuter, dafür aber treten die Epacrideen als Seitenstück auf. Die Proteaceen sind beiden Ländern gemeinsam, in beiden finden sich die wunderbaren Zapfenpalmen wieder, in beiden bekleiden sich die steppenartigen Theile (denn auch Neuholland hat seine Karroo in seinen unübersehbaren Thonflächen) mit Saftpflanzen, wenn auch reichlicher in Südafrika. Der australische Continent scheint nur die Familie der Ficoideen (Tetragonien und Eiskräuter) hervorgebracht zu haben, und auf einigen Savannen überzieht Mesembrianthemum aequilaterale ausgedehnte Striche. Aber auch darin herrscht eine besondere Verwandtschaft zu denen des Kaplandes. Wie hier ein Eiskraut, die sogenannte Hottentottenfeige, eine der wenigen eßbaren Früchte des Landes gab, so kehrt auch in Neuholland derselbe Fall wieder. In der Murraywüste entdeckte Ferdinand Müller ihre Vertreterin in dem Zwergeiskraute (Mesembrianthemum praecox), dessen angenehme Frucht er sogar zur Cultur empfahl. Als eine Art Gemüse gehört ferner eine Art Neuseeland-Spinat (Tetragonia inermis) hierher. Eine neue Verwandtschaft zu Südafrika beruht darin, daß auch hier, wie im Kaplande, gerade einige allgemeiner verbreitete Nahrungsmittel von Haus aus entweder giftig sind oder doch zur Verwandtschaft der Giftgewächse gehören. Besonders erwähnt Leichardt einer Zapfenpalme (Cycas spiralis), deren trockene Früchte heftiges Erbrechen verursachen, und eines Pandangs (Pandanus), dessen Zapfenfrucht im wilden Zustande nicht minder schädlich ist. Beide werden von den Eingebornen entweder durch Röstung über dem Feuer oder durch Einweichen in Wasser und Gährung genießbar gemacht. Freilich theilen Südafrika und Neuholland diese Eigenthümlichkeit immerhin auch mit andern Ländern. Unsere Kartoffel entstammt ja der äußerst giftreichen Familie der Solaneen, der Manihot der nicht minder gefährlichen der Wolfsmilchgewächse. Um die Verwandtschaft beider Länder voll zu machen, erscheinen in Neuholland einzelne Gattungen in erstaunlicher Artenanzahl, d. h. so außerordentlich gespalten, daß hierdurch eine ebenso große Einförmigkeit der Pflanzendecke hervorgerufen wird, wie wir sie trotz aller Mannigfaltigkeit im Kapland fanden. Das Verhältniß ist nur auf andere Typen, auf Leptospermen, Pimeleen, Myoporen, Casuarinen, Melaleuken, Acacien, vor allen aber auf Eucalypten übergegangen. Auch die Sauerkleepflanzen (Oxalideen) und Pelargonien der Karroosteppen finden sich auf den australischen Savannen, aber in winziger Zahl. Es folgt daraus ein neuer Beweis für das wichtige organische Gesetz, daß gleiche Verhältnisse im Boden und Klima unter verschiedenen Himmelsstrichen im Allgemeinen nie dieselben, sondern ähnliche Organismen und je nach den örtlichen Verschiedenheiten von Boden und Klima in besonderen Zahlenverhältnissen hervorbrachten. Wollten wir dies auch durch die Thierwelt begründen, so würde der Unterschied noch weit bedeutender

Eine anmuthsvolle Landschaft, deren Bäume die Ruine in besserem bekleiden. Gegen den Fluß hin im glücklichen Sonnenlicht.

ausfallen. Wir haben mithin nur ein Recht, die südafrikanische und neuholländische Flor eine entsprechende (correspondirende) zu nennen.

Eine andere Vergleichung drängt sich uns hier auf, die wir um so weniger
übergehen können, als sie schon zu geographischen Mißverständnissen in einigen
Lehrbüchern der Geographie geführt hat: nämlich das Verhältniß beider Anti-
poden zu einander. Allerdings ist Australien, im strengsten Sinne Neuseeland,
Europas Gegenfüßler, allein darum ist es noch nicht die verkehrte Welt, in
welcher wir Alles anders erwarten dürfen, als wir es in Europa gewohnt
waren. Während bei uns, sagt man, die Birne ihren Stiel an dem spitzen
Theile trägt, geht er bei der neuholländischen auf den dicken über; während
unsere Kirschen ihren Kern im Inneren bilden, entwickelt er sich dort auf der
Frucht. Das Thatsächliche davon ist Folgendes. Die neuholländische Birne
ist ein Strauch aus der Familie der Proteaceen, das Xylomelum pyri-
forme: er wächst an sandigen, öden Stellen, trägt längliche, lorbeerartige,
lederharte Blätter, ährenförmig gestellte, braunfilzige Blüthen und jene verkehrt-
birnenförmige Frucht, die aber nicht eßbar ist und sich beim Trocknen spaltet.
Mit der Kirsche verhält es sich ähnlich. Sie ist ein Strauch von 10—12 Fuß
Höhe und trägt eine rothe oder gelbe Frucht von der Größe einer dicken Erbse
und von trocknem, beißendem Geschmacke. Diese Frucht ist jedoch nichts weiter
als der beerenartig verdickte Fruchtstiel. Daher erklärt sich das Wunder sehr
einfach, daß die eigentliche Frucht, der steinige Same, auf der dem Stiele
entgegengesezten Seite wächst. Der Strauch gehört zu der Familie der Santelgewächse, und zwar zu der deshalb so genannten Gattung der Außenfrucht
(Exocarpus). Doch ist sie nicht die einzige, die diese seltsame Erscheinung
bietet; wir haben sie schon einmal in der Caju Frucht (S. 50) gefunden. Will man die verkehrte Welt einmal in Neuholland finden, so ist
es allerdings richtig, daß dort die Bäume statt des Laubes periodisch ihre
Rinde abwerfen. „Einmal im Jahre", erzählt uns der Engländer Hen-
derson, „häutet sich jeder Baum, und zwar im März, dem ersten Herbstmonate.
Die äußerste Haut der Rinde scheint dann, von der Sonne versengt, Blasen
zu bekommen, rollt sich auf und fällt in Stücken von jeder Größe ab, was
den Bäumen ein merkwürdig scheckiges und zerlumptes Ansehen gibt. Wenn
diese dünne Haut ganz abgefallen ist, erkennt man die Bäume kaum wieder;
denn die Stämme, welche vorher braun waren, haben jetzt eine helle, gelbe
oder hellblaue Farbe. Mit der Zeit werden sie wieder grauer, bis der Herbst
naht und die Bäume sich wieder häuten." Bekanntlich steht auch diese Erscheinung nicht allein, wenn man sich nur der Platanen, Kiefern und Birken
erinnert. Will man die Sache noch weiter treiben, so kann man auch behaupten, daß in Neuholland die Dornen Blätter und Blumen treiben. Wenigstens
zeigt dies die seltsame Cryptandra spinescens Sieb., ein zierlicher Strauch,
an welchem jedes Aestchen seine abwechselnd gestellten zarten Zweige in Dornen
verwandelt, an denen allein die winzig kugligen Blumen und winzigen Blätter
hervorbrechen. Man kann auch sagen, daß, während bei uns das Laub, in

horizontaler Lage um die Aeste gestellt, sich in sanften Linien den Achsen anschmiegt, in Neuholland die Blätter sich starr von ihnen ab = und ihre scharfe Fläche der Sonne zuwenden. Daher kommt es, daß die australischen Wälder fast gar keinen Schatten werfen, nach Art der Nadelhölzer keine oder doch nur eine kümmerliche Humusdecke erzeugen und das Laub um so lederartiger wird, als seine beiden breiten Flächen mit Spaltöffnungen versehen sind, welche eine größere Verdunstung in dem überdies trocknen Klima beför= dern. Je saftloser aber das Laub, um so matter muß sein Grün werden. So ist es in der That, und zwar in einer Weise, die nichts weniger als wohl= thuend genannt werden kann. Euca=

lypten und jene blattlosen Acacien, deren Blattstiele allein sich laubartig erweitern — welches wiederum eine neue Verkehrtheit der australischen Flor genannt werden mag — und Phyllo= dien (Thl. 1, S. 18) bilden, zeigen diese Eigenthümlichkeit im höchsten Grade. Mögen aber auch daneben — neue Verkehrtheiten! — die reichlich vorhan= denen Pilze des Nachts in phosphori= schem Lichte durch den Wald leuchten, wo der Kukuk nur des Nachts schreit und in Wasserlöchern Thiere mit Enten= schnäbeln (Ornithorrhynchus para= doxus, der Warwar der Eingebornen) hausen: so erinnert doch im großen Ganzen, wenn wir unserem befreun= deten Weltumsegler Anderson folgen, die ganze Natur an die des Nor= dens, und um so mehr, als sich zu den Füßen aller dieser Curiositäten eine Menge Kräuter einstellen, welche gerade europäische Typen sind. Das Verhältniß kehrt sich nur um: während im Norden die Nadelhölzer die starre Lebensform vertreten, wird sie dort von laubtragenden Gewächsen dargestellt.

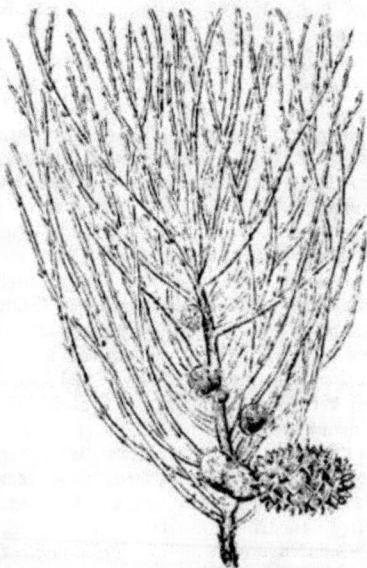

Form der fruchtenden Casuarine.

Wir sind hiermit auf den eigentlichen Charakter Neuhollands gekommen. Starr, schattenlos und dürr erscheint die Waldung; das Laub strebt auffallend dem Nadelförmigen, der Stamm dem Knorrigen zu. Das Nadelförmige theilt Neuholland mit Südafrika, insofern wenigstens diese Form auf Familien übergeht, die nicht in geringster Verwandtschaft zu den Nadelhölzern stehen. Waren es auf dem Kap besonders Haidekräuter, so sind es hier selbst die poetischeren Myrtengewächse, besonders Bäea=Arten und Darwinien (Dar=

winia fascicularis). Die Blattstellung der letzteren erinnert deutlich an die Ceder. Was die Myrtensträucher nicht thun, vollenden die haideartigen Epacrideen, Tremandreen und Diosmeen. Mit dieser Nadelform wetteifert das Bestreben vieler Pflanzen, eine besen- oder ruthenartige Tracht anzunehmen; eine Erinnerung an den Besenginster unserer sandigen Haiden. Leptomerien aus der Familie der Santelgewächse sind gleichsam geborne Ruthen. Andere — und dieser Fall zieht sich durch die verschiedensten Pflanzenfamilien — nehmen eine flache riemenartige Gestalt sowohl in den Blättern wie in den Stengeln an. Darum ist die Blattform des Rosmarins und der Weiden eine herrschende; sie geht bei Loranthaceen und Eucalypten nicht selten in die sichelförmig gebogene über. Noch andere verbinden mit der Tracht der Binsengräser liebliche Blumen. Der sonderbare Strauch der Viminaria denudata entwickelt nichts als ein fadenförmiges, den Binsenschaften ähnelndes, völlig nacktes, nur an den Spitzen der Aeste mit winzigen Blättchen, aber goldigen Schmetterlingsblumen verziertes Zweigwerk. Nichts gleicht an trauriger Einförmigkeit den Casuarinen (s. Abbild. S. 169 und Thl. 1, S. 25, wo Casuarina glauca abgebildet ist), diesen Kiefern Australiens. Es würde uns unverständlich sein, warum sie der australische Colonist die Eichen Neuhollands nennt, wenn es nicht aus seiner Bezeichnung „männliche und weibliche Eiche" hervorginge. Wir sollen hierdurch nur erfahren, daß die Casuarinen wie die Eichen ihre beiderlei Geschlechter getrennt von einander entwickeln und daß die männlichen Blüthen der ersteren in Kätzchenform auftreten. Die Frucht gleicht bekanntlich einem kleinen Tannzapfen, welcher später wie dieser aufspringt. Eher darf man die Casuarinen die Trauerweiden Australiens nennen (Thl. 1, S. 212 u. f.), deren hängendes Zweigwerk sich mit der Form der blattlosen Schachtelhalme verbindet und damit den Ausdruck wehmüthiger Stimmung verleiht. In der That sind sie auch auf den australischen Inseln die Trauerbäume der Friedhöfe. Dennoch muß man sie noch eine edle Form nennen, wenn man an ihrer Seite dieselben Proteaceen erblickt, die uns schon am Kap begegneten. Gewöhnlich ist die Blattform starr, selten laubartig. Wo dies geschieht, gehören die Bäume häufig zu den edelsten. So wirken namentlich die sonderbaren Banksien (Thl. 1, S. 277) mit ihren großen Blüthenzapfen, ihrem oft herrlich gezackten und verschiedenfarbigen, oft silberweißen Laube nur wohlthuend. Dagegen möchte man andere Verwandte, z. B. Hakea-Arten, vegetabilische Hecheln nennen, so vollkommen starr, walzenförmig rund und stachelspitzig sind ihre Blätter. Andere erinnern durch die außerordentliche Zerschlitzung ihres Laubes an die Disteln (Thl. 1, S. 276). Vergegenwärtigt man sich nun, daß diese Formen nur Sträuchern und Bäumen angehören, so hat man ein Bild der sonderbaren Gestaltungskraft, welche den australischen Continent auszeichnet. Aber das ist noch nicht Alles, wodurch er an den Norden mahnt. Wie auf den Alpen der verminderte Luftdruck eine raschere Verdunstung in den Pflanzen hervorruft, wie dort Alles lederartiger und welliger wird, so in einem heißen Klima, das wir zu den trockensten der Erde zählen müssen.

Die Gegensätze berühren sich auch hier; denn eine große Pflanzenmenge bringt ein Laub hervor, das sich wenigstens auf der Unterseite mit einem mehr oder minder dichten Filze bekleidet, als ob es sich ähnlich vor der versengenden Hitze der Luft und des Bodens schützen wolle, wie sich der Beduine der afrikanischen Wüsten durch warme Kleider gegen den Sonnenbrand zu stählen sucht. Dennoch kann selbst darin noch Schönes geleistet werden. Wenn bei Grevilleen die Unterseite der Blätter in zartem Atlas, bei dem Phebalium Billardierii, dem täuschend ähnlichen Vertreter unserer Oelweide, in glänzendem Silberbeschlag schimmert, dann erscheinen diese Formen wie die eleganten Aristokraten unter den Pflanzen. Doch nur zu sehr könnte man das Sprüchwort des Kaplandes anwenden und sagen: Neuholland ist ein Land mit Flüssen ohne Wasser, mit Blumen ohne Geruch, mit Vögeln ohne Gesang, obschon das Letztere sehr eingeschränkt werden muß. In der That, so prachtvolle Gestalten immerhin Australien hervorbringt, so wenig duftige Blumen finden sich darunter. Trotzdem und glücklicher Weise hat es seine Wohlgerüche. Zahlreiche Myrtengewächse hauchen sie statt der Blumen in ihren absterbenden Blättern aus: ein liebliches Bild, daß selbst der Tod nur neue Schönheit bringt. Was das sagen will, hat der unglückliche Leichardt nur zu sehr auf seinen kühnen Entdeckungsreisen durch den australischen Continent erfahren. Nicht selten, daß der in furchtbarer Oede und Einförmigkeit niedergedrückte Geist des Wanderers durch die Wohlgerüche wieder belebt wird, welche todte Myrtenblätter um ihn verbreiten.

Treten wir nun an der Hand zuverlässiger Führer, namentlich Hermann Behr's, in die Wildniß Südaustraliens, das uns am besten bekannt ist, ein. Sofort überrascht uns eine doppelte Physiognomie der Landschaft: das Grasland und der Scrub der Colonisten. Ein wunderbarer Gegensatz bezeichnet beide. Dort überzieht ein oft dichter Wiesenteppich den Boden, hier fehlt die Kräuterdecke gänzlich; beide aber können von Waldungen bestanden sein. Auch im Graslande herrscht ein solcher Gegensatz. Die Kräuter erinnern auffallend an die europäischen Auen, während riesige Eucalypten darüber gleichsam ungläubig die Wipfel schütteln und uns in eine andere Welt versetzen, als ob wir uns gleichzeitig in zwei verschiedenen Schöpfungsperioden befänden. In abgemessenen Entfernungen, nie ihre Kronen berührend, stehen die Eucalypten, wie von unsichtbarer Hand berechnet, gepflanzt, neben trauernden Casuarinen, die sich auf mageren Boden flüchten und sonderbar mit ihren braungrünen Kronen von dem Frühlingsgrün des Rasens abstechen. Gummiliefernde Acacien mit schirmartigen Kronen vollenden das seltsame Bild. Nur wo der Boden von Hügeln wellenförmig gekräuselt ist, wo das sogenannte Grubenland erscheint, überläßt der Eucalyptus seine Stelle den Casuarinen, Acacien und Grevilleensträuchern, während der Untergrund von torbblumigen Vereinsblüthlern und Gräsern bekleidet wird. In den Flußbetten nimmt das Grasland eine neue Tracht an. (S. Abbildung des fünften Buches auf S. 165.) Gewaltige Eucalypten mit riesig dicken Stämmen umsäumen die Ufer. Wenn aber im Sommer die Flüsse versiegen, drängt sich in ihren

Betten ein Kräuterteppich hervor, der nicht minder auf Europa zurückweist. Zurückgehalten durch das früher über sie hinfließende Wasser, entwickeln hier die Kräuter ihre Blumen erst, wenn alles Uebrige verdorrt ist. Oft erfüllt ein dichtes Gesträuch myrtenartiger Melaleuken und Leptospermen zugleich das Bett. Es bildet den Uebergang zu jenen schattigen, das ganze Jahr hindurch mit Wasser getränkten Schluchten. Ganz anders der Scrub. Jegliche Kräuterdecke fehlt; nur hin und wieder sproßt einsam ein dürres Gras hervor. Dafür entschädigt eine unendliche Mannigfaltigkeit von Sträuchern und Bäumchen, nicht selten von prächtigen Blumen geziert, die sich selbst in Europa, z. B. die Acacien und Metrosideros-Arten, seit längerer Zeit ihre Freunde erwarben. Trotzdem ist der Gesammteindruck kein heiterer. Haideartiges oder senkrecht gestelltes Laub drängt sich um moosartig in einander gewachsene kugelförmige Sträucher oder verdeckt nur spärlich die Blößen der langen Ruthen, die sich aus häßlich sparrigem Gestrüpp heraus strecken. Ein todtes Blaugrün, fast unnatürlich mit dem lebhaften Maigrün der Cassien und Santelgewächse verbündet, ist die herrschende Färbung. Selten erscheint einmal ein Hülsenstrauch mit gefiedertem Laube. Bei aller Mannigfaltigkeit der Formen, welche das Blatt vom Eirund durch die Lanzettform bis zur Borste, von der dichtesten Gedrängtheit durch alle möglichen Abänderungen bis zum blattlosen Zweige durchläuft, treffen doch oft Pflanzen der verschiedensten Familien so sehr in ihrer Tracht zusammen, daß sich der Forscher nur durch Blüthe oder Frucht in diesem Formenlabyrinthe zurecht findet. Wie weit diese Starrheit reicht, bestätigen die Colonisten, welche eine Abart des Scrub den Nadelwald (Pine forest) genannt haben. Er wird allerdings von einem Zapfenbaume, der Cypressenfichte (Callitris), gebildet; derselbe aber trägt keine Nadel-, sondern laubförmige, wenigstens Blätter, welche die Mitte zwischen den Nadeln und dem breiten Laube der Podocarpen halten. Dieser Baum, den man wohl auch als Moretonbay-Tanne kennt, den man selbst der stolzen Säulencypresse der Norfolk-Insel (Araucaria excelsa) vorzieht, liefert zugleich das nutzbarste Bauholz und ein terpentinartiges Harz, wodurch er an die neuseeländische Dammarfichte (Thl. 1, S. 22) erinnert. Vereinzelt wachsend, bestimmt er jedoch nie ausschließlich die Landschaft. Uebrigens nähert sich seiner Laubform auffallend die der Epacrideen, jener seltsamen Vereinigung von Callitris- und Haideform.

So hat uns überall eine wunderbare Zweitheilung begleitet, welche ein wesentliches Merkmal neuholländischer Natur ist. Als ob sie nur ein Ausdruck des Klimas sei, kehrt hier Aehnliches wieder. Streng genommen gibt es in Neuholland nur zwei Jahreszeiten, eine trockene und nasse. Den ersten Winterregen im April folgen bald auf dem in Asche verwandelten Boden des Graslandes die ersten Frühlingsboten, Sauerkleearten und Sonnenthau (Drosera-Arten; Thl. 1, S. 94). In wenigen Wochen hat sich die Natur mit einem Blumenteppich geschmückt, der an manchen Stellen wenig vom Rasen erkennen läßt. Wo er hervortritt, bilden Blumen (Orchideen, Melanthiaceen, Asphodeleen) von erstaunlicher Mannigfaltigkeit und Pracht nicht selten natürliche abgetheilte Beete in seinem lachenden Grün. Honigartigen Wohlgeruch verbreiten Stockhousien durch die milde Frühlingsluft, glühend rothe Blumen schimmern auf kriechenden Kennedyen durch das Grün, goldige Ranunkeln wiegen ihre gelben Köpfchen über ihnen, Glockenblumen schaukeln sich auf zarten Stielchen, eine Menge europäischer Pflanzenformen weben sich unter die wunderbaren Formen ächt australischer Bildung. Ueber dem Ganzen erhebt sich die Gestalt der Eucalypten wie ein lichter Park europäischer Auen. Von Woche zu Woche wechselt das liebliche Bild, bis der Reigen an die Bäume kommt. Jetzt bedecken sich Eucalypten mit ihren zarten Blumen, welche doldenartig vereint auf einem gemeinschaftlichen Stiele ruhen und reichlich zwischen den Blättern hervorbrechen. Acacien entwickeln ihre duftenden Knöpfchen, während mistelartige Loranthus-Arten in feurigem Gelb, Orange und Hochroth die Quasten ihrer an den Jelängerjelieber erinnernden Blumenröhren von den verschiedensten Bäumen schmarotzend herabhängen. Bald ist auch diese Pracht verschwunden, der Boden zerfällt wieder zu Staub; aber nicht ohne große Bedeutung. Wo, wie hier, die feuchte wohlthätige Moos- und Wiesendecke fehlt, schützt er allein Knollen, Zwiebeln und Wurzelstöcke perennirender Gewächse vor der ausdorrenden Sonnenglut und den Steppenbränden. Wie auf den Savannen Südamerikas, widerstehen diesen doch einige Gewächse: Eucalypten und Casuarinen; die Stämme sind versengt, die Wipfel grünen weiter. — Der Scrub ist dem Wechsel weniger beim Eintritt der Regenzeit unterworfen. Wo nicht viel sprießt, sagt unser Führer, kann wenig welken, und jeder Monat sieht dasselbe wüste Gedränge starrer, saftloser und unter einander zum großen Theil übereinstimmender Formen. Dafür gewährt der Scrub zu jeder Jahreszeit wenigstens einige blühen. In der rauhen blühen Epacrideen und Kreuzdorngewächse. Zauberhaft ist seine Verwandlung im Lenz. Wo der Wanderer vorher nur einförmiges haideartiges Gesträpp von wenigen Arten einer und derselben Gattung zu sehen glaubte, brechen jetzt Blumen der verschiedensten Familien hervor. Ebenso zauberhaft währt die Blüthezeit des Scrub länger als die des Graslandes und dehnt sich sogar durch den furchtbaren Sommer hindurch bis zur Regenzeit aus. Es scheint fast, sagt unser Führer, als ob der Scrub unabhängig wäre von allen kosmischen Verhältnissen; er hat etwas Dämonisches. Unberührt von der Außenwelt, besteht er durch sich und schmückt sich für sich allein; seine Flora meidet den Europäer und wird von ihm vermieden, nur nothgedrungen vertieft sich der Colonist in die unwirthliche Oede. Das drängt uns abermals die Ahnung auf, daß wir uns hier in der That in zwei verschiedenen Schöpfungen bewegen, von denen die ältere die des Scrub sein mag. Noch wunderbarer wird uns derselbe, wenn wir bemerken, daß jede einzelne seiner Parcellen, daß jeder selbständige Scrub seine eigenthümlichen Arten besitzt, obschon jeder denselben kosmischen Verhältnissen unterworfen zu sein scheint. Das beweist uns nur, daß es den australischen Arten nicht so leicht wurde, wie in andern Ländern von ihrem ursprünglichen Heimatspunkte aus sich strahlenförmig zu verbreiten; das beweist uns nur, daß diese Punkte sich noch in einem natürlicheren Zustande, ungestört von allen äußeren Einflüssen, ähnlich befinden, wie das z. B. auf den Gala- pagos-Inseln der Fall ist, wo das ursprüngliche Bild der Pflanzendecke kaum noch von Menschen und Thieren getrübt wurde. Nicht unwesentlich möchte hierfür auch die Beobachtung Behr's sprechen, daß die fruchtbareren Gegenden die ärmsten an Arten und in der ganzen südaustralischen Colonie in auffallender Uebereinstimmung getroffen werden; denn diese Beobachtung setzt schlechterdings eine Pflanzenwanderung voraus. Es ist unsere innigste Ueberzeugung, daß der neuholländische Continent in jeder Hinsicht der seltsamste der ganzen Erde und somit im Stande sei, für das große Geheimniß der verschiedenen Schöpfungszeiten die überraschendsten Aufschlüsse zu geben, wenn die Forschung sich nur noch zeitig genug der bestehenden Verhältnisse bemächtigt, bevor die alte Ursprünglichkeit von der vor- dringenden Colonisation verdrängt ist. Denn seltsam genug muß man es nennen daß unter deren Fußtapfen (ein Beweis für die völlige Verschiedenheit dieser und der neueren Floren, die Solches nie zeigen) erweislich schon manche Pflanze spurlos von dem Continente und wahrscheinlich für immer verloren ist.

Dieser Schilderung getreu, erscheint der Vegetationscharakter Neuhollands im großen Ganzen überall derselbe. Dennoch wechseln die Arten und Typen auf der westlichen und östlichen Seite Südaustraliens so bedeutend, daß australische Geo- graphen ernstlich daran gedacht haben, sie aus einer verschiedenzeitigen Hebung des Landes zu erklären. Wir finden hierin nur das treue Gegenstück zur Flora des Kaplandes, die sich zu der von Natal nicht anders verhält. Nach Leichardt weichen beide Küsten jedoch mehr von einander ab, als wenn man, wie er that, von Mo- reten-Bay bis zum Norden des Continentes, bis nach Port Essington vor- dringt. Es versteht sich von selbst, daß, wenn Australien Berge besäße, welche bis zur Schneegrenze reichten, ähnliche Abstufungen der Pflanzendecke erscheinen müßten, wie in allen übrigen Erdtheilen. Solcher Berge besitzt das austra- lische Festland allerdings einige: das Begong-Gebirge (7000 engl. Fuß hoch), den Buller-Berg und den Cobberas. Was bei uns Buchen, vollführen hier Eucalypten: sie reichen in die subalpine Region hinauf und enden als Busch- werk. In der Bergregion scheinen kaum andere Gewächse aufzutreten, als die Thäler besitzen. Nur Epacrideen und Grasbäume (Thl. 1, S. 115) pflegen des steinigeren Bodens wegen die Berge zu bevorzugen. Ja, die ersteren tragen sogar diesen Charakter in ihrem Namen, welchen die Forster von epi-akris aus dem Griechischen ableiteten, und der wörtlich ohngefähr Berg- gipfler übersetzt werden könnte. Die eigentliche Alpenflor entspricht in vieler Beziehung der von Tasmanien und mischt sich ebenso merkwürdig mit euro- päischen Typen (Ranunkeln, Gentianen u. s. w.), wie die Flor der Thäler. Natürlich hat sie wieder ihre eigenthümlich australischen Formen hervorgebracht. Auch der Meeresstrand kennt sie. Strauchartige Salzkräuter (Salicornien) und mangleartige Gewächse (Thl. 1, S. 46) bekleiden ihn, beide scharf von einander geschieden, als ob die nordische Salicornienform sich nicht der tropischen Rhizophorenform nähern dürfe.

In der That würden wir nur ein unvollständiges Bild Neuhollands vor uns haben, wenn wir nicht der tropischen Formen gedenken wollten, welche überall die Länder dieser Zonen auszeichnen. Auch hier sind sie. Auch hier wird an einigen der begünstigsten Stellen die Waldung von Lianen durchschlungen, wenn sich liebliche Passionsblumen und andere Rankengewächse in ihr verweben. Die edle Form des Farrenkrautes hebt auch hier ihren Stamm baumartig über die niedere Strauch- und Kräuterwelt empor und verleiht dem Wanderer einen erhebenden Eindruck, je mehr er sich in ihren feuchten Schluchten, wo sie am liebsten gedeiht, verlassen findet. Selbst die Palmenform ist dem Lande nicht fremd, wenn wir sie noch nicht in Grasbäumen, Zapfenpalmen und Pandangs gefunden haben sollten. In den Dickichten der Flußufer von Neusüdwales, an den Abgründen und Abhängen der Seeküste, wo die Vegetation üppiger, fast tropisch ist, da sie von den Südostpassaten berührt wird, wo australische Fichten mit riesigen Gummibäumen (Eucalypten), in deren hohlen Stämmen Mann und Roß sich tummeln könnten, wo wurzelschlagende Feigenbäume gleich den indischen einen ganzen Wald für sich bilden und mit Lianen wechseln: hier ist es, wo die schlanke Bangala-Palme (Seaforthia elegans) und die hohe, stattliche Kohlpalme (Livistonia australis) uns wieder zum Orient zurückführen, so lange uns nicht das wunderbare Känguruh, der Bewohner dieser Dickichte, oder ein anderer australischer Thiertypus aus dem schönen Traume reißt.

So ist die Pflanzendecke einer Welt beschaffen, die zwar zu den jüngst entdeckten zählt, aber bereits durch ihre Colonien, ihre Kupfer- und Goldminen, ihre großartige Schafzucht von größter Bedeutung für Europa geworden ist. Schon hat sie Tausende unseres Vaterlandes verschlungen und Tausende werden sich noch zu ihr flüchten. Sie sollen durch meine Schilderungen, die sich auf die wenigen Oasen von Neusüdwales und des glücklichen Australien stützen, keineswegs verführt werden, ein Vaterland zu verlassen, das noch Millionen Raum und Arbeit bietet. Schwerlich wird Neuholland je etwas Anderes werden, als ein Viehzucht treibender Erdtheil. Darauf weist das allerdings herrliche Grasland nur zu sehr hin. Ein Land jedoch mit versiegenden Flüssen, mit Winden, welche, den inneren Wüsten entstammend, gleich dem Sirocco der Sahara wirken; ein Land mit einem versengenden Sommer, mit einer Regenzeit, die auch nicht immer eine hinreichende Feuchtigkeit liefert, mit so viel Steppen und Wüsten, mit so wenig fruchtbarem Erdreich, einer so dünnen Grasdecke, daß sie die Verdunstung des Wassers nicht hindern und die Humusbildung nicht fördern kann; ein Land mit so wenig Deltabildungen und so viel Salzsümpfen; ein Land überhaupt mit so vielen starren Gegensätzen, wo am Morgen (wie zu Adelaide) der Weizen noch grün, am Abend aber unter dem Einflusse des heißen Sirocco schon gereift sein kann, wird trotz seiner Goldlager das Schicksal des Kaplandes theilen. Wohl gedeihen Weizen, Gerste, Hafer, Kartoffeln, Rüben, Kohl, Wassermelonen, europäische Obstbäume, selbst Südfrüchte u. a. zum Theil außerordentlich; allein ein Boden, dem der Colonist an den meisten

Stellen erst mit einem großen Capitale reichlichen Ertrag abgewinnen kann, lohnt nicht das große Opfer, ein Vaterland zu verlassen, in welchem des Herzens Lebensfasern wurzeln. Es ist wahr, Neuhollands Vegetation hat ihre großen Schönheiten, allein der Colonist soll nicht als Pflanzenforscher gehen. Wo dieser entzückt sein mag, kann jener trauern, der nicht vermag, sich in dem furchtbaren Formenlabyrinthe der Vegetation zurecht zu finden, und das Grasland mit seinen heimischen Typen währt nicht das ganze Jahr. Und wenn dich nun das Schicksal in jene furchtbaren Einöden verschlüge, wo kein Baum, kein Strauch, kein Grashalm dein Auge im Sommer erfreut, wie um Burra-Burra, wo die Schäfer in wenigen Jahren dem Wahnsinn verfallen; dann wirst du klagen, wie ein anderer unserer Landsleute klagte: „Die Eisgefilde Sibiriens können nicht den traurigen Eindruck machen, wie diese schreckliche Einöde. Der Unglückliche, der Verbannte Sibiriens weiß doch wenigstens, es kommt die herrliche Frühlingssonne und schmilzt Eis und Schnee und kleidet mit Blitzesschnelle die Erde in saftiges Grün. Hier aber darf der Mensch keine Veränderung, keine Erfrischung erwarten, kein Frühling kommt, trostlos starrt er in die Oede und verlernt das Hoffen!"

Blicke nur hin auf das, was diese australische Natur ihrem eingebornen Menschen wurde, blicke nur hin auf seine Geschichte! Seine Geschichte? Es klingt wie ein Hohn. Er ist das treue Abbild seiner Heimat. Starr wie sie sind seine Naturanschauungen. Sie übertreffen die rohesten aller Völker. Selbst die Welt ist ihm eine stille Voraussetzung geblieben; denn so wenig hat ihn die seinige zum Denken erregt, daß er noch nicht an eine Schöpfungsgeschichte dachte. Ruhelos, wie der Trappe und Emu seiner Steppen, irrt er durch die schattenlosen Wälder und Savannen, hager und dürr, wie ihre Pflanzen. Nicht einmal einen Gesellschafter im Thierreiche hat ihm die Natur verliehen; denn diese entbehrt völlig jener herrlichen Wiederkäuer, welche doch das verwandte Südafrika so auszeichnen. Selbst der eingeborne Hund, der Dingo, irrt hungernd und dürstig wie er durch diese Pflanzenwüste. Kein Wunder, daß der Eingeborne zum Cannibalen wird und selbst das eigene Blut nicht verschont, wenn ihn der Hunger oder die seltsame Gier treibt, sich des menschlichen Nierenfettes zu bemächtigen. Er, welcher sich genöthigt sieht, den Körper mit Fetten einzureiben, um die raschere Ausdünstung seines nackten Leibes zu schwächen und damit die entsetzlichen Dämonen des Durstes zu bannen, gibt uns darin sofort einen nur zu fürchterlichen Maßstab eines Klimas, das wir das trockenste der Erde nannten. So ist der Mensch auch hier, wie die Pflanze, ein Kind und ein Maßstab der heimischen Natur. Der Wanderer, der solche Bilder denkend in sich aufnahm, eilt trüb hinweg aus einem Lande, wo die Natur statt saftiger Früchte dürre Zapfen und Wurzeln, statt duftiger Blumen Blätter, statt wohlthätiger Vierfüßler ein Heer von giftigen Schlangen und Scorpionen bot, wo der Gummibaum ihn auf jedem Schritte verfolgt.

Ansicht der Fichteninsel. Nach Hook.

III. Capitel.

Die westoceanischen Inseln.

Wir athmen wieder auf. Das unendliche blaue Meer umgibt uns, um uns von jetzt an auf unserer Weltumsegelung am längsten zu begleiten. Nach so viel Märschen durch Wüsten und Savannen thut sein Anblick dem Geiste doppelt wohl. Mit frischen Segeln geht es der südlichsten Spitze des australischen Continentes, geht es Tasmanien oder Vandiemensland zu. Es verhält sich in Lage und Größe wie Irland zu England, nur durch die Meerenge der Baß-Straße von dem Festlande getrennt, zu dem es vielleicht ehemals gehörte. Wenigstens entspricht der physikalische Charakter der südlichen Küste Victorias und des größten Theils von Gipps-Land genau dem von Tasmanien. Ebenso die Pflanzendecke. Viele Arten gehören beiden an. Ganz Tasmanien wiederholt das Bild Neuhollands. Prächtige Gummibäume (Eucalypten), riesiger als dort, oft die gewaltige Höhe von 500 engl. Fuß und den gewaltigen Stammumfang von 70 Fuß über der Wurzel erreichend, wölben auch hier ihre eleganten Kronen, oft an Lorbeergewächse erinnernd. Auf den feuchteren Gebirgen, deren Vegetation der außerordentlich üppigen des Feuer-

landes entspricht, wachsen sie zu jenen riesigen Gestalten heran und bilden
herrliche Wälder. Wenn dann sich in den feuchten Schluchten baumartige
Farrenkräuter mit 20 Fuß hohen Stämmen und 6 Fuß im Umfange haltenden
Wedelschirmen einstellen, unter denen der Tag zur Dämmerung wird, dann
erreicht die Vegetation den Ausdruck höchster Kraft und Ueppigkeit. Denn
hier auch ist es, wo sich zahlreiche Gewächse schmarotzend auf die Bäume verlieren, wo selbst die Farrenstämme durch eine zweite Pflanzendecke in übergrüne
Tinten gekleidet werden. Proteaceen, Acacien, Epacrideen, Myrtengewächse und
andere australische Typen vollenden das landschaftliche Bild. Selbst in kleineren
Eigenthümlichkeiten stimmen beide Länder überein. So z. B. im Besitz jenes
merkwürdigen Nesselbaums, den man eine vegetabilische Schlange nennen könnte.
Er ist ein großer Waldbaum mit weißem, weichem Holze, scharlachrother
Blüthe und mit Blättern, welche, mit furchtbaren Stacheln bewehrt, eine
dunkle, rauhe Oberfläche besitzen. Seltsam genug, tödten diese Stacheln mit
ihrem Gifte in kurzer Zeit das kräftigste Pferd unter den furchtbarsten Zuckungen,
während sie dem Menschen ungefährlich sein sollen. Auch die Culturgewächse
stimmen mit denen Neuhollands überein; nur die Südfrüchte gedeihen weniger;
dagegen europäische Obstbäume um so mehr. Damit Hand in Hand ist das
Land feuchter und fruchtbarer, der Ackerbau blühender, die Pflanzendecke grüner
und freudiger. Dennoch hat es nicht vermocht, den einheimischen Menschen
gesitteter zu machen, als er noch auf Tasmanien existirte. Wie das Kap,
sind Neuholland und die Insel nur durch fremde Gewächse colonisirt worden.
In der That erinnert auch seine Natur, wie schon Capitain Fourneaux,
Cook's Begleiter auf seiner zweiten Reise um die Welt, an der Südküste
des Landes fand, an die äußersten Spitzen Südafrikas, sowie Südamerikas.
Letzteres ist uns besonders wichtig; denn es macht sich selbst in der Pflanzendecke geltend. Wie am Feuerlande mächtige Buchenbestände die Physiognomie
des Landes bedingen, so auch hier; nur in andern Arten. So umsäumt die
Cunningham'sche Buche (Fagus Cunninghami) die unteren Abhänge des
5000 Fuß hohen basaltischen Olymp, während die Gunn'sche Buche (F. Gunnii)
als Strauch die Gipfel bedeckt. So zeigt sich aber auch sofort wieder das
Gesetz der Aehnlichkeiten, wenn ähnliche kosmische Verhältnisse über der Schöpfung
mehrer Länder walten. Eine völlige Uebereinstimmung würde eine Unnatürlichkeit sein; um einige Breitengrade dem Aequator näher gelegen, müssen sich diese
Buchenbestände durchaus mit andern Arten mischen. Es sind australische Formen.
Die Eucalypten entsprechen als Myrtengewächse denen des antarktischen Amerika,
die australischen Fichten (Callitris australis und Gunnii) denen Neuhollands,
die Sprossenfichten (Dacrydium Franklinii) den Araucarien Chilis; die farren-
artigen Zwergformen der Blattzweigler (Phyllocladus asplenifolia), eine sonderbare Gattung aus der Verwandtschaft der Zapfenbäume, leiten endlich mit
den Sprossenfichten bereits zu Neuseeland hinüber. Das sind dieselben Gleich-
heiten, Aehnlichkeiten und Verschiedenheiten, die uns überall aus entsprechenden
Zonenverhältnissen hervorleuchten und so wesentlich dazu beitragen, Einheit

in dem scheinbaren Chaos der Pflanzenverbreitung finden zu lassen. (Vgl. Thl. 1, S. 268 und 269).

Schon haben wir mit einem Fuße das wilde Neuseeland betreten. Was Tasmanien nur begann, vollendet diese mächtige Insel, begünstigt durch ihre gebirgige Natur und ihre Entfernung von Wüsten. In wildtobenden Katarakten stürzen mächtige Wassermassen von steilen Gebirgen hernieder, tiefe Ströme durchfurchen die hügligen Thäler. Dies, die gewaltigen Höhen der Berge, die sich selbst bis zu 14,000 Fuß im vulkanischen Haupapa an der Cook-Straße erheben, das regenreiche Klima und die hierdurch bedingte außerordentliche Ueppigkeit der düstergrünen Vegetation verleihen zugleich den Eindruck des Wilden, Unwirthlichen, Leidenschaftlichen, Gigantischen. So das Bergland. Das Hügelland mindert diesen Eindruck trotz seiner ruhigen Umrisse nicht. Aus der Ferne betrachtet, scheint es von einer groben Weide bedeckt zu sein; in der Nähe gesehen, löst sich diese Form in Farrenkräuter auf. Alle Hügel sind dicht mit ihnen und einem cypressenartigen Busche bekleidet. Trotz dieses Grüns, welches hier die Stelle der Wiesen vertritt, wird der Geist nicht erhoben. Der Anblick so vielen Farrenkrautes, erzählt Darwin, verleiht den Eindruck der Unfruchtbarkeit, so wenig das auch in den Boden und in den Farren selbst begründet ist. In beiden wohnt ein nicht unbeträchtlicher Lebensreichthum: gerade wo die Farren baumartig emporsprossen, gibt das Land reichlichen Ertrag, und dieselben Farren gewährte die Natur dem Neuseeländer als ein bemerkenswerthes Nahrungsmittel. Ein Eingeborner, sagt der Genannte, kann immer von diesen und den Muscheln leben, die sich überall an der Seeküste finden. Nach Forster erzeugt ihm der baumartige Mamagu (Cyathea medullaris) diesen Dienst. Er ist in den Waldungen häufig und enthält sowohl in dem Wurzelstocke, wie dem unteren Stammtheile ein schwammiges Mark, die gewünschte Nahrung. Sie entspricht dem eßbaren Mark der Sagopalme und wird geröstet genossen. Bekanntlich leisten im australischen Inselmeere noch einige andere Farren dieselben Dienste: auf Tahiti die Narré (Pteris esculenta), eine Verwandte unseres Adlerfarrens, auf den Gesellschaftsinseln, Neuseeland und andern Inseln die der letzteren verwandte eßbare Gleichenie mit wiederholt gablig getheilten Wedeln (Gleichenia Hermanni). Ein eigenes Interesse knüpft sich für den Forscher an diese Farrenfluren. „Einige von den Ansiedlern", erzählt Darwin, „glauben mit vieler Wahrscheinlichkeit, daß dieses offene Land ursprünglich mit Wald bedeckt war, der durch Feuer ausgerottet wurde. Wenn man auf den nacktesten Stellen gräbt, sollen sich oft Klumpen des Harzes finden, das von der Kaurifichte fließt. Die Eingebornen hatten einen triftigen Grund zu diesem Ausrotten; denn an diesen Stellen wächst das Farrenkraut am besten, das früher eines der Hauptnahrungsmittel war." Dieser Ansicht steht eine andere gegenüber, welche gleichfalls von Neuseeland ausging. Sie bestätigt zunächst das merkwürdige Vorkommen des Pflanzenharzes in erstaunlicher Menge, behauptet aber, daß die ehemaligen Wälder nur durch natürliches Aussterben verschwunden seien;

eine Ansicht, welcher sich selbst die merkwürdigen Riesenvögel anschließen,
welche erst in der historischen Zeit auf Neuseeland ausstarben. In der That
steht dieser Ansicht nichts entgegen; vielmehr wird sie durch eine Menge ähnlicher
Erfahrungen gestützt, die wir schon weitläufiger (Thl. 1, S. 102) besprachen.
Es geht für uns daraus wieder die Mahnung hervor, den Untergang früherer
Schöpfungen weniger stürmischen Revolutionen als dem Gesetze zuzuschreiben,
daß auch die Arten wie die Individuen sterben. Mit dem Tode des Einen
beginnt das Leben des Andern. So erklärt sich einfach der überwuchernde
Farrenteppich. Er findet sein Gegenstück auch anderwärts. Auf lichten, namentlich entwaldeten Stellen sproßt im niederen und höheren Gebirge nicht
selten ein ähnliches Bild hervor. Im salzburgischen Gebiete des Pongau habe
ich ganze Alpen nur von Farrenkräutern bekleidet gesehen. Dennoch mag
Neuseeland darin jedes andere Land übertreffen. Das führt uns zu einer
neuen Eigenthümlichkeit dieser merkwürdigen Insel. Sie beruht in der fast
gänzlichen Abwesenheit geselliger Gräser. Reich an Bäumen, ist das Land
überhaupt auffallend arm an krautartigen Pflanzen und ermangelt fast durchaus
der jährigen Kräuter. Damit stimmt der große Mangel anderweitiger vegetabilischer Nahrungsmittel überein. Georg Forster erzählt uns nur von
wenigen, die man zu Cook's Zeiten fand. Ein wilder Sellerie (Apium);
eine Kressenart (Lepidium oleraceum), welche in seinen Reisen als Löffelkraut
bezeichnet ist; die Beeren der Vogelkartoffel (Solanum aviculare), in deren
Genuß sich der Neuseeländer mit den Vögeln theilte; die dunkelrothen Beeren
der Coriaria sarmentosa, eines Strauchs mit langen, vierkantigen,
niederliegenden und sehr verästelten grünen Ausläufern; der Tallo oder Tarro,
eine Aronart (Arum esculentum), welche über den ganzen Archipel des Großen
Oceans verbreitet ist, und eine Art Spinat (Tetragonia halimifolia) von
meldenartiger Tracht, aber zu der Verwandtschaft der Eiskräuter gehörig, ist
Alles, was der Genannte seiner Zeit von eßbaren Pflanzen zu erwähnen
wußte. Der neuseeländische Spinat gewinnt uns noch ein anderes Interesse
ab; denn ein Kind des savannenartigen Waldsaumes, entspricht er den Hotten-
tottenfeigen und Tetragonien Südafrikas und Neuhollands. Doch begrüßt
uns noch ein solches Analogen. Es ist derselbe Baum, welcher der Cook'schen
Expedition die Blätter zu ihrem Thee lieferte, eine Melaleuke (M. scoparia)
aus der Familie der Myrten. Eine solche dient auch auf dem australischen
Continente als Theebaum, ohne doch durch mehr als einen gewürzigen Absud
an den chinesischen zu erinnern. In der That neigt sich die neuseeländische
Pflanzendecke, wie die tasmanische, der von Südafrika und der Südspitze
Amerikas zu, ja durch ihren Lebensbaum (Thuja Doniana Hook.) erinnert
sie sogar an die nordamerikanische und aleutische, durch zwei Podocarpus-
Arten (P. spicata und ferruginea) an die indische, durch eine Pfefferpflanze
(Piper australe) an die tropisch-amerikanische, durch ihre Buche (Fagus fusca) an
die Flor des Feuerlandes. Dennoch birgt sie überaus typische Gewächse in
sich. Die Krone ihrer Schöpfung ist die Kaurifichte (Dammara australis;

Thl. 1, S. 22) und der Sprossenbaum oder die neuseeländische Sprossenfichte (Dacrydium cupressinum), so genannt, weil sie der Cook'schen Mannschaft in ihren Sprossen, ähnlich wie die nordamerikanische Sprossenfichte (Pinus nigra und alba), unter Zusatz von Bierwürze und Syrup eine Art Bier lieferte, welches in kurzer Zeit die wohlthätigsten Einwirkungen auf die unter dem polaren Eisklima des südlichsten Erdtheils scorbutisch Erkrankten übte. Noch bewahre ich im freudigen Hinblick auf diese große Entdeckungsreise und den lichtvollen Geist, der sie als Naturforscher begleitete, den Zweig auf, welchen Georg Forster diesem Baume entnahm. Cypressenartig schießt er bisweilen zu einer Höhe von 100 Fuß auf, während sein Stamm gegen 10 Fuß im Umfange hält. Aber seine Zweige stehen nicht cypressenartig und pappelähnlich empor, sondern hängen tannenartig nachlässig herab. Nur seine Nadeln könnte man cypressenartig nennen. Dicht gestellt, ähneln sie den Fichtennadeln und hängen wie Faden von den Zweigen herab. Noch riesiger strebt die Kaurifichte empor. Merkwürdig zugleich durch seine Glätte und cylindrische Gestalt, wächst der Stamm, eine vollendete Säule, astlos bis zu der Höhe von 60—90 engl. Fuß in gleichem Umfange. Nahe der Wurzel hat man ihn schon von 30—40 Fuß gemessen. Erst in jener bedeutenden Höhe erscheint die Krone. Sie ist sehr unregelmäßig verzweigt, und die Blätter erscheinen, mit den Aesten verglichen, unbedeutend. So bildet der gewaltige Baum häufig fast ausschließlich ganze Waldungen, das werthvollste Eigenthum der zweitheiligen Insel. Wo sie sich finden, werden sie gern von den anmuthigen Gestalten baumartiger Farren begleitet. Ueber sie hebt selbst noch die Palme ihr edles Haupt empor; um so mehr, je dichter die Waldung wird. Es ist die Cabbage-Palme (Areca sapida), eine Verwandte der Betel-Palme, im australischen Archipel die letzte ihrer Verwandtschaft. Auf der Insel Tanna, im Inselmeere der Neuen Hebriden, erscheint ihre Vertreterin in der Areca oleracea. Zu der Palmenform gesellt sich die pandangartige Banks'sche Freycinetia (Freycinetia Banksii) und die seltsame Gestalt der Drachenbäume (Thl. 1, S. 180). Zwei Arten (Dracaena australis und indivisa), ein charakteristisches Merkmal Neuseelands, pflegen sich da einzustellen, wo die Natur des Landes am wildesten hervortritt: an den schäumenden Cascaden. Hier sind sie mit ihren palmenartigen Stämmen und buschigen Ehrenpreisarten (Veronica) die Zierden der Landschaft. Wo sich der Wald mit solchen Typen schmückt, wo noch die tropischen Formen schmarotzender Orchideen auf den Bäumen lachen, die genannte Freycinetie sich als Liane durch sie schlingt, da fehlt jeglicher Pfad; düster weist der noch unentweihte Urwald den Wanderer von sich, wie ihn die ganze Natur Neuseelands abstößt. Wenn auch an den nördlicheren Gestaden die tropischen Gestalten dichter Mangrovewaldungen (Avicennia tomentosa) ihn an bessere Gefilde mahnen, die ganze Natur zeigt uns, vom Meer oder Land aus gesehen, ein abschreckendes Aeußere. Was können wir unter solchen Verhältnissen von dem Menschen erwarten, der eine solche Heimat zu seinem Wohnsitze wählte? Nur das Abbild derselben, einen Cannibalen. Sonderbar,

des Neuseeländers Sprache deutet so offen an eine nahe Verwandtschaft zu
dem sanften Tahitier, und doch gehört er zu den reizbarsten und blutdürstigsten
Stämmen der Erde. Leidenschaftlich wie die ganze Natur, die hier in tobenden
Katarakten und Vulkanen am deutlichsten spricht, ist sein Charakter, schrecklich
seine Rache, die nur mit Vernichtung des Feindes endet. Sein ganzes Wesen
liegt in seinem verzerrten, confiscirten Gesichte, in dem Schmuze seines Leibes.
Dafür ist er aber auch kein Sohn einer tropischen Insel, wie der Tahitier, sondern
einer stürmischen gemäßigten Zone, ein bedauernswerthes Mitglied der menschlichen Gesellschaft. So wenigstens urtheilte schon zu Cook's Zeiten der junge
O-Hedidi von Borabora, ein Gesellschaftsinsulaner. „Er bemerkte ganz richtig",
erzählt Forster, „daß die Neuseeländer weit übler daran wären, als die Bewohner der tropischen Inseln, und wenn er uns vergleichungsweise die
Vortheile berechnete, welche diese vor jenen voraus hätten, so unterließ er nie,
sie deshalb herzlich zu bedauern." Und in der That waren sie damals übel
daran, vom Pflanzenreiche so gut wie verlassen, nur auf Muscheln und
Fische angewiesen, wahre Ichthyophagen, darum, wie schon Georg Forster
meinte, um so wilder, je aufregender das alkalienreiche Fischfleisch auf
Körper und Geist wirken mußte. Es gehört einmal als ein Lichtpunkt in die
Geschichte des christlichen Europäers, aus diesen furchtbaren Zuständen nicht durch
ein dogmatisches Christenthum, sondern durch jene große Liebe, die auch der
Kern des wahren Christenthums ist, erlöst zu haben, welche sich zuerst bemüht,
die Ursachen wegzuschaffen, welche den Cannibalismus beförderten. Neuseeland
ist durch Europas Culturpflanzen, namentlich durch die Kartoffel civilisirt
worden. Wie sie gedeihen, gedeiht auch der Zustand des Eingebornen, wenn
er auch noch weit entfernt von dem Ziele sein mag, was wir ihm menschlich
wünschen müssen. Nur ein Geschenk hatte ihm die Natur gereicht, das zu
den unentbehrlichsten in solcher Natur zählt. Der vierfüßigen Thiere ermangelnd,
würde der Mensch in diesem regenreichen Klima ziemlich das Schicksal des
Feuerländers haben theilen müssen, wenn er nicht wenigstens von der Natur
den Stoff zu einem Kleide erhalten gehabt hätte. Was auf den tropischeren
Südseeinseln der Papiermaulbeerbaum, war und ist dem Neuseeländer jene
wohlthätige Pflanze, welche wir als den neuseeländischen Flachs (Phormium
tenax) kennen. Zugleich ein Erzeugniß der Ostküste Neuhollands, eines der
wenigen Gewächse, welches beiden Ländern gemeinsam ist, wächst es, ohne
wählerisch zu sein, am liebsten in morastigem Boden. Es gehört zu der
Familie der lilienartigen Hemerocalliden und gleicht hinsichtlich des Stengels
den Schwertlilien. Die untere Fläche des Blattes hat, belehrt uns Darwin,
eine Lage von starken seidenartigen Fasern, und die obere besteht aus grüner
vegetabilischer Masse, die mit einer gebrochenen Muschel abgeschabt wird.
Der Flachs bleibt somit in den Händen der Arbeiterin. Derselbe gehört zu
dem haltbarsten im ganzen Pflanzenreiche, zeichnet sich gleichzeitig durch Weichheit
und seidenartigen Glanz aus, liefert dem Neuseeländer bis auf den heutigen
Tag die Faser zu Kleid und Netzen und dürfte bei gesteigerter Cultur dereinst

einen Handelsartikel abgeben, welcher nicht minder wohlthätig auf die Gesittung des Neuseeländers zurückwirken möchte, als bereits die europäische
Colonisation gethan. Die Natur, welche den Menschen in Ketten und Banden
schlagen kann, vermag ihn auch wieder frei zu machen, wenn er sich nur
seines innewohnenden geistigen Capitals bemächtigen und damit herrschen will!

Obschon die Südspitze
Neuseelands nun einige Grade
südlicher als selbst Tasmanien liegt und bereits in die
kältere gemäßigte Zone hineinragt, so ist sie doch noch nicht
das letzte Eiland mit einer ächt
australischen Physiognomie.
Was die Falklandsinseln
(Malouinen) für die Süd-
spitze Südamerikas, ist der
Aucklands-Archipel für den
australischen Continent, der
letzte feste Punkt, der an ihn
erinnert. Dies und seine Lage
unter derselben Breite (51°
s. Br.) rechtfertigen allein
einen Ausflug dahin. Düster,
wie der Anblick des Feuerlandes, ist hier die Pflanzendecke. Von Tasmanien an
hat sie sich allmälig, je südlicher, in immer braunere
Tinten gekleidet, die hier ihre
Vollendung erreichen. Sie
rühren von den verwaltenden
Myrtengewächsen her, denen
sich in gleiche Farben getauchte
Araliaceen und Epacrideen
anschließen. Letztere vertreten
hier die heidelbeerartigen
Sträucher der nördlichen
Halbkugel und der Südspitze

Der neuseeländische Flachs (Phormium tenax).

Amerikas. Dafür theilen die Aucklands-Inseln mit dieser die baumartigen
Ehrenpreisarten (Veronica). Sie wachsen oft so dicht, daß sie im Verein
mit den vorhin genannten die Sonne vom Boden abhalten. Trotz so südlicher
Breite gehören die Veronica-Bäume zu den prächtigsten Gewächsen. Wenn
ihre Blumen hier im intensivsten Azurblau erglänzen, dort im reinsten Schnee

duftend die Zweige bepudern, mildern sie lebhaft das Düstere ihrer Umgebung. Wie auf den Malouinen, spielen zu ihren Füßen europäische Kräuterformen: Ranunkeln, Schaumkräuter, Geranien, Fingerkräuter, Wegbreite, Weidenrosen, Sonnenthau, Moose, Flechten, Gentianen u. a. Wie auf nordischen Alpen, duften Gräser am köstlichsten. Mariengräser (Hierochloa Brunonis) ersetzen hier das mangelnde Ruchgras unserer heimischen Wiesen, prächtige Lilien das schöne Beinheil (Xanthecium) unserer moorigen Haiden. Letztere, zu den Asphodeleen gehörig und gleichzeitig auch die südlicheren Vertreter des neuseeländischen Flachses, wachsen vom Meeresufer bis zu 800 Fuß Höhe und charakterisiren die Landschaft um so mehr, je weiter sie verbreitet sind. Eine Viertelmeile weit erscheint oft der Boden mit diesen gelben Blumen wie mit Goldflittern besetzt. Noch $1\frac{1}{2}°$ südlicher wiederholt sich auf der CampbellsInsel dieselbe Flor. Wo die (1200 Fuß hohen) Berge gegen die Südwestwinde schützen, entfaltet sich noch einmal ein prächtiger Anblick. Zwei baumartige Farrenkräuter sind hier die letzten Verkündiger einer milderen Natur nördlicherer Breiten. Südlicher hinab ruft die Pflanzendecke dem Seefahrer ihr trauriges Lebewohl zu.

Wir eilen, aus dieser Zone zu kommen, die uns nur durch ihre Vergleichung mit entsprechenden Ländern von Interesse war. Es gilt, nördlichere Breiten zu gewinnen, um das ganze Bild Oceaniens in uns aufzunehmen. Wir segeln zur Norfolk-Insel, wo der neuseeländische Flachs 9 — 10 Fuß hoch emporschießt und von einem milderen Klima spricht, in dem wir uns bereits befinden. Sie ist ein Mittelglied zwischen Neuseeland, Neu-Caledonien und den Neuen Hebriden, berühmt als das Vaterland der stolzen Säulencypresse (Araucaria excelsa), welche der Fichteninsel (Isle of pines; s. Abbild. S. 177) von Seiten Cook's ihren Namen verschaffte. Sie muß uns als Vertreterin der Araucarien in der Südsee vom höchsten Interesse sein. Gegen 90 — 100 Fuß hoch strebt der Stamm gerade und pyramidenförmig empor; in herrlichster Symmetrie stellen sich seine selten über 10 Fuß langen Aeste quirlförmig, im Verhältniß zu ihm jedoch sehr dünn, darum etwas hängend um ihn herum, während die Zweige von starren, dichtgedrängten, sitzenden, lanzettlichen oder pfriemlichen Blättern schuppenförmig bekleidet werden. Zu dieser erhabenen Araucarie, wie sie der lateinische Name bezeichnet, gesellen sich baumartige Farrenkräuter, unter denen uns der Mamagu darum überrascht, weil wir ihn schon auf Neuseeland als eine eßbare Art fanden. Auch Freycinetien und CabbagePalmen stellen sich nebst Pfeffersträuchern, den Zeichen einer nahenden indischen Vegetation, als neuseeländische Formen ein. Dagegen erinnern Eiskräuter, Tetragonien, Exocarpen u. a. an Neuholland. Noch andere leiten bereits zu der mehr indischen Flor der Südseeinseln über. So z. B. Nesselgewächse in den strauchartigen Böhmerien, Jasmine, der lindenblättrige Hibiscus (H. tiliaceus), eine baumartige Malve, aus deren Holze einige Südseeinsulaner reibend ihr Feuer gewinnen, u. a. Man sieht hieraus, wie die Floren allmälig in einander übergehen und wechselseitig selbst in entfernte Gebiete übergreifen, je nachdem sie sich nach den klimatischen Veränderungen entsprechen oder von einander entfernen. Das ist es auch, was die meisten Inseln des Großen Oceans unter sich zusammenhält.

Je weiter wir westlich nach Norden steuern, um so indischer wird die Pflanzendecke. Neu-Caledonien ist schon wieder eine Brücke dahin. Pisang und Zuckerrohr erscheinen, die friedlichen Boten einer milderen Zone, während myrtenartige Jambosbäume (Eugenia moluccensis), von hier bis zu den Sandwichs-Inseln verbreitet, sich über ihnen wölben. Sofort auch begrüßt uns ein edleres Bild des Menschen. Obgleich dies große Eiland trotz der dichten

Ansicht von der Insel Tanna im Archipel der Neuen Hebriden. Nach Cook.

Manglewälder am Meeresufer ein überaus unfruchtbares ist und der Mensch auch hier zu Cook's Zeiten nur auf Fische und Vögel angewiesen war, scheinen doch Pisang und Zuckerrohr, Tarro und Yams als vegetabilische Nahrung die stimulirende der Fische bedeutend gemildert zu haben. Wir werden auf Tahiti diesen heilsamen Einfluß in seiner ganzen Bedeutung kennen lernen. Wir bemerken hier nur, daß von nun an auch das Leben des Menschen immer indischer, d. h. immer mehr auf die herrlichsten Vegetabilien hingewiesen wird, von denen der Südseeinsulaner, wie der Indier vom Reis, erstaunliche Massen zu sich nimmt, um die gehörige Menge Stickstoff seinem Körper zuzuführen.

Was Neu-Caledonien zu wenig, besitzt der Archipel der Neuen Hebriden

zu viel, die größte Ueppigkeit und Fruchtbarkeit. Wir können es uns nicht
versagen, mit Forster einen Augenblick bei diesem schönen Bilde zu verweilen,
wie es ihm die Insel Tanna (d. i. Erde) bot; um so mehr, als sie gleichsam
das Tahiti der westoceanischen Inseln ist. Dichte Waldung umgibt uns
auf den Hügeln und hindert die Aussicht. Wo uns jedoch eine Durchsicht
wird, genießen wir ein nm so reizenderes Schauspiel. Weite Pflanzungen
liegen an den Abhängen der Hügel, fleißige (nackte) Menschen sind in voller
Arbeit begriffen. Sie fällen oder beschneiden Bäume, bestellen ihr Land statt
eines Spatens mit einem dürren Ast und setzen Yams oder andere Wurzeln.
Anderwärts ertönt die Melodie eines einfachen Liedes zur Arbeit. Fürwahr,
die Gegend ist zum Entzücken schön und selbst Tahiti kann sich nicht leicht
einer schöneren Landschaft rühmen. Dort ist das ebene Land nirgends über
2 engl. Meilen breit und meist mit ungeheuren Felsenmassen begrenzt, deren
schroffe Gipfel gleichsam herabzustürzen drohen; hier aber haben wir eine ungleich
größere Strecke Landes voll sanft abhängender Hügel und geräumiger
Thäler vor uns, die alle angebaut werden könnten. Auch die Plantagen
hemmen die Aussicht nirgends; sie werden ja nur von den niedrigen Gebüschen
der Pisangs und Yams, des Arums und Zuckerrohrs gebildet. Nur hin und
wieder streckt ein einzelner Baum den dickbelaubten Wipfel in die Höhe, von denen
einer immer malerischer geformt ist, als der andere. Hinter uns ist der Gesichtskreis durch eine Anhöhe eingeschlossen, auf deren Rücken überall Gruppen von
Bäumen stehen, und aus diesen ragt zum ersten Male in der Südsee die stattliche
Krone der Cocospalme in großer Menge hervor. „Wer es je selbst erfahren
hat, welch einen ganz eigenthümlichen Eindruck die Schönheiten der Natur in
einem gefühlvollen Herzen hervorbringen, der, nur der allein kann sich eine
Vorstellung machen, wie in dem Augenblick, wo des Herzens Innerstes sich
aufschließt, jeder sonst noch so unerhebliche Gegenstand interessant werden und
durch unnennbare Empfindungen uns beglücken kann. Dergleichen Augenblicke
sind es, wo die bloße Ansicht eines frisch umgepflügten Ackers uns entzückt, wo
wir uns über das sanfte Grün der Wiesen, über die verschiedenen Schattirungen
des Laubes, die unsägliche Menge der Blätter und über ihre Mannigfaltigkeit
an Größe und Form so herzlich, so innig freuen können." Diese mannigfaltige
Schönheit der Natur liegt in ihrem ganzen Reichthum vor uns ausgebreitet.
Die verschiedene Stellung der Bäume gegen das Licht gibt der Landschaft
das herrlichste Colorit. Hier glänzt das Laub des Waldes im goldnen Strahl
der Sonne, während dort eine Masse von Schatten das geblendete Auge
wohlthätig erquickt. Der Rauch, der in bläulichen Kreisen zwischen den
Bäumen aufsteigt, erinnert uns an die sanften Freuden des häuslichen Lebens.
Der Anblick großer Pisangwälder, deren goldne, traubenförmige Früchte hier
ein passendes Sinnbild des Friedens und Ueberflusses sind, erfüllt uns mit
dem herzerhebenden Gedanken an Freundschaft und Volksglückseligkeit, und das
Lied des arbeitenden Ackersmannes, welches in diesem Augenblicke ertönt, vollendet das Gemälde gleichsam bis auf den letzten Pinselstrich. Gegen Westen

Vegetation Ansicht von einem Gebirgswege auf de den Bonininseln. (Nach H. v. Kittlitz.)

zeigt sich die Landschaft nicht minder schön. Die fruchtbare Ebene wird daselbst von einer Menge reicher Hügel begrenzt, wo Waldungen und Obstgärten mit einander abwechseln. Ueber sie ragt eine Reihe von Bergen hervor, die den Gebirgen der Gesellschaftsinseln gleichzukommen, jedoch nicht so jäh und rauh zu sein scheinen. Selbst das einsame Plätzchen, aus welchem wir diese Gegend betrachten, hat die Natur nicht ungeschmückt gelassen. Es ist eine Gruppe der schönsten Bäume, an deren Stämmen sich mancherlei wohlriechende, blühende Schlingpflanzen und Glockenwinden hinaufranken. Das Erdreich ist außerordentlich fett und dem Wachsthum der Pflanzen so günstig, daß verschiedene Palmen, die vom Winde umgeworfen wurden, ihre Gipfel fast durchgehends von der Erde wieder in die Höhe gerichtet und neue, grünende Zweige getrieben haben. Vögel von allerlei buntem Gefieder beleben diesen schattenreichen Aufenthalt und ergötzen das Ohr oft unerwartet mit harmonischen Liedern. Ueber uns der Himmel heiter, das Säuseln des kühlen Seewindes unter heißer Sonne um uns her, so stehen wir da, versunken im Anblick solcher Landschaften und genießen in Ruhe des Herzens all das Glück, welches ein solcher Zusammenfluß von angenehmen Bildern nur gewähren kann. In der That, setzen wir hinzu, verleihen nur Inseln mit der Aussicht auf das unendliche Meer, oder Berge mit dem Blick in die unendliche Ferne jenen großen Naturgenuß, wo uns ein weites Panorama immer und immer wieder an den Menschen, seinen Fleiß, seine Leiden und sein Glück erinnert; einen Naturgenuß, in welchem die Pflanzenwelt eine der wichtigsten Stellen einnimmt. In solcher Stimmung allein wird sie menschlich und vielleicht nirgends auf der Erde paradiesischer genossen, als auf den Südseeinseln.

Von solchen Bildern belebt, segeln wir rastlos weiter; sei es auch nur, um einen flüchtigen Blick auf einige der vielen tausend Inseln zu werfen, welche im Großen Oceane plötzlich emportauchen. In westlichem Curse gelangen wir bald an die Küsten Neu-Guineas, der Solomons-Inseln, Neu-Britanniens, Neu-Irlands u. s. w. Immer indischer wird die Pflanzendecke und immer tropischer. Zu den edlen Formen der Palmen und Bananen gesellt sich die riesige Grasform der Bambusen, und Sagopalmen erheben ihre Häupter neben baumartigen Farrenkräutern und Pandanggestalten. Schon erhebt auch der Brodbaum seine Wipfel, und der indische Teakbaum (Tectonia grandis) führt uns im Geiste nach Indien zurück. So bleibt sich im Allgemeinen der Vegetationscharakter bis zu den Carolinen, Marianen und dem Bonin-Sima-Archipel gleich. Schattenreiche Waldungen, dicht verwebt von mannigfaltigen Lianen, und von mancherlei abweichenden Typen zusammengesetzt, sind sie der entschiedenste Gegensatz zu dem australischen Continente, welcher bisher den Maßstab bildete, Alles auf ihn zurückzubeziehen. Nur äußerst wenige seiner Typen ziehen sich noch über einen großen Theil der Südseeinseln, am weitesten die Trauerform der Casuarinen. Ein Blick in die Waldungen Bonin-Simas nach Herrn v. Kittlitz möge das Pflanzenbild der westaustralischen Inseln beschließen. (S. Toubilt.)

IV. Capitel.

Die ostoceanischen Inseln.

Soweit wir auch segeln mögen, das Bild der Pflanzendecke bleibt sich in entsprechenden Breiten in der Südsee völlig gleich. Haben wir nördlich vom Gleicher die Sandwichs-Inseln, südlich von ihm die Gesellschaftsinseln gesehen, so haben wir auch die übrigen in ihrem Pflanzenkleide kennen lernen. Beide sind auf ihren Halbkugeln die entsprechenden Paradiese der Südsee. Der jedoch, welcher darauf gerechnet hätte, lassen wir uns von unserem schwedischen Freunde Anderson mittheilen, es werde auf den Sandwichs-Inseln, wo wir außerhalb Honolulu vor Aahei Anker werfen, eine üppige Natur mit tropischer Schönheit den müden Segler erquicken, dürfte bei dem Anblick der Insel sich leicht vollkommen getäuscht halten. „Vom Meere aus in einer gewissen Entfernung gesehen, ragt die Insel wie ein gigantischer Felsen empor, ihre nackten, grauen Gipfel gegen den hellblauen Himmel erhebend. Wenn man aber näher kommt, gestaltet sich Alles anders. Um den Strand finden sich viele erloschene Vulkane mit kegelförmigen Kratern, deren Seiten von Laraströmen durchfurcht sind. Die Berge zeigen jetzt gleichsam ihre Rippen, wodurch tiefe Thäler und dazwischenliegende Ebenen zum Vorschein kommen, und wenn man Anker wirft, kann man nicht läugnen, daß das Schauspiel, welches man vor Augen hat, aussöhnend und lächelnd ist. Nach den Gipfeln zu sind die hohen Berge in allen ihren verschiedenen Formen mit grünen Wäldern bekleidet. Die tiefen Thäler schlängeln sich keck zwischen den ernsten, steilen Höhen hin, bedeckt mit Wohnungen und Pflanzungen, die von Wohlbefinden und Arbeitsamkeit zeugen, und unten am Strande breitet Honolulu seine weiten Häuserreihen aus, über denen sich der nackte Punchbowl-Hill, ein ausgebrannter Vulkan, erhebt, grell gegen seine grünen Nachbarn abstechend. Rechts von dem Vulkane, unmittelbar an der Küste, wird der Blick von einem gewaltigen Cocospalmenhain gefesselt, der seine lichten Stämme und fächelnden Palmenkronen gen Himmel hebt. Weiter westlich sieht man große Salzseen, von dem Salze wie von einer Eiskruste bedeckt. Das Ganze gewährt ein Bild voll Abwechslung, dessen höchst eigenthümlicher Grundton keineswegs durch die Korallenriffe geschwächt wird.“ Wir landen in dem von Korallenriffen umgebenen Hafen, an denen sich gewaltsam die Wellen brechen, ihre Nähe verrathend, und bald drängt es uns in die freie Natur, an lieblichen Landhäusern, grünen viereckigen und reichbewässerten Tarrofeldern (S. 189), an gähnenden Abgründen vorüber hinauf in die 5000 Fuß hohen Berge, wo hundert Quellen den Felsenhäuptern entströmen, um die heiße Ebene zu bewässern und sie in jenes herrliche Grün zu kleiden, das ein so hervorstechender Zug in der Physiognomie der Südseeinseln ist. Auf dem Gipfel angekommen, eröffnet sich uns ein majestätischer Anblick. „Rechts und links heben sich die steilen Felsenspitzen, die buchstäblich in den dichtesten Schleier grüner Wälder mit ihren wehenden Wipfeln und flimmernden

Blüthen eingehüllt sind, und über dem Boden bilden Lobelien und die Dracaena terminalis ein mehre Ellen hohes Netz von verschlungenen Zweigen und Schößlingen, sodaß man am bequemsten durch den Wald kommt, wenn man auf die Aeste der Bäume klettert; denn den Fuß auf den Boden zu setzen — daran ist nicht zu denken. Die allerobersten Lavakuppen (von denen sich bekanntlich einige [Mannas, d. i. Berge] bis zu 7900 Fuß im

Die Sumpfpflanze Arum Colocasia, naturverschönert.

Warari, bis zu 12,600 Fuß im Kea und bis zu 12,900 Fuß im Koah erheben) verbergen sich tief in den Wolken, wo keine Blüthe duftet, kein Leben mehr gedeiht, aus welchen aber die Feuchtigkeit strömt, die das untenliegende Land befruchtet." Der Drachenbaum erinnert uns sowohl an Neuseeland, wie an die atlantischen Inseln. Doch neigt sich die Flora der Sandwichs-Inseln mehr der californischen zu, woher sie auch den Weinstock erhielt.

Selbst Chinabäume gedeihen hier, strauchartige Wolfsmilchgewächse leiten zu den Galapagos hinüber, während Guttibäume (Guttiferen) und Sapindaceen die ost- und westindische Flor zu vermitteln scheinen. Von beiden gleichweit entfernt, hat sich in der neuesten Zeit noch eine andere Bedeutung an sie geknüpft, die Vermittelung des großen Völkerhandels zwischen dem Atlantischen und dem Großen Ocean; eine Lage, welche in Verbindung mit dem herrlichen Klima, das zwischen 16—40° N. schwankt, ihnen am Wege einer so großen Völkerstraße von Europa nach China die größte Wichtigkeit geben mußte. Da jedoch im großen Ganzen auch hier die Natur mit jener der Gesellschaftsinseln übereinstimmt, so eilen wir abermals von dannen, um dem letzten wichtigen Punkte Oceaniens zuzusteuern und hier das ganze volle Bild der Südsee in uns aufzunehmen.

Da liegt sie schon, die Perle des Meeres, die Königin der Südsee, das irdische Paradies Tahiti! Ein Morgen ist es, rufen wir mit Georg Forster aus, wie ihn schwerlich je ein Dichter beschrieben. Vom Lande her führt uns ein sanftes Lüftchen die erfrischendsten Wohlgerüche entgegen und kräuselt die Fläche der blauen See. Waldgekrönte Berge erheben ihre stolzen Gipfel in mancherlei majestätischen Gestalten und glühen bereits im ersten Morgenstrahl der Sonne. Unterhalb derselben erblickt das Auge Reihen von niedrigeren, sanft abhängenden Hügeln, die den Bergen gleich mit Waldung bedeckt und mit verschiedenem anmuthigem Grün schattirt sind. Vor diesen liegt die Ebene, von tragbaren Brodfruchtbäumen und unzähligen Palmen beschattet, deren königliche Wipfel weit über jene emporragen. Noch erscheint Alles im tiefsten Schlaf; kaum tagt der Morgen, und stille Schatten schweben noch auf der Landschaft dahin. Allmälig aber unterscheiden wir unter den Bäumen eine Menge von Häusern und Canots, die auf den sandigen Strand heraufgezogen sind. Eine halbe Meile vom Ufer läuft eine Reihe niedriger Korallenklippen parallel mit dem Lande hin, die See bricht sich in schäumender Brandung über ihnen, während hinter den Klippen das Wasser in spiegelnder Glätte ruht und zum Antern einladet. Der Morgen schwindet, die Sonne beleuchtet die Ebene, wir betreten das Ufer, wo uns bereits eine reiche Versammlung Tahitier erwartet. Man hat nicht zuviel von ihnen gesagt: die Sanftmuth ist ihnen charakteristischer als allen übrigen Völkern der Welt aufgeprägt. Aus ihrem Gesichte spricht eine Milde, aus ihren schwarzen Augen ein Verstand, welcher augenblicklich alle Gedanken an eine wilde Völkerschaft entfernt. Groß und breitschultrig, athletisch und doch proportionirt, blaß mahagonybraun gefärbt und schwarzhaarig, so treten uns die Männer entgegen. Das schöne Geschlecht steht ihnen zwar an Körperschönheit wie überall nach, wo es das Lastthier des täglichen Lebens sein muß; dennoch ist ihnen eine größere Zierlichkeit und Anmuth eigen, als wir sie bei andern uncivilisirten Nationen anzutreffen pflegen. Sie wird durch einfache Natürlichkeit und ungezwungenes Lächeln bezaubernd, weil sie wahrhaft weiblich ist. Würde sie Homer als Schwimmerinnen gekannt haben, wie sie eben amphibienartig in der blauen See bald

auf=, bald abtauchen und uns das höchste Erstaunen abnöthigen, vielleicht würden
wir um einen reizenden Nymphenmythus reicher sein.

Wenn der Mensch ein Kind seiner Heimat ist, wie wir nun schon so oft
darzuthun suchten, so muß auch die ganze Natur Tahitis in seinen Kindern
abgespiegelt sein und uns das Reizendste erwarten lassen, dessen die Erde über=
haupt fähig ist. Mit solchen Gefühlen lenken wir unsere Schritte sofort den
Hütten (s. Schlußvignette dieses Capitels) zu, die uns schon von der See
aus so reizend erschienen. Sie verlieren in der That auch in der Nähe nichts
von ihrer Schönheit. Tahiti ist fast nichts als ein Blumen= und Fruchtgarten.
Schon umgibt uns ein prächtiger Hain jenes wohlthätigen Brodfruchtbaums
(Artocarpus incisa), welcher auf den Südseeinseln eine so große Bedeutung
im Leben der Insulaner besitzt. Mit der Kraft der Eiche streckt er seine Aeste
weit in den Himmelsraum; sein saftig grünes Laub kühlt nicht allein die heißen

Brodfrucht.

Sonnenstrahlen wohlthuend über unsern Häuptern, sondern erfreut auch den
Blick durch die edlen Linien, welche das handartig gelappte große Blatt
mit seiner glänzenden Oberfläche besitzt; seine Früchte erinnern in ihrer Gestalt
an die vielgepriesenen Früchte der Hesperiden, welche hier gleichfalls eine
zweite Heimat fanden. Am Saume des Haines erwartet uns eine neue Freude.
Mächtige Cocospalmen ragen weit über alle andern Bäume empor und neigen
ihre hängenden Wipfel auf allen Seiten gegen einander hin. Pisanggebüsche
mit ihren saftigen Schaufelblättern und schweren Fruchttrauben verdoppeln
das wohlthätige Grün, welches die polynesischen Landschaften so reizend macht.
Daneben wölben sich andere schattenreiche Bäume mit dunkelgrünem Laube
und goldnen saftigen Aepfeln behängt, deren gewürziges Fleisch an die Ananas
erinnert. Es ist der Bih (Spondias dulcis), ein Terpentinbaum, welcher uns
lebhaft an die rosinensüße Frucht der indischen Mangopflaume zurückerinnert,

ein Baum mit acacienartig gefiedertem Laube. Ihm zur Seite prangt der Hi-Baum (Inocarpus edulis) mit seinen Ratta-Früchten, ein stattlicher Baum aus der Familie der Seifenpflanzen (Sapoteen), der Vertreter unserer Kastanien. Der Zwischenraum ist mit jungen Stämmen des Papiermaulbeerbaums (Broussonetia papyrifera) bepflanzt, den wir schon in Japan (Thl. 2, S. 97) kennen lernten, hier aber statt des Papieres in seiner faserreichen Rinde den Stoff zu dem herrlichsten tahitischen Zeuge liefert. Verschiedene Aronpflanzen (Arum esculentum und macrorrhizon), Jams und Zuckerrohr nehmen die übrigen Zwischenräume ein. Selbst das gemeinste Gesträuch ist ein Fruchtbaum, die Guava, die wegen ihrer Menge lästig wie Unkraut wird. Wo aber die indischen Staudenformen der Gardenien, Guettarden und Calophyllen erscheinen, liegen die Wohnungen der Eingebornen, sinnig gern an Bergströme gebaut, mitten zwischen ihnen. Paradiesisch mild, wie das Klima ist, verlangt es keine künstlerischen Bauten. Einige Pfosten vom Brodbaum oder der Cocos liefern das Gestell, Bambusrohr gibt die Wände, die zähen, derben Blätter des wohlriechenden Pandangs (Pandanus odoratissima), dessen herabgekrümmte Fruchtzapfen selbst wieder zur Nahrung dienen und sogar, wie Forster meint, den Brodfruchtbaum ersetzen könnten, bilden das Dach. Ist das Haus aus frischem Bambus zusammengefügt, dann kann es kommen, daß derselbe wieder ausschlägt und eine lebendige Hütte ist, während das von Pandangblättern gefertigte Dach einer Wiese mit gemähtem Heu gleicht, welches seinen Wohlgeruch verbreitet. Das ist uns ein Zeugniß mehr, wie überaus leicht es die tropische Natur ihren Kindern gemacht hat, des Lebens Sorgen zu zerstreuen, wenn sie sich nur einigermaßen aufzuraffen streben. Man könnte in der That dem Bambus mit einem neueren Reisenden vorwerfen, daß er die träge Ruhe beförderte und Schuld an der grenzenlosen Trägheit der Bewohner heißer Länder sei. Etwas Aehnliches scheint auch hier stattzufinden; denn überall lagern die Einwohner Tahitis im Grase weich gebettet vor ihren Hütten. Aber ihr freundliches Tayo! (Freund) söhnt uns sofort mit ihnen aus. Warum auch soll sich der Mensch das dolce far niente entziehen, wenn eine milde und gütige Natur es ihm erlaubt? Warum soll er nicht lieber der Liebe, Freundschaft und Geselligkeit in einem Lande leben, das eben nur zum Leben auffordert, statt sich mit Dingen zu beschweren, die seine Ruhe stören, sein Glück nicht fördern, im Gegentheil sein Leben untergraben? Jedenfalls passen unsere Begriffe von Thätigkeit nicht in ein tropisches Land, sondern in eine gemäßigte Zone, wo die Pflanzenwelt minder willig für uns sprießt. Wir irren ja überdies, wenn wir glauben, daß die tropische Sonne Alles und Alles thue. Der laute Schlag von Hämmern in einigen Hütten zeigt uns das Gegentheil. Es gilt, die Rinde des Papiermaulbeerbaums ihrer Fasern durch Klopfen zu entkleiden: ein Geschäft, das freilich früher vor der Ankunft der christlichen Missionäre ganz anders betrieben wurde. Wie in Japan Papier aus den Fasern geschlagen wird, so hier ein Stück Leinwand, die Tappa. Es geschieht dadurch, daß die einzelnen Rindenstücke, während des Schlagens fortwährend

mit einem leimhaltigen Wasser besprengt, in einander geklopft und so zu
unendlich langen Zeugen verarbeitet werden.

Nachdem wir uns satt gesehen und weiter gewandert, nehmen wir gern
die freundliche Einladung eines Andern an, in sein Haus einzutreten und ein
comfortables Diner einzunehmen. Der Fußboden ist, wie in Norwegen mit
Wachholderspitzen, mit duftigen Kräutern und Matten von gelben und rothen
Rindenstreifen belegt; ein Beweis, daß unser freundlicher Wirth zu den Wohl-

Typus der Brodfruchtbäume (Artocarpus).

habenderen gehört. Wir werden Gelegenheit haben, Tahitis Bodenerzeugnisse
kennen zu lernen. Natürlich erwarten wir in einem Paradiese nichts als
Natur. Sie soll uns in der That werden. Große, frische Pisangblätter von
6 Fuß Länge und großer Breite werden als Tischtuch vor uns entfaltet,
Buchenblätter bilden die Teller, Cocosschalen die Näpfe, Kürbisse die Calabassen
oder Trinkgefäße. Jetzt erscheinen prächtige Bananen in ledergelben Hüllen;
Guaven mit purpurfarbigem Fleische und durchsichtiger Haut; Orangen mit

lichtbraunen Reiseflecken; große Melonen; tahitische Aepfel; Pudding, aus den Bananen des rothen Pisangs der Gebirge bereitet, der sogenannte Poee; eine andere Art aus geschabten Cocoskernen und Pfeilwurzeln oder Tarro gefertigt; Kuchen aus Tarro, im Mörser zermalmt, mit Cocosmilch geknetet und gebacken; gebackene und gegohrene Brodfrucht; Fische und Krebse; Ananas und Yams; zum Desert Rattá-Nüsse und eine quarkähnliche Masse aus dem zerriebenen Fleische der Cocosnuß, ihrer Milch und Seewasser bereitet, in einem Bambusrohre bis fast zur weinigen Gährung verschlossen gehalten und dann aus dem Rohre auf die Teller getupft. Langen wir zu; denn wir dürfen sicher sein, Jedes in seiner Art vorzüglich zu finden. Jedenfalls haben wir fast die ganze reiche Natur Tahitis und den Beweis vor uns, wie hier eine überaus milde Natur den natürlichen Hang des tropischen Menschen zum süßen Nichtsthun unterstützt. Es liegt ein tiefer Sinn darin, daß dem alten Tahitier in der Cocospalme der große Gott Oro wohnte, dessen Bild aus ihrem Holze geschnitzt wurde. Sie ist ja der eigentliche Lebensbaum Polynesiens. Unter ihrem Schatten ruht der Insulaner, zieht Speise und Trank aus ihren Früchten, deckt seine Hütte mit ihren Blättern, flechtet diese zu Körben und gebraucht die jungen Blätter als natürliche Fächer und Hüte gegen die Sonnenglut. Oft webt er Kleider aus der tuchartigen Masse am Grunde der Blattstiele oder bildet Fackeln aus ihr, um bei ihrem Scheine zu Nacht, wenn der donnernde Ocean seine schaumigen Wogen gegen die Korallenriffe treibt, die Fische des Meeres zu harpuniren. Die großen Nüsse liefern polirt herrliche Becher, kleinere Pfeifenköpfe. Die trocknen Schalen entzünden sein Feuer, ihre Fasern dienen zu Fischschnuren und Tauen. Aus dem Safte ihrer Nüsse träufelt Balsam für seine Wunden, Cocosöl balsamirt seine Leichen. Der Stamm stützt in Pfosten seine Wohnungen, kocht seine Speisen, umzäunt das Land, gibt Ruder, Kriegskeulen und Speere. Darum auch war einst ein Cocoszweig das Symbol königlicher Würde und das Opfer des Tempels war tabu (geheiligt), wenn er darauf gelegt wurde. Und zu dem Allem pflegt ihn die Hand der Natur von selbst; der Mensch hat nichts zu thun, als die reife Nuß in die Erde zu pflanzen, um schon nach wenigen Tagen einen jungen Schößling freudig hervorbrechen zu sehen, der schon in 4—5 Jahren seine Früchte trägt, noch einmal so alt sein Haupt bereits als stattlicher Waldbaum erhebt, um ein Jahrhundert hindurch in Schönheit und Nützlichkeit zu prangen. Ihr erst folgt der Brodbaum, dessen Früchte nur auf den benachbarten Marquesasinseln die höchste Güte erreichen. Zwei bis drei Bäume, welche die Natur rasch selbst groß zieht, ernähren einen Menschen neun Monate hindurch. Hat hier Jemand, sagte Forster mit Recht, in seinem Leben nur 10 Brodbäume gepflanzt, so hat er seine Pflicht gegen sein eigenes und nachfolgendes Geschlecht ebenso vollständig erfüllt, wie ein Einwohner unseres rauhen Himmelsstrichs, der sein Leben hindurch während der Kälte des Winters gepflügt, in der Sonnenhitze geerntet und nicht nur seine jetzige Haushaltung mit Brod versorgt, sondern auch seinen Kindern etwas an baarem Gelde kümmerlich

erspart hat. Selbst der Papiermaulbeerbaum und die Aronwurzeln, welche
noch die meiste Mühe verursachen, kosten nicht mehr Arbeit, als unser Kohl
oder Gemüsebau. Der Pisang sproßt alle Jahre frisch aus der Wurzel hervor,
der goldene Apfel des Vih-Baums, die Orangen und andere Früchte wachsen
jährlich von selbst in die Höhe. Dabei die Luft immer warm, und doch durch
Seelüste erfrischt, der Himmel immer heiter, die herrlichen und gesunden
Früchte — das Alles macht den Einwohner stark und schön, sodaß, wie
der Genannte sich ausdrückte, Phidias und Praxiteles Manchen zum

Kasuarinen über dem Bethause, der Pandang (Pandanus odoratissima) im Vordergrunde. Zu Huaheine.
Nach Cook.

Modell männlicher Schönheit gewählt haben würden. So erklärt sich zu
gleicher Zeit die merkwürdige Aehnlichkeit zwischen Tahitiern und Griechen,
die jenem so auffiel. Aehnliche Klimate, ähnliche Nahrung, ähnliche Lebensweise
bilden ähnliche Menschen, wie sie ähnliche Pflanzen schaffen. Kein Wunder,
wenn der Tahitier jedes Land bedauert, welches den Brodfruchtbaum, das
Symbol der gütigsten Natur, nicht besitzt. Wir fühlen dabei mit Darwin
die Gewalt der Bemerkung, daß der Mensch, wenigstens der wilde, dessen
Urtheilskräfte nur theilweise entwickelt sind, ein Kind der Wendekreise sein

13*

muß; daneben aber auch mit nicht geringerer Gewalt die Wahrheit: daß der
Mensch je nach seiner Heimat mit verschiedenem Maßstabe gemessen werden
muß, daß jedes Land sein eigenes Ideal von Glückseligkeit in sich birgt, und
daß uns das versöhnen muß mit der Erfahrung, daß die Länder innerhalb
der Wendekreise schwerlich einmal Centralpunkte jener Cultur sein werden, auf
welche der Europäer mit Recht oder Unrecht so stolz ist. Solche und ähnliche
Gedanken beschäftigen uns, während wir, herzlich genöthigt, am Tische unseres
gastfreundlichen Wirthes uns erquicken. Um uns noch einmal des alten
Griechenlands zu erinnern, ertönt jetzt die einfache Melodie der Nasenflöte, welche
wie die erste Flöte der Griechen aus einem Rohre (mit drei Löchern) besteht, aber
mit den Nasenlöchern geblasen wird. Zum Schluß lassen wir uns vor die
Hütte führen, wo die tahitische Schaukel an einer Cocospalme als ein aus
Bast und Rinde gedrehtes Seil befestigt ist. Ruhig wiegt sich anfangs der
Insulaner, plötzlich aber schießt er gegen 50—60 Fuß raketengleich in die
Luft, während dem Europäer ob dieser Kühnheit der Athem versagt. Es gelüstet
uns nicht, es ihm nachzumachen; wir benutzen die nächste Gelegenheit, uns
unserem lieben Wirthe zu empfehlen und einen Gang aufwärts zu versuchen.
Noch lange tönt uns sein freundliches Arohal (Lebt wohl!) nach.

Das Gebirge — und die ganze Insel ist eine Gruppe von Bergen, deren
wellengekrönte Häupter bis zu 7000 engl. Fuß hinaufreichen — das Gebirge
nimmt uns auf. Ueberaus malerisch ist unser Weg. Wohin unser Blick in
dem saftigen Grün fällt, wehen die Wipfel der Cocos, im tiefblauen Oceane
und Himmelsmeere verschwimmend. Eine neue Freude wird uns. Es ist,
als ob uns die Natur den Weg mit Blumen bestreuen wollte. Sie gehören
dem Huddu (Barringtonia speciosa), einem der prächtigsten Bäume der Welt,
an. Wie zu Forster's Zeiten, der ihn hier entdeckte und benannte, prangt
er mit einer Menge schöner Blüthen, die so weiß als Lilien, aber größer und
mit Hunderten von langen Staubfäden versehen sind, welche an den Spitzen
eine glänzende karmeisinrothe Farbe besitzen; das Ganze halb Lilie, halb Malve,
während die Frucht einer riesigen Birne mit geflügelter Spitze gleicht. Dafür
aber geht es auch nun zwischen gähnenden Abgründen auf den steilsten Pfaden
aufwärts. Eine neue Ueberraschung wird uns. Herrliche, terrassenförmig
über einander gethürmte Cascaden stürzen brausend und erfrischend die steilen
Höhen hernieder, wilde Pisangstauden, üppige Farrenkräuter, oft von baumartiger Form, und Lilien benetzend. In solcher Nähe errichten wir unser
Nachtlager. Bambusstämme liefern das Gestelle unser Hütte, Pisangblätter
das Dach, dürre Blätter ein weiches Lager. Rasch wird das stumpfspitzige,
weiße und leichte Holzstückchen des linaenblättrigen Hibiscus in der Grube
eines andern Holzes gerieben; in wenigen Augenblicken lodert ein Feuer
empor; Steine werden auf das heiße Holz gelegt und erhitzt; Pökelfleisch,
Fische, reife und unreife Bananen und die Wurzeln von wildem Aron werden
in Blätter eingehüllt, zwischen die Steine gelegt und mit Erde bedeckt; in
einer Viertelstunde ist Alles aufs Köstlichste gebraten. Wieder haben wir ein

Naturmahl vor uns. Die grünen Päckchen sind auf Tischtücher von Pisang-
blättern servirt, aus einer Cocosschale trinken wir das kühle Wasser des
Stroms uns zur Seite, und wir sind abermals erquickt.

Jetzt lockt uns unsere Umgebung zur stillen Einkehr in die Natur. Trotz
bedeutender Höhe prangen doch hier die meisten im Thale angebauten Pflanzen
wild in dieser wilden Natur: Bananen, deren Früchte haufenweis im Boden
verfaulen, wilde Jamswurzeln, selbst jene hier einst so gepflegte Ava (Piper
methysticum), ein Pfefferstrauch, aus dessen Wurzeln ehemals durch Kauen

Hütten der Eingebornen auf Tahiti.

der berüchtigte tahitische Branntwein bereitet wurde, ja sogar jenes Zuckerrohr,
das, von hier aus nach Caracas verpflanzt, so wohlthätig in die Industrie des
Zuckers eingriff und ungleich größeren Ertrag gewährt, als das früher dort
heimische. Ein Blick in die wild über uns emperstarrenden, theils grün bewaldeten, theils dürren Berge des Inneren, ein Blick auf die wunderbar von
jenen abstechenden freundlichen Thäler, ein Blick auf das unendliche Meer,
aus welchem nur an entfernten Punkten eine Insel einsam auftaucht, belohnt
unsern Abendspaziergang. Wenn es uns vergönnt wäre, das benachbarte, unter
Tahiti stehende Eimeo zu erblicken, es würde sich ein zweites Tahiti im

Meere vor uns abfpiegeln. Wie es auf allen Bergen ein erhebendes Schau-
fpiel ift, die Schatten der Nacht zu verfolgen, wenn fie allmälig die letzten
und höchften Gipfel in Dunkelheit einhüllen, fo empfinden wir es auch hier
mit Darwin, den wir zum Führer auf diefes Gebirge wählten. Gefättigt
von allem Gefehenen und Genoffenen, fuchen wir unfer Lager.

Könnte man nach einem folchen Tage plötzlich verfchwinden, wo noch Alles
im rofenrothen Lichte des erwachenden Morgens erfcheint, wir würden in der
That, wenn wir etwa auf unferem Schiffe erwachten, wähnen, in einem Paradiefe
gewefen zu fein. Kein Land mehr als Tahiti fordert zu diefem fchönen Traume
auf. Mühfam ift das Herabfteigen von diefen, wie von allen Bergen, und
ebenfo ungern fteigt man von den Gipfeln paradiefifcher Erfahrungen herab.
Ein längerer Aufenthalt zeigt uns auch hier Schatten, wie fie die Erde überall
zeigt. Wir wollen fie nicht enthüllen. Genug, daß fie waren, als noch
Cook feine Sternwarte auf der Venusfpitze aufgefchlagen, genug, daß fie noch
find. Seitdem chriftliche Europäer ihr Kirchen= und Säbelregiment wider=
fpruchsvoll auf Tahiti gegründet und ein heißes Klima die Polynefier trotz
ihrer vielen unläugbaren Vorzüge zu jeglicher härteren Arbeit untauglich
macht, feitdem fie unter wehmüthigen Klagen (Thl. 1, S. 102) geheimnißvoll
dahinfterben: da muß man billig fragen, ob die neue Cultur, welche ihnen
ihre Nationalität entriffen, durch Einimpfung europäifcher Formen Caricaturen
aus ihnen fchuf, diejenige fei, welche für folche Völkerfchaften paßt? Freilich
find manche alte Uebel ausgerottet oder befchränkt; dafür find aber neue
eingekehrt. „Ihr redet zu uns vom Heil, und wir kommen hier elend um.
Wir verlangen kein anderes Heil, als in diefer Welt zu leben! Wo find
die, die ihr durch eure Reden gerettet habt? Pomare ift todt, und wir
Alle fterben durch eure verfluchten Lafter. Wann werdet ihr aufhören?"
So fpricht der Volksmund auf Tahiti, und er findet fein Echo überall, wo
der Weiße fich ufurpirend niederließ. Die Zeiten der Gegenwart und die
Zeiten Cook's und Forfter's vergleichend vor der Seele, wenden wir den
Blick betrübt von diefer Scene. Es ift unfere traurigfte, aber auch
unfere koftbarfte Erfahrung, die wir nach Europa zurückbringen, daß es nur
ein Plätzchen auf dem ganzen weiten Erdenrund gibt, wo das Paradies der
Erde ift, und daß daffelbe in uns felbft liegt. Traurig fchwenken die fanften
Tahitier, ein Abfchied auf Nimmerwiederfehen, ihre Ruder nach uns, die wir
uns von der Infel wieder entfernen. Aroha! Aroha!

Sechstes Buch.
Europas Vegetationscharakter.

Die Maremmen Toscanas.

Man lernt seine Heimat am besten in der Fremde kennen. So ist uns auch das Bild Europas auf unserer großen Wanderung schon so vielfach entgegengetreten, daß es sich aus dem Gesehenen und Gedachten wie von selbst erklärt. An der Grenzscheide dreier Welttheile gelegen und gleichsam nur ein Anhängsel des großen asiatischen Festlandes, geht auch seine Pflanzendecke allmälig in dieselben über. Es ist der dritte Continent, dessen nördlichste Punkte in die nordpolare Zone hineinragen. Jenseits Hammerfest beginnt sie für Norwegen mit dem Polarkreise, an dessen Saume man wenigstens einmal im Jahre die Sonne nicht auf- und nicht untergehen sieht. Nur wenige Pflanzen gehören diesem Theile (Lappland und dem europäischen Samojedien diesseits des Ural) eigenthümlich an und entsprechen überdies der alpinen Flor des übrigen Europa. So besitzt z. B. ganz Lappland unter seinen 685 Arten nur 19, welche der Polarzone durchaus zukommen; alle übrigen werden außerhalb des Polarkreises im Norden gefunden. Wichtig dabei ist nur, daß jene 19 Arten selbst der übrigen nordpolaren Zone fehlen; ein Beweis, daß noch im höchsten Norden das organische Gesetz lebendig ist, nach welchem auch die Himmelsgegend über den Charakter der Pflanzenarten entscheidet. Trotzdem fallen die Gattungen mit denen der übrigen Polarzone im Ganzen völlig zusammen. Außerhalb dieser Zone bildet Island ein Mittelglied zwischen Grönland und Europa: die Pflanzen des arktischen Amerika erreichen hier ihre südlichste, die Pflanzen Europas ihre nördlichste Grenze. Am Ural geht die nordwestlich-asiatische allmälig in die osteuropäische Flor über. Südlich von ihm verbindet der Kaukasus die Pflanzendecke des südwestlichsten Asien mit der des südöstlichen Europa. Das griechische Inselmeer leitet nach Kleinasien, Sicilien nach dem nordöstlichen Afrika über. Die südlichen Küsten der europäischen Mittelmeerländer entsprechen den entgegengesetzten des nordafrikanischen Küstensaumes; am meisten an der Spitze von Gibraltar und den südlichsten Spitzen von Portugal. Daß die atlantischen Inseln, welche man ebenso zu Europa wie zu Afrika rechnen könnte, selbst eine Verwandtschaft zu den südlichen Ländern Nordamerikas besitzen, haben wir schon gesehen. In Irland wiederholt sich dieselbe Erscheinung noch einmal in dem grasartigen Eriocaulon septangulare und einigen Moosen (Daltonia splachnoides, Orthodontium gracile, Hookeria laete-virens). Letztere haben sogar ihre entsprechenden Verwandten in nächster Nähe nur auf den tropischen Gebirgen der atlantischen Seite Südamerikas. An dem ganzen Küstensaume Europas ziehen sich von den Gestaden des adriatischen bis zu den Ufern des deutschen Meeres einige Gewächse, besonders Gräser, welche dem Mittelmeergebiete vorzugsweise angehören, aber, wie alle Küstenfloren thun, durch natürliche Wanderung oder Schifffahrt allmälig diesen großen Raum einnahmen. An den südlichen Gestaden Englands wiederholt sich Aehnliches durch ähnliche Ursachen. Sie entsprechen mit vielen ihrer Gewächse der nordfranzösischen Küstenflor.

Physiognomisch, d. h. nach dem Vorherschen gewisser Typen betrachtet, theilt sich der Charakter der europäischen Pflanzendecke in drei Pflanzenreiche: in das Reich der Moose und Steinbrecharten, der Doldenpflanzen und Kreuzblüthler, endlich der Lippenblumen und Nelken. Das erste nimmt den höchsten Norden und die höchsten Alpen ein, das zweite ist das Wahrzeichen der kälteren gemäßigten, das dritte der wärmeren gemäßigten Zone. Typisch, d. h. nach dem Zusammenleben aller Pflanzenformen betrachtet, muß sie in fünf größere Gruppen gebracht werden: eine nördlich-, eine südlich-, eine östlich-, eine westlich- und eine central-europäische. Die nördliche wird von den russischen, scandinavischen und britischen Ländern, die südliche von den Gebieten des Mittelmeeres, besonders Italien, die östliche von Ungarn bis zum griechischen Festlande, die westliche von der pyrenäischen Halbinsel, die centrale von Deutschland gebildet. Die letztere ist nach dem gegenwärtigen Stande unserer Kenntnisse die reichste. Sie besitzt über 5000 Phanerogamen und über 6000 Kryptogamen.

Zwar erstreckt sich das europäische Gebiet nur in die kalte und gemäßigte Zone; dennoch hat es Typen aufzuweisen, welche an die heiße erinnern. Es sind vor allen zwei Palmen: die Dattelpalme und die Zwergpalme (Chamaerops humilis). Jene ist unzweifelhaft eingeführt und bringt nur reife Früchte um Elcha in Südspanien, obschon sie auch nach Italien hin geht; diese dürfte

Die europäische Zwergpalme (Chamaerops humilis) am Felsen von Gibraltar.

unzweifelhaft ebenso europäischen Ursprungs sein, wie sie unzweifelhaft Nordafrika
ursprünglich angehört. Sie zieht sich stellenweise von den Säulen des Hercules
bis an die Küsten von Dalmatien und entspricht den Kohlpalmen der südlichen
Vereinigten Staaten Nordamerikas. Wo beide gedeihen, hat selbst die tropische
Form der Agave und Opuntie eine zweite Heimat gefunden. Lorbeer, Myrte,
Erdbeerbaum, baumartige Haidesträucher, Granaten, Johannisbrodbäume,
Orangen, Feigen, Pistazien, Oliven u. a. gesellen sich zu ihnen, meist aber ebenfalls eingeführt, zu. Selbst in der gemäßigten Zone erinnern einige Gewächse an
tropische Formen. Unsere Schilfgräser vertreten die baumartigen Grasarten, unsere Wasserlilien (Nymphäaceen) wiederholen die prachtvollen Typen der Tropen
und die Nymphaea thermalis in den heißen Bädern von Mehadia an der
ungarischen Militärgrenze blickt schon nach den rothblüthigen Arten des Nils hinüber. Ebenso lenkt eine zweite Papyrusstaude von Sicilien unsern Blick nach
Aegypten. Die Balanophoren Südeuropas (Thl. 1, S. 210 und 211) versetzen uns
direct in die heißesten Länder. Ein Farrenkraut, dessen Strunk im ausgebildeten
Zustande stammartig ist, der prächtige Straußfarren (Struthiopteris germanica),
vertritt in der gemäßigten Zone die baumartigen Verwandten der heißen.
Unsere Nadelhölzer sind die immergrünen Gewächse des Nordens. Selbst
laubtragende Bäume schließen sich ihnen an: in unsern Wäldern die Stecheichen
(Ilex Aquifolium), im Süden immergrüne Eichen, Myrten, Lorbeere, Cist-
sträucher u. v. a. Tamaristensträucher führen uns mitten in die nordafrikanische
und arabische Natur hinein. Die Ruscus-Sträucher, welche schon in Steyer-
mark und dem südlichen Tirol beginnen, versetzen uns mit ihren Phyllodien-
zweigen in die Phyllodienwälder Neuhollands, indem diese falschen Blätter
eine scheitelrechte Stellung annehmen. Die Esparto-Gräser der spanischen
Steppen nehmen dieselbe steife Haltung, dieselbe vereinzelte Lebensweise an,
wie es die Gräser tropischer Savannen pflegen. Bis in die Polarzone hinein
verliert sich der edle Typus der Orchideen, obschon er in der gemäßigten und
kalten Zone den Boden statt der Bäume vorzieht. Dafür entschädigen Mistel-
gewächse. Wie in den Tropen, erscheinen sie als wahre Pflanzenschmarotzer
auch in unsern Waldungen. Selbst die Lianen sind nicht fern. Entweder
übernehmen wilde Reben, Winden und Hopfen oder der Epheu dieses Amt.

Aus solchen und ähnlichen Seitenstücken blickt das hohe organische Gesetz
hervor, daß keine Flor der Erde ausschließlich für sich besteht, daß auch in
den gemäßigten Himmelsstrichen dieselbe Schöpferkraft thätig war, welche
die Länder der heißen Zonen scheinbar so einzig hinstellte. Sie mögen immerhin
ihre hohen Vorzüge besitzen; aber auch die gemäßigte hat sie. Ihr größter
Schmuck ruht in dem vielfachen milden Wechsel der Jahreszeiten. Es ist
ein Schmuck, den der Wanderer erst in der heißen Zone in seiner ganzen
Bedeutung würdigen und als den Vater eines reichen Wechsels geistiger Gefühle kennen lernt. Schon im continentalen Süden Europas, wo sich der
Nordländer in die tropische immergrüne Zone versetzt wähnt, vermögen wir
den ganzen Werth dieses Wechsels zu begreifen. „Ich habe", sagt ein neuerer

Typus der Italienischen Wälder

Leipzig, Verlag von Otto Spamer.

Schriftsteller, „in Klimaten gelebt, wo der Oelbaum, die Orangen ewig ihr Grün behalten. Ohne die Schönheit dieser herrlichen Bäume zu verkennen, konnte ich mich doch nicht an die gleichmäßige Monotonie ihres unveränderlichen Kleides gewöhnen, welche allerdings dem ewig blauen Himmel entsprach. Es war immer, als müsse ich auf eine Erneuerung warten, die aber ausblieb. Tage vergingen, aber einer wie der andere; kein Blatt fiel ab, kein Wölkchen zeigte sich am Himmel. Regen, Sturm, Unwetter, Alles wäre mir lieber gewesen, damit nur am Himmel oder auf der Erde die Idee der Bewegung, der Erneuerung sich geltend mache. Wir leben nur durch den Wechsel. Den starken Gegensätzen von Hitze und Kälte, Nebel und Sonne, Traurigkeit und Freude verdanken wir die Gestähltheit, die Kraft des Charakters unseres Wesens." Man kann das Wesen der gemäßigten Zone nicht einfacher und schlagender zeichnen, als hier geschehen. Es gehört freilich, um dies zu verstehen, ein längerer Aufenthalt in warmen Ländern dazu. Der Nordländer ist entzückt, wenn er aus seiner kahlen Winterlandschaft heraus, z. B. nach Marseille kommt und dort, wie er meint, bereits den Frühling in üppigster Entwickelung findet. Aber es ist nur ein matter Nachklang der Sommerzeit, reizloser für den Südländer, als ein entlaubter Wald für den Nordländer. Dennoch muß ein solcher Gegensatz für die Geschichte Europas von größter Bedeutung sein. Wie der Wechsel des Lebens die Gesundheit des Einzelnen bedingt, so auch bei den Völkern. Eine vollkommene Einförmigkeit der Pflanzendecke Europas würde dasselbe hervorrufen, was wir schon einmal unter solchen Verhältnissen in Neuholland fanden: den geistigen Tod der Völker.

Europa hat unbewußt dafür gesorgt, daß das nicht geschehen. Seine Natur ist von seinen Bewohnern derart durch Einführung fremder Gewächse und die Pflege der einheimischen umgestaltet, daß sie bereits denselben kosmopolitischen Charakter in sich trägt, wie die Bewohner selbst. So ist z. B. nicht natürlich, daß die europäischen Waldungen aus wenigen Arten ausschließlich bestehen. Noch jeder Urwald zeigte uns eine Fülle von Mannigfaltigkeit, die uns verwirren konnte. Des Menschen Hand allein hat diesen Wirrwarr beseitigt und den europäischen Waldungen eine gleichartigere Zusammensetzung gegeben, welche harmonischer auf ihn zurückwirkt, als es der ursprüngliche Zustand vermocht hätte. Werfen wir z. B. nur einen Blick auf einen italienischen, wie wir ihn auf dem Tonbilde, oder einen deutschen Wald, wie wir ihn auf S. 205 versinnlicht finden, so tritt uns sofort etwas Parkartiges, Gemachtes aus ihnen entgegen, das schlechterdings nicht Urnatur der europäischen Waldung sein kann. Wie dieselbe war, kann man an den wenigen Urwäldern wahrnehmen, welche Europa noch besitzt. Alle einheimischen Bäume und Sträucher finden sich hier chaotisch vereint und ebenso undurchdringlich, wie es dem tropischen Urwalde eigenthümlich ist. Statt der Lianen aber, welche in demselben Alles verwirren, treten, jeden Schritt hemmend, dornige Sträucher auf: im Norden Rosen, Brombeeren und Weißdorne, im Süden an Stelle der letzteren Berberitzen. Die Einführung so vieler fremder Culturgewächse sagt uns, daß in den Urwäldern Europas keine einzige Pflanze sich fand, welche die Existenz der Völker dauernd hätte begründen können. In dieser Beziehung fallen sie vollständig mit denen Südafrikas und Neuhollands zusammen. Bis in den höchsten Norden finden sich zwar Beeren aller Art und wildes Obst (Aepfel, Birnen, Mehlbeerbäume, Vogelkirschen u. s. w.); allein wo die Natur ihre Gaben so zerstreute, wie sie es in den Beeren gethan, wo sie die freiwilligen Früchte so herb hervorbrachte, wie wir es noch in wilden Aepfeln und Birnen sehen, da konnte an keine behagliche Existenz für den Menschen gedacht werden. Aus diesem Grunde darf man Europa nicht als den Ursitz einer einheimischen Menschenrace betrachten. Wo eine solche hervorgehen sollte, mußten die Bedingungen für die ersten Bedürfnisse weit bequemer gegeben sein; um so mehr, als der Mensch das hilfsbedürftigste Geschöpf in seiner Kindheit ist. Das ist zugleich eine der Ursachen geworden, welche Europa zum Sitze bleibender Cultur umschufen. Es hat hierin eine ähnliche Geschichte durchlaufen, welche alle Länder der Erde erfuhren, wo eine höhere Cultur sich ausbildete. Der heiße Himmelsstrich war für jedes einzelne Menschenpaar einer Menschenrace die Urheimat, allein geeignet, sie durch Palmen, Pisang und andere süße Früchte zu erhalten. Den Kindesschuhen entwachsen, flüchtete der Mensch allmälig in mildere Zonen, bis er in der gemäßigten die größeren Bedingungen zu einer geistigeren Entwickelung fand. Während das Tropenklima und seine reichen Gaben ihn in Unthätigkeit gefangen hielten, forderte der gemäßigte Himmelsstrich eine größere Thätigkeit heraus, um ihn per aspera ad astra, d. h. durch die Noth zur geistigen Freiheit zu führen. So auch Europa. Aus dem heißen Asien kam sein Menschenstamm, um das große Capital seiner Heimat, stärkereiche Früchte (Cerealien), in Europa anzulegen und ihnen mit der allmäligen Colonisation dieses Welttheils andere nachfolgen zu lassen. Dennoch erhob sich die erste schöne Geistesflor nur in einem wärmeren Klima. Ueberaus begünstigt zugleich durch seine Lage an dem Weltmeere des Alterthums, am Mittelmeere, erwachte der Mensch in Griechenland zu einer Blüthe, wie sie nirgends auf der Erde so künstlerisch vollendet wiedergefunden wird. Selbst nach ihrem Verwelken vermochte sie sich nur in entsprechenden Ländern des Festlandes zu retten, in Spanien, Südfrankreich und Italien. Am letzten drang sie in die nordischeren Gefilde, um dafür dauernder ihren Wohnsitz hier zu finden. So geht auch die Cultur der Völker allmälig vor, wie die Floren in einander verschwimmen, die eine auf die andere gestützt. Beide hängen zugleich innig zusammen.

Natur und Geistesfreiheit sind unzertrennliche Gefährten. Das zeigt Europa, wie kein anderer Welttheil, in edelster Weise. Seinem größten Theile nach der gemäßigten Zone angehörig, stellen sich dem Menschen von Seiten des Klimas keine unüberwindlichen Hindernisse entgegen. Vielmehr stählt der gemäßigtere Charakter und der reiche Wechsel der Jahreszeiten Leib und Geist. Der Boden zeigt dieselbe reiche Mannigfaltigkeit. Gebirge und Ebenen stellen sich in dem günstigsten Verhältnisse zu einander. Bis zu bedeutenden Höhen

Typus des deutschen Waldes

ist die europäische Landschaft, im großen Ganzen betrachtet — denn der heiße Süden hat in Italien, z. B. in den waldlosen, verpesteten Maremmen Toscanas (s. Anfangsvignette S. 199), seine Ausnahmen — ohne Gefahr für äußeres und inneres Leben bewohnbar. Mächtige Ströme vermitteln leicht den inneren, tiefeingeschnittene, nirgends übertroffene Meerbusen den äußeren Verkehr, und mächtige Alpengipfel sorgen mit ihren Gletschern dafür, daß die Lebensadern Europas nie versiegen. Auch der Wald ist trotz großer Verwüstungen dennoch mehr gerettet, als wir es leider an so vielen Punkten der Alten Welt fanden. Nirgends ist Ueberfluß, nirgends aber auch jene furchtbare Armuth, der wir oft dicht neben dem üppigsten Urwalde in der Natur begegneten. Harmonischere Verhältnisse bezeichnen mit Einem Worte den ganzen Naturcharakter Europas.

Aehnliche Gedanken durchkreuzen, rückkehrend von der großen Weltfahrt, unsere Seele und führen uns in unser deutsches Vaterland froh wieder ein. Es darf unsern Stolz erhöhen, die letztgeschilderten Verhältnisse gerade hier in vollendeterer Weise ausgeprägt zu finden. Das Herz Europas, bildet es die schöne Mitte, welcher alle Extreme fern liegen. Im Norden und Süden gestatten ungeheure Ebenen mit schiffbaren Flüssen den freiesten Verkehr und rufen zum Theil durch außerordentliche Fruchtbarkeit einen ebenso großen Wohlstand hervor. Durch reichen Wechsel von Haide und Grasland, Moor und Ackerland, Busch und Wald mildern sie das Ermüdende ihrer unendlichen Fläche, oder gehen theilweis selbst in ein welliges Hügelland über, welches schon an sich die Einförmigkeit ausschließt. In der Mitte erstrecken sich in wechselvoller Gliederung eine Menge von Gebirgszügen, deren Dasein die einzelnen Stämme eher noch fester verknüpft, als scheidet. Zwischen ihnen hindurch winden sich, nicht minder wechselvoll, reich bebaute Thäler, in denen überall irgend eine Pulsader der Natur ihren Wassersegen hindurchträgt. Wohlthätig wirkt dieser sanft vermittelte Gegensatz von Gebirg und Ebene auf die Bewohner zurück. Wie die Berge die Brüste der Flüsse genannt werden müssen, so können sie auch die Brüste der Lebensströme heißen. Von ihnen steigt fortdauernd ein Geschlecht hernieder, welches durch seine frische Ursprünglichkeit das leicht entartete Geschlecht der Ebenen, zu dem sich der Bergbewohner in mehr als einer Weise schroff verhält, verjüngt. Es geschieht um so leichter, als Deutschlands höchste Gebirge, seine Alpen, seitwärts dieser reichen Gliederung liegen oder durch vortreffliche Pässe die Verbindung mit den Nachbarvölkern doch nicht aufheben. Keine Wand scheidet Deutschland von ihnen, wie etwa Frankreich von der pyrenäischen Halbinsel, Schweden von Norwegen, oder die Völker Asiens durch den Himalaya von einander getrennt werden. Das bedingt eine kosmopolitischere Natur, als sie andere Völker besitzen können, deren Natur sie von andern strenger abschließt. Wo dies der Fall, pflegen die Nationen, und England ist Zeugniß dafür, egoistischer auf sich zurückgezogen zu sein, einen schroffer ausgeprägten Nationalcharakter zu entwickeln. Allen zugänglich, ist ein Land wie Deutschland auch für das Fremde empfänglicher, freilich von ihm auch leichter beherrscht; um so mehr, als die kaum übertroffene reiche Gliederung seiner inneren Natur eine Menge von Stämmen hervorrief, die nicht immer ihre gegenseitige Zusammengehörigkeit begriffen. Das ist zugleich die Schwäche und die Stärke Deutschlands. Eine so reiche Volksgliederung ruft ebenso viele Centralpunkte hervor, die, wenn sie immer natürlich wären, nur segensreich wirken könnten. So nur ist Deutschland das Griechenland der neuen Völkergeschichte geworden. Die reiche Gliederung ruft eine ebenso große Geistesthätigkeit hervor, weil Wechsel allein Bewegung, Leben erzeugt. Es ist um so höher anzuschlagen, als ein solches Zusammenwirken so verschiedenartiger Geisteskräfte den größten Läuterungsproceß, die gediegenste Verarbeitung bedingt. Dieses ganze Wesen spricht sich noch in einer andern Weise aus. „Deutschland", sagt Riehl mit Recht, „sondert sich nicht schroff in Feld- und Waldland, sondern in sanften Vermittelungen, und dadurch charakterisirt es sich in einer Weise, wie kein anderes Land in Europa. Dazu stellt sich Feldbau und Waldwirthschaft an sich wieder in allen möglichen berechtigten Formen dar. Die ganze Scala von der Spatencultur bis zu den größten geschlossenen Gütern ist auf deutschem Boden in größter Mannigfaltigkeit durchgeführt, und in der Form der Waldwirthschaft sind wir noch weit particularistischer, als in unserer politischen Wirthschaft. In dieser beispiellosen Individualisirung der Bodencultur ist nicht nur die wunderbar reiche Gliederung unserer Gesellschaftszustände vorgebildet, sondern auch der eigenthümlichen Biegsamkeit, Vielseitigkeit und Empfänglichkeit deutscher Geistescultur und Gesittung die natürlichste Wurzel gegeben." Neben solchen Bildern verschwinden die übrigen Länder des civilisirten Europa. Die pyrenäische Halbinsel, Frankreich, England, Italien und Griechenland sind Naturruinen, weil ihre Wälder, mit ihnen ihre Natur, zum größten Theil vernichtet sind. Deutschland hat sich aber nicht allein den Wald, sondern auch, wie abermals Riehl bemerkt, den freien Wald gerettet, der seine Kinder in einem gemeinsamen Heiligthum zusammenführt und unaufhörlich Keime eines Naturthums in ihnen erzieht, welches in der Neuzeit allen übrigen Völkern der Erde eine neue Geistesbefruchtung verspricht. Das ist auch die große Naturgarantie, daß das deutsche Volk so lange das Salz der Nationen sein wird, solange es noch seinen Wald, seine Natur sich gerettet hat. Mit seinem Verschwinden wird auch selbst seine politische Existenz, welche nur in seiner geistigen Kraft wurzelt, beendet sein. Daß das keine Täuschungen, hat uns unsere Weltfahrt leider nur zu trostlos bewiesen. Der Wald gehört zum Menschen, wie Gemüth zum Herzen. Der Wald ist in hochcivilisirten Ländern die letzte wahre Natur; wo auch sie verschwindet, ist der gute Genius von den Völkern gewichen. Ihres Natursinnes verlustig, den nur der Wald pflegt, werden sie nothwendig ins Abstracte verfallen, und es wird ihnen ergehen, wie es den Indern erging, die sich von der Natur befreit (Thl. 2, S. 126), sie werden in Despotie und Knechtschaft untergehen. Möchte es unter unsern Erfahrungen die kostbarste sein, die wir lehrend und warnend dem Vaterlande zurückbringen!

Rückblick.

Unsere Reise ist beendet. Aber es ist auch uns ergangen, wie jedem Weltumsegler: wir haben Vieles gesehen, Manches erkannt, und noch mehr ist uns verborgen geblieben. Es kann nicht anders sein. Die Erde ist so klein, und doch hat sie die Menschheit noch nicht ausgewandert; wie sollte sie der Einzelne ermessen, dessen Mittel so tausendfach beschränkt sind! Ich bin es mir nur zu sehr bewußt, von dem großartigen Gemälde, das ich meinem Begleiter zu entziffern mir vornahm, kaum die ersten Linien entwickelt zu haben. Dennoch ist es nicht ohne Absicht geschehen. Ich darf versichern, daß die Wahl des Wesentlichen, Allgemeinen und Charakteristischen aus dem massenhaft am Wege gelegenen Materiale nicht die kleinste Schwierigkeit war, die wir auf unsern Touren zu überwinden hatten; und das allein war mein Zweck. Wenn nur Border- und Hintergrund, die Erde mit ihrer organischen Welt und ihrem Menschenleben überall plastisch hervortreten, dann ist auch unsere Aufgabe, eine kosmische Botanik zu begründen, künstlerisch gelöst, wir scheiden reich belohnt.

Ende.